日本鉄道150年史 年表［国鉄・JR］

三宅俊彦

グランプリ出版

はじめに

これまで日本の鉄道に関する年表は、「日本国有鉄道百年史年表」をはじめ、巻末の【主要参考文献】に掲げたものが多くある。

しかしすでに発行された多くの年表は、鉄道の組織や関係法令の改廃が中心になっている。このため鉄道のある区間が開通しても、その事実のみで、どの程度の規模で列車が運転されたか、所要時間はなどの情報はほとんど無視されてきた。

筆者は半世紀以上の長年にわたり列車の運転や時刻表に興味を持ち、調査研究してきた。1977（昭和52）年には、日本交通公社が刊行の「時刻表復刻版」の中の一冊として大久保邦彦氏と共編で「鉄道運輸年表」を上梓した。この年表はそれまで刊行された鉄道年表では不十分であった運転・運輸事項を収めた初めての年表だけに多くの鉄道関係の出版物の参考文献としてご活用いただいている。この「鉄道運輸年表」はその後は「時刻表復刻版」からは外され、増補して同社発行の旅行雑誌「旅」の1987年3月号および1999年1月の付録として刊行された。何分にも最初に発表した部分はフィルムを流用しているため手直しが十分できなかった。

今回グランプリ出版からのお勧めがあり、思い切って最初からまとめ直して年表を作成した。時刻改正となるものはすべて資料を再チェックして確認した。

この年表の特徴は、明治・大正時代の時刻改正に関する事項は各事項の末尾に参考文献を記載したことである。中には容易に参照できない文献もあるが、今後の調査研究のよすがになるものと思われる。

参考文献のうち「官報」は国会図書館や県立図書館クラスの比較的規模の大きな図書館などで閲覧可能である。ところが時刻表類は、用済み後捨てられてしまうため、明治・大正時代や昭和戦前のいわゆる古い時刻表類は、東京の交通博物館（現・さいたま市の鉄道博物館）や天理大学付属天理参考館以外まとまって所蔵している機関がないため閲覧もままならない。近年時刻表の復刻版がかなり刊行されているが、古い方は十分でない。このためもあり、筆者は長年時刻表の収集を心掛けてきた。これに要した時間や費用は計り知れないが、個人の力ではまだまだ満足できるものではない。

運転・運輸の項目を詳細にしたため、スペースの関係で、他の多くの事項が省略されているが、これらの部分は既刊の年表を参照して補い、この年表をご活用いただければ幸である。

三宅　俊彦

増補新訂版の刊行にあたって

グランプリ出版から2005年に発行した『日本鉄道史年表（国鉄・JR)』は多くの方々から好評を博し完売したことを筆者として感謝に堪えない。

今回の『日本鉄道150年史 年表［国鉄・JR］』では前著に加えて2005年12月から2023年8月までの期間の内容を収録した。収録した項目は前著に続き運転・運輸を詳細に記した。

今回追録した期間においては、東日本大震災（2011年）や豪雨災害等による被災が目立つ。JR各線や第三セクター会社の運休区間が、毎月刊行されている『JR時刻表』の「JRニュース」に掲載されている。中には復旧時期が示せない線区もあり、見るたびに気の毒に感じられ、一日も早い復旧を願って止まない。

一方では震災復旧の手段として生まれた用語や時代の流れ等で生まれた用語が年表に出てくるので、代表例を簡単に解説する。

・BRT（Bus Rapid Transitの略称）

バスを基にしてバス専用道、バス専用レーンを組み合わせた高速輸送システムである。気仙沼線・大船渡線BRTはJR東日本が鉄道を復旧する代わりに導入したバス高速輸送システムである。

・DMV（Dual Mode Vehicleの略称）

線路と道路の両方を走る乗り物である。鉄道とバスを乗り換えしないで利用できる。2002年からJR北海道で開発、試験走行を行っていたが実用化に至らず断念している。各地で試験を行っているが、唯一2021年に徳島県の阿佐海岸鉄道が営業開始している。

・LRT（Light Rail Transitの略称）

アメリカが発祥で、新しい交通機関として輸送力がこれまでの路面電車と本格的な鉄道の中間として位置付けられている。宇都宮ライトレールが2023年8月に開業している。

このように2022年に150年を迎えた鉄道にも、新たな運行形態をはじめとしてさまざまな変化の兆しが現れてきている。

地球温暖化問題では、カーボンニュートラルが謳われ、鉄道の価値評価の見直しがあったり、国内では2024年のトラック物流問題から鉄道貨物にも注目が集まっている。

反面、地方路線の維持などの課題も現れてきている。JR北海道ではすでに日高線の一部がバス転換しており、さらに根室線の一部のバス転換が決定している。2022年4月にはJR西日本が在来線の輸送密度2,000人/日未満の線区を公表、2023年1月にはJR東日本も同じく公表している。直近では、2023年7月の豪雨災害でJR美祢線の橋梁が流出され、復旧の見通しが立たない状況もあるなど、各地で鉄道存続のための方策の検討が行われている。

この年表を活用し、運転・運輸事項とともに日本の鉄道の歩んできた過程を振り返っていただき、鉄道の未来に思いをはせていただければ幸である。

三宅俊彦

目次

凡　例

1. この年表は、国有化された会社、国鉄、JR、第三セクターの会社の旅客関係の運転・運輸の事項を主体として取り上げた。国有化されない民営鉄道および旧外地の鉄道についての事項は原則として省略した。
2. 線区毎の基本事項である開業、複線化、電化を採録した。「○○－○○間開業」とあるのはその区間の開通・運輸営業開始を意味する。明治時代の旅客関係はすべて収録したが、以後は優等列車を運転していた線区を主な対象とした。営業廃止日は営業最終日の翌日で記述し、旅客(荷物が含まれる場合が多い)と断った場合は旅客関係のみの廃止で、貨物営業は存続していることを示している。また貨物営業のみの廃止については省略した。
3. 運転関係は時刻改正で、主要な線区の特急・急行列車などの優等列車の新設・増発(格上げによるものを含む)・廃止などを対象として、料金を要する列車が少ない時代は寝台車や食堂車を連結している長距離の普通列車も対象とした。また都市近郊の快速列車の類も必要に応じて取り上げている。
4. 上記のうち明治・大正時代の開業や時刻改正に関する事項は、各項ごとに参照した時刻表類の出典を記載した。「官報」は掲載年月日、他は掲載年月(号)を示す。「官報」で日付が2つ以上あるのは、事項の掲載日と時刻表類の掲載日が異なる場合で、時刻表類の掲載日は頭に時刻表を付加した。
5. 客車の形式で、〔　〕には1941(昭和16)年11月4日、「車両称号規定の一部改正」による形式を示す。
6. 年月日の表示は、西洋暦(陽暦)を用いたが、明治5年までは、〔　〕に陰暦を示した。
7. 年月日の表示は、月日の「日」が不明の場合は－印で、「月日」とも不明の場合は－.－で表示した。

明治年間の動き

1869(明治2)年	
10.—	〔9.—〕大隈重信、イギリス人ホレーシオ・ネルソン・レーとの間に鉄道建設資金借入交渉を進める
12. 7	〔11.5〕大納言岩倉具視、外務卿沢宣伝嘉、民部兼大蔵大臣大隈重信、大蔵少伊藤博文ら政府首脳は、イギリス人公使ハリス・スミス・パークスと右大臣三条実美邸に会し、借款契約および鉄道建設に関する意見を交換、パークスは資金調達についてイギリス人ホレーシオ・ネルソン・レーを紹介
12.12	〔11.10〕鉄道建設の廟議決定、基本方針として東西両京を結ぶ鉄道を幹線と定め、東京－横浜間と琵琶湖から敦賀港に至る線を支線として建設することに決定

1870(明治3)年	
2.—	〔1.—〕医師・谷　暘卿、鉄道建設の建白書を提出(翌3月にも建白書を提出)
4.19	〔3.19〕鉄道建設業務を統轄する機関として民部・大蔵省に鉄道掛を東京築地の旧尾張藩邸に設置
4.25	〔3.25〕土木大属小林易知、準十等出仕小野友五郎、雇イギリス人建設師長エドモンド・モレルら芝口汐留付近の測量に着手、横浜側は4月3日、野毛浦海岸の測量に着手(鉄道企業の最初)
6.22	〔5.24〕政府、正式の委任書をオリエンタル銀行に交付し、レーとの契約関係を破棄(6月1日、同銀行宛てにレーとの契約解消と同銀行による契約承継命令書を送付
7. 9	〔6.11〕鉄道掛、高島嘉右衛門と神奈川海岸の埋築契約「鉄道御造営ニ付横浜野毛海岸石崎並ヨリ神奈川青木町海岸迄土堤築地之約条目」および「埋立地仕様書」を取り交わす(我が国の鉄道工事で取り交わされた請負契約書および仕様書の最初)
8.26	〔7.30〕鉄道掛出張所を大阪(天満堀川元備前藩邸)および神戸(元イギリス領事館)に設置し関西鉄道局と称す(大阪府少参事兼民部権少丞土肥通広、土木権正平井義十郎事務を担任)
8.26	〔7.30〕大阪－神戸間の測量に着手
11.13	〔閏10.20〕工部省設置、吉井友美続いて同省所属鉄道掛を総理に任命

11.17	〔閏10.24〕大阪－神戸間の十三川橋梁・武庫川橋梁・神崎川橋梁着工(いずれも明治7年1月・2月・5月にそれぞれ完成、十三橋梁は我が国最初の鉄道鉄橋)
11.－	〔10.－〕大阪－神戸間石屋川トンネルの掘削に着手(翌4年7月完成、長さ61m、単線断面に円形、我が国最初の天井川トンネル)

1871(明治4)年

8. 2	〔6.16〕京都に鉄道掛出張所(佐藤政養事務が管理)を置き、京都－大阪間の測量を開始(京都－大津間をブランデル、敦賀方面をウインボルトが担当、翌5年終了)
9.28	〔8.14〕工部省に鉄道寮、その他9寮および測量司を設置

1872(明治5)年

6.12	〔5.7〕品川－横浜(現・桜木町)間23.8km仮開業、同区間に1日2往復の旅客列車を運転。運転時分35分。6月13日からは同区間の列車回数は6往復とする　「日本鉄道史」上p55、京都府　布令書第113号
7.10	〔6.5〕品川－横浜間に川崎・神奈川の両停車場を設置、品川－横浜間の旅客列車の運転時分は40分となる　「日本鉄道史」上p56、京都府　布令書第137号
7.20	〔6.15〕イギリス人ジョン・レデイ・ブラックに対し、停車場構内における新聞販売を許可する(構内営業の最初)
8.11	〔7.8〕品川発・横浜発各2本増発、8往復となる　京都府　布令書第159号
10. 1	〔8.30〕東京府京橋弓町上田虎之助に新橋停車場構内の用地を貸し、西洋食物茶店の営業を許可する(構内飲食営業の最初)
10.14	〔9.12〕新橋(後・汐留)－横浜(現・桜木町)間29.0kmに鉄道開業、明治天皇新橋・横浜停車場に臨御、開業式を挙行し両所において勅語を賜る
10.15	〔9.13〕新橋－横浜間の営業開始。9往復の旅客列車を運転。中間の駅は品川・川崎・鶴見・神奈川の4駅、運転時分53分。旅客運賃は新橋－横浜間上等1円12銭5厘、中等75銭、下等37銭5厘　「日本鉄道史」上p67、京都府　布令書第195号

1873(明治6)年

9.15	新橋－横浜間貨物営業開始、定期1往復・不定期1往復の貨物列車を運転(不定期1往復は間もなく廃止)
9.－	新橋－横浜間の各停車場で鉄道貨物運輸賃銭標と列車時刻表を販売させる

1874(明治7)年

4.20	新橋－横浜間の列車は新橋・横浜両駅発午後1時発の列車を廃止、午後7時発の列車を設定、10往復は維持　京都府　布令書第1174号
5. 1	新橋－横浜間の列車は新橋・横浜両駅発午後10時発の列車を設定、11往復とする　「銕道旅客並貨物賃銭表」M7.6

5.11	大阪－神戸間(三ノ宮－神戸間複線)32.7km運輸営業開始し、8往復の列車を運転(中間の駅は西ノ宮、三ノ宮)。運転時分1時間10分 「日本鉄道史」上p99
6.15	新橋－横浜間の旅客運賃を改正、新橋－横浜間上等1円に値下げする
8.－	大阪－神戸間で上・中等旅客に対し往復乗車券を発売
12. 1	大阪－神戸間で貨物営業開始

1875(明治8)年

3.17	中山道鉄道測量に着手
5.26	大阪－安治川間旅客営業開始、9往復運転 「国鉄百年史」1巻p451
5.－	神戸工場で走行部品はイギリスから輸入し、車体は国産木材を用い京都－大阪間で使用する客車・貨車を製作(客車製作の最初)
6.14	新橋－横浜間旅客列車12往復に増発、川崎のみ停車の終列車を設定、運転時分50分とする
8.18	神奈川県渡井八太郎に京浜間列車内貸座布団営業を許可、冥加金(営業料金)1ヶ月3円。賃貸料1枚につき8厘

1876(明治9)年

6.12	品川－川崎間に大森停車場を設置、同時に従来品川－川崎間を2区に数えていた旅客運賃区間を品川－大森間、大森－川崎間の各1区に分ける
6.27	三ノ宮－神戸間旅客運賃上等・中等を値下げ、安治川から神崎・西ノ宮・住吉までの運賃を値下げ
7.26	大阪－向日町間36.6kmの営業開始、中間に高槻停車場を設置。大阪－向日町間4往復運転、運転時分1時間24分 「日本鉄道史」上p103、「大阪神戸間大阪向日町間汽車発着時刻表」
8. 9	大阪－高槻間に吹田および茨木、高槻－向日町間に山崎停車場を設置
9. 5	向日町－大宮通仮停車場間開業。大宮通－大阪間1往復、大宮通－神戸間5往復運転、大宮通－大阪間運転時分1時間43分 「官許京阪間汽車時刻表同賃金表」M9.9 吉岡直一
12. 1	新橋－品川間複線化完成、中間に田町仮駅を設置。新橋－品川間1日10往復の小運転を開始

1877(明治10)年

1.11	太政官達をもって鉄道寮を廃止し、工部省を設置。工部省に鉄道・鉱山・灯台・電信・工作・営繕・書記・会計・検査・倉庫の10局設置
2. 5	大宮通－京都間の開通により大阪－京都間43.1km全通。翌6日から旅客営業を開始
2. 6	京都停車場を開設し、大宮通仮停車場を廃止。京都－神戸間直通運転、京都－大阪間10往復、大阪－神戸間11往復運転。このうち京都－神戸間直通列車は下り

	5本・上り4本運転 「工部省記録」巻6
3.12	京都－神戸間時刻改正 「工部省記録」巻6
5.23	京都－神戸間時刻改正 「工部省記録」巻6
11.20	京都－大阪間で貨物営業開始
11.26	六郷川鉄橋完成
12.1	京都－神戸間時刻改正、京都－大阪間の旅客列車8往復、大阪－神戸間10往復となる 「工部省記録」巻6
12.1	大阪－安治川間廃止 「工部省記録」巻6

1878(明治11)年

8.21	日本人が工事を担任、京都－大津間着工
8.－	京都－稲荷間の鴨川に架設の径間50フィート8連の鈑桁は五等技手三村周が設計(我が国の技術者が設計した最初の鈑桁)

1879(明治12)年

3.1	新橋－横浜間時刻改正、12往復運転 「国鉄百年史」1巻P642
8.18	京都－大谷間開業、9往復の列車を運転 「京都大谷間汽車時刻及賃金表」大阪野間支店M12.8.20
11.1	新橋－横浜間時刻改正、11往復運転 「国鉄百年史」1巻P642

1880(明治13)年

2.17	釜石の鉄道工事完成、軌間2フィート9インチ(838mm)
4.1	新橋－横浜間時刻改正、13往復運転 「国鉄百年史」1巻P642
7.14	大谷－馬場(現・膳所)－大津(後・浜大津)間開業、翌15日より京都－大津間に10往復の列車を運転、運転時分下り1時間2分 「工部省記録」巻17
7.17	新橋車夫会社出願の新橋駅での人力車構内営業許可
11.1	新橋－横浜間時刻改正、11往復運転 「国鉄百年史」1巻P642
11.1	新橋鉄道局、全列車に日本人機関方を乗務させる
11.28	幌内鉄道手宮－開運町(現・南小樽)－札幌間開業、1往復の列車を運転、所要時間約3時間、時刻の定めなし 「北海道鉄道百年史」上P43

1881(明治14)年

4.1	幌内鉄道手宮－札幌間1往復の列車を運転、時刻を定め所要時間3時間 「北海道鉄道百年史」上P44
5.7	鶴見－横浜間複線完成、新橋－横浜間全線の複線化完了
5.21	池田章政ら発起人43名が日本鉄道会社創立を出願
6.11	幌内鉄道手宮－札幌間並列車・荷物列車各1往復の合計2往復の列車を運転 「北海道鉄道百年史」上P45

11.11	政府は日本鉄道会社に「日本鉄道会社特許条約書」を下付

1882(明治15)年

3.10	金ケ崎(現・敦賀港)－洞道口(柳ヶ瀬隧道西口)間および長浜－柳ケ崎間開業 「工部省記録」巻2
3.16	新橋－横浜間時刻改正、旅客列車14往復中2往復は品川、神奈川停車の急行列車とし、運転時分は45分 「国鉄百年史」1巻P643
5. 1	大津(後・浜大津)－長浜間を太湖汽船会社汽船により旅客・貨物の船車連絡を開始
7. 1	札幌に工部省所管の岩内幌内両炭山並鉄道管理局を設置
11. 1	新橋－横浜間時刻改正、13往復運転 「国鉄百年史」1巻P643
11.13	幌内鉄道札幌－岩見沢－幌内間開業、手宮－幌内間全通。札幌以東冬期休業 「農商務省編年録」(小樽市博物館紀要第5号、1989年3月発行)
11.－	長浜停車場竣工、洋風角石造り2階建て、現存する我が国最古の駅舎
12.25	札幌に工部省所管の岩内幌内両炭山並鉄道管理局を煤田並鉄道管理局と改称

1883(明治16)年

5. 1	長浜－関ヶ原間開業、3往復の列車を運転 「国鉄百年史」1巻P655
5.19	日本鉄道会社、線路の保守・車両の修繕、運転業務を政府に委託したい旨工部省卿に申請。6月14日認可
7.28	日本鉄道上野－熊谷間開業、1日2往復の列車を運転 「官報」M16. 7.26
8. 1	大津－神戸間時刻改正 「官報」M16. 7.30
10.21	日本鉄道熊谷－本庄間開業 「官報」M16.10.11、13 時刻表「官報」M16.10.13、20
10.21	関ヶ原－柳ヶ瀬間、洞道西口－金ヶ崎間時刻改正 「官報」M16.10.22
11. 1	新橋－横浜間時刻改正、13往復の旅客列車を運転 「官報」M16.10.24
12.27	日本鉄道本庄－新町間開業 「官報」M16.12.24

1884(明治17)年

2.15	日本鉄道上野－新町間時刻改正 「官報」M17. 2.15
3. 8	新橋－横浜間時刻改正、15往復の旅客列車を運転 「官報」M17. 3. 8、(正誤表)「官報」M17. 3.13
3.30	柳ヶ瀬隧道完成
4. 1	大阪－神戸間時刻改正 「官報」M17. 4. 8
4.16	長浜－金ケ崎間開業、3往復の旅客列車を運転、所要時間2時間36分 「官報」M17. 4.25
5. 1	日本鉄道新町－高崎間開業、上野－高崎間全通 「官報」M17. 4.26 上野－高崎間3往復、4時間運転 時刻表「東京日日新聞」M17. 4.25、「官報」M17. 6.24
5.16	長浜－金ケ崎間時刻改正、この区間の運転時分2時間36分 「官報」M17. 5.30
5.25	関ヶ原－大垣間開業、3往復の列車を運転 「官報」M17. 5.27、時刻表「官報」M17. 5.30
7.21	長浜－金ケ崎間時刻改正 「官報」M17. 7.28

8.20	日本鉄道高崎－前橋(利根川西岸)間開業、同社第1区線上野－前橋間全通、3往復の列車を運転、運転時分4時間11分	「官報」M17. 8.18
9. 1	日本鉄道上野－前橋間臨時貨物列車1往復運転開始	「官報」M17. 9. 8
9.23	日本鉄道上野－前橋間水害に伴う時刻改正	「官報」M17. 9.26
10. 6	日本鉄道上野－前橋間水害に伴う時刻改正	「官報」M17.10. 7
10.15	日本鉄道上野－前橋間水害に伴う時刻改正	「官報」M17.10.15
11. 1	新橋－横浜間時刻改正、13往復の旅客列車を運転	「官報」M17.10.28
12.20	大垣－金ケ崎間時刻改正	「官報」M17.12.22

1885(明治18)年

3. 1	日本鉄道品川－赤羽間開業、新橋－品川－赤羽間に3往復の列車を運転	「官報」M18. 2.26、3.4、時刻表「官報」M18. 3.13
3. 1	官設鉄道と日本鉄道の連絡運輸を開始	
3.10	大垣－金ケ崎間時刻改正	「官報」M18. 3.12
3.16	新橋－横浜間時刻改正、15往復の旅客列車を運転	「官報」M18. 3.14
7. 8	日本鉄道上野－深谷間、高崎－前橋間、新橋－赤羽間水害に伴う時刻改正	「官報」M18. 7. 8
7.14	日本鉄道時刻改正	「官報」M18. 7.16
7.16	日本鉄道大宮－宇都宮間開業。利根川橋梁工事中のため栗橋－中田間は渡船連絡。1日2往復運転	「汽車発着時刻並乗車賃金表」正田治兵　M18.7.29
8.28	日本鉄道大宮－宇都宮間時刻改正	「官報」M18. 8.28
10.15	高崎－横川間開業、松井田は我が国最初のスイッチバック停車場。4往復の旅客列車を運転	「官報」M18.10.14、時刻表「官報」M18.10.16
11. 1	日本鉄道時刻改正	「官報」M18.10.29
11.16	日本鉄道上野－宇都宮間時刻改正	「官報」M18.11.16
12.22	太政官制が廃止され内閣直属となる、工部省を廃止、鉄道局は内閣直属となる	

1886(明治19)年

1. 1	新橋－横浜間で初めて定期乗車券を発売	
2.10	日本鉄道新町－前橋間および高崎－横川間時刻改正 高崎－横川間は2月19日に従前の時刻に復す	「官報」M19. 2.12
3. 1	武豊－熱田間開業、2往復の列車を運転	「官報」M19. 3. 6
3.15	大垣－金ケ崎間時刻改正	「官報」M19. 3.16
3.16	日本鉄道時刻改正	「官報」M19. 3.10
4. 1	熱田－清洲間開業、2往復の旅客列車を運転	「官報」M19. 4. 6、時刻表「官報」M19. 4. 9
5. 1	清洲－一ノ宮間、名護屋(現・名古屋)駅開業。2往復の旅客列車を運転	「官報」M19. 4.30、時刻表「官報」M19. 5. 8
5. 1	大垣－金ケ崎間時刻改正	「官報」M19. 5.11

6. 1	一ノ宮－木曽川間開業	「官報」M19. 6. 4、時刻表「官報」M19. 6. 14
	神戸－武豊間舟車連絡略表	「官報」M19. 6. 16
6. 1	大垣－金ケ崎間時刻改正	「官報」M19. 6. 14
6.17	日本鉄道栗橋－中田間利根川橋梁完成、中田仮停車場廃止	「官報」M19. 6. 14
6.17	日本鉄道栗橋－中田間利根川橋梁完成。新橋－赤羽間および高崎－横川間時刻改正	「官報」M19. 6. 15
7. 1	日本鉄道上野－宇都宮間時刻改正	「官報」M19. 6. 26
7.16	武豊－木曽川間時刻改正	「官報」M19. 7. 21
8.15	直江津－関山間開業、2往復の列車を運転	「官報」M19. 8. 18
10. 1	日本鉄道宇都宮－那須(現・西那須野)間開業、2往復の列車を運転	「官報」M19. 9. 27
10. 1	日本鉄道上野－宇都宮間時刻改正	「官報」M19. 9. 29
11. 1	新橋－横浜間および高崎－横川間時刻改正	「官報」M19.10.22
11. 1	直江津－関山間時刻改正	「官報」M19.11. 6
11. 1	日本鉄道時刻改正、長窪駅開業	「官報」M19.10.23
11.21	大垣－金ケ崎間および武豊－木曽川間時刻改正	「官報」M19.11.19
12. 1	日本鉄道那須－黒磯間開業、2往復の列車を運転	「官報」M19.11.27
12. 1	直江津－関山間時刻改正	「官報」M19.12. 9
12. 2	日本鉄道新橋－赤羽間下り第三列車時刻改正	「官報」M19.12. 2
12.－	揖斐川橋梁(321.6m)、長良川橋梁(461.8m)完成	

1887(明治20)年

1.16	直江津－関山間積雪のため運転休止	「官報」M20. 1. 20
1.21	大垣－加納(現・岐阜)間開業、3往復の列車を運転	「官報」M20. 1. 27
3.16	新橋－横浜間および高崎－横川間時刻改正	「官報」M20. 3. 14
3.16	日本鉄道時刻改正	「官報」M20. 3. 9
4. 1	直江津－関山間運転再開、時刻改正	「官報」M20. 4. 1
4.25	木曽川－加納間開業により、武豊－加納間全通。長浜－武豊間時刻改正。長浜－名古屋間3往復、名古屋－武豊間2往復の列車を運転	「官報」M20. 4.26、5.12、時刻表「官報」M20. 5. 7
5.12	長浜－武豊間時刻改正、長浜－名古屋間4往復の旅客列車を運転	「官報」M20. 5. 19
5.18	私設鉄道条例公布(勅令第12号)	
7. 1	新橋－横浜間および高崎－横川間時刻改正	「官報」M20. 6. 30
7.11	横浜－国府津間開業、3往復の列車を運転	「官報」M20. 7. 15、時刻表「官報」M20. 7. 9
7.16	日本鉄道黒磯－郡山間開業、2往復の列車を運転	「官報」M20. 7. 21、時刻表「官報」M20. 7. 12
7.16	日本鉄道上野－前橋間、新橋－赤羽間および高崎－横川間時刻改正	「官報」M20. 7. 14
8.20	新橋－横浜間急行列車時刻改正	「官報」M20. 8. 20
10.15	直江津－関山間時刻改正	「官報」M20.10.13

11. 1	新橋－国府津間および高崎－横川間時刻改正。新橋－国府津間4往復の旅客列車を運転　「官報」M20.10.26
11. 1	日本鉄道時刻改正　「官報」M20.10.25
12.15	日本鉄道郡山－塩竈間開業、上野－仙台(上り塩竈発)間に1往復の列車を運転、上野－仙台間所要時間12時間20分　「官報」M20.12.13、時刻表「官報」M20.12.14

1888(明治21)年

1. 4	山陽鉄道会社発起人に免許状下付、1月9日設立
3.16	新橋－国府津間および高崎－横川間時刻改正　「官報」M21. 3.14
3.16	日本鉄道時刻改正　「官報」M21. 3. 9
4. 1	直江津－関山間運転再開、時刻改正　「官報」M21. 3.27
5. 1	関山－長野間開業、2往復の列車を運転　「官報」M21. 4.26
5. 7	日本鉄道時刻改正　「官報」M21. 5. 5
5.22	両毛鉄道小山－足利間開業、1日3往復の列車を運転　「官報」M21. 5.14
7.19	日本鉄道白河－塩竈間時刻改正　「官報」M21. 7.14
8.15	長野－上田間開業、3往復の列車を運転　「官報」M21. 8.14
9. 1	直江津－上田間時刻改正　「官報」M21. 8.28
9. 1	大府－浜松間開業、武豊線大府－武豊間は東海道線の支線にする。名古屋－浜松間に3往復の列車を運転　「官報」M21. 9. 8、時刻表「官報」M21. 9. 1
10.11	日本鉄道時刻改正、増田、岩切駅開業　「官報」M21.10. 8
11. 1	新橋－国府津間時刻改正、大船駅開業　「官報」M21.10.23
11. 1	山陽鉄道兵庫－明石間開業、5往復の列車を運転　「官報」M21.10.31、時刻表「官報」M21.11. 7
11.15	両毛鉄道足利－桐生間開業、1日3往復運転　「官報」M21.11.12
12. 1	上田－軽井沢間開業、3往復の列車を運転　「官報」M21.11.29、時刻表「官報」M21.11.27
12.23	山陽鉄道明石－姫路間開業　「官報」M21.12.25、時刻表「官報」M21.12.29

1889(明治22)年

1.15	長野－直江津間時刻改正　「官報」M22. 1. 9
1.16	水戸鉄道小山－水戸間開業。1日2往復運転　「官報」M22. 1.19、時刻表「官報」M22. 1. 9
1.16	日本鉄道・両毛鉄道一部改正　「官報」M22. 1. 9
2. 1	国府津－静岡間開業、新橋－静岡間2往復の列車を運転、運転時分7時間5分　「官報」M22. 1.25
3. 1	軽井沢－長野間時刻改正　「官報」M22. 2.22
4.11	甲武鉄道新宿－立川間開業、4往復の旅客列車を運転。うち1往復は新橋－立川間直通運転　「官報」M22. 4.11、時刻表「官報」M22. 4. 9
4.16	静岡－浜松間開業、新橋－長浜間時刻改正。新橋－長浜間に直通列車1往復を運転。直通列車の運転時分は下り15時間、上り14時間25分

	「官報」M22. 4.17、時刻表「官報」M22. 4.16、(正誤表)「官報」M22. 4.19
4.16	金ヶ崎－長浜間、武豊－大府間時刻改正 「官報」M22. 4.19
4.16	日本鉄道、両毛鉄道、水戸鉄道および甲武鉄道時刻改正 「官報」M22. 4.16
5.14	大阪鉄道湊町－柏原間開業、8往復の列車を運転 「官報」M22. 5.21、時刻表「官報」M22. 5.16
5.23	讃岐鉄道丸亀－琴平間開業、8往復の列車を運転 「官報」M22. 5.23
5.25	水戸鉄道、両毛鉄道時刻改正 「官報」M22. 5.20
6.16	大船－横須賀間開業、4往復の旅客列車を運転 「官報」M22. 6.20、時刻表「官報」M22. 6. 8
7. 1	湖東線馬場(現・膳所)－米原－深谷間および米原－長浜間開業、東海道線新橋－神戸間全通。新橋－神戸間1往復運転、所要時間下り20時間5分、上り20時間10分。他に新橋－京都間、静岡－神戸間各1往復など運転 「官報」M22. 7. 6、時刻表「官報」M22. 6.25
7. 1	日本鉄道および甲武鉄道時刻改正 「官報」M22. 6.25
8.11	甲武鉄道立川－八王子間開業、新宿－八王子間に4往復運転 「官報」M22. 8.31、時刻表「官報」M22. 8.10
9. 1	山陽鉄道兵庫－神戸間開業、9往復の列車を運転 「官報」M22. 8.28、時刻表「官報」M22. 9. 3
10.10	両毛鉄道時刻改正、岩船・小俣駅開業 「官報」M22.10. 5
11.11	山陽鉄道姫路－龍野(揖保川東岸)間開業 「官報」M22.11.12、時刻表「官報」M22.11.14
11.20	両毛鉄道桐生－前橋間開業、小山－前橋間全通。1日2往復運転 「官報」M22.12.12、時刻表「官報」M22.11.19
12. 1	大阪鉄道湊町－柏原間時刻改正 「官報」M22.12. 6
12.10	北海道炭礦鉄道会社、幌内鉄道の払い下げを受け、翌11日から幌内線・幾春別線の営業開始 「官報」M22.12.10
12.11	九州鉄道博多－久留米(千歳川北岸)間開業、3往復の列車を運転 「官報」M22.12.10、時刻表「官報」M22.12.13
12.11	幌内鉄道手宮－幌内間、幌内太－郁春別(後・幾春別)間を北海道炭礦鉄道へ譲渡
12.15	関西鉄道草津－三雲間開業 「官報」M22.12.10、時刻表「官報」M22.12.16
12.26	両毛鉄道利根川橋梁完成、両毛鉄道と日本鉄道が連絡、12月26日から直通運転開始。日本鉄道前橋停車場廃止 「官報」M22.12.25

1890(明治23)年

1. 1	大船－横須賀間時刻改正 「官報」M22.12.25
1. 1	北海道炭礦鉄道手宮－札幌間時刻改正、汽車賃金改正 「官報」M23. 1.16
1. 6	甲武鉄道時刻改正、日野駅開業 「官報」M22.12.30
1.26	長野－直江津間時刻改正 「官報」M23. 1.22
2. 7	北海道炭礦鉄道手宮－札幌間時刻改正 「官報」M23. 2.15
2.19	関西鉄道三雲－柘植間開業 「官報」M23. 2.18
2.26	長野－直江津間時刻改正 「官報」M23. 2.19

3.1	九州鉄道千歳川(仮)－久留米間開業、千歳川(仮)廃止。博多－久留米間4往復の列車を運転	「官報」M23. 3. 3
3.16	九州鉄道博多－久留米間時刻改正	「官報」M23. 3.15
4.1	北海道炭礦鉄道時刻改正。手宮－札幌間、札幌－幌内間に旅客列車2往復、貨物列車3往復運転	「官報」M23. 3.28
4.16	日本鉄道岩切－一ノ関間開業。仙台－一ノ関間1日2往復運転	「官報」M23. 4.25、時刻表「官報」M23. 4.12
5.16	新橋－神戸間、大船－横須賀間時刻改正	「官報」M23. 5. 9
5.16	関西鉄道草津－柘植間時刻改正	「官報」M23. 5.20
6.1	日本鉄道、両毛鉄道、水戸鉄道および甲武鉄道時刻改正。新宿－八王子間の列車の運転回数を5往復とし、新橋－八王子間直通列車廃止	「官報」M23. 5.26
6.1	日本鉄道宇都宮－今市間開業	「官報」M23. 5.31、時刻表「官報」M23. 5.26
7.5	関西鉄道草津－柘植間時刻改正	「官報」M23. 7. 1
7.8	山陽鉄道兵庫－和田崎町(現・和田岬)間開業(貨物)	「官報」M23. 7.10
7.10	山陽鉄道龍野－有年間開業	「官報」M23. 7.10
7.25	新橋－神戸間時刻改正、新橋－浜松間1往復増発	「官報」M23. 7.25
8.1	日本鉄道今市－日光間開業、宇都宮－日光間全通。1日4往復運転	「官報」M23. 7.19
8.1	両毛鉄道、水戸鉄道時刻改正	「官報」M23. 7.19
8.10	大府－武豊間時刻改正	「官報」M23. 8. 9
9.5	北海道炭礦鉄道時刻改正	「官報」M23. 9. 3
9.11	大阪鉄道柏原－亀瀬(仮)間開業	「官報」M23. 9.15
9.12	日本鉄道大河原－塩竃間時刻改正	「官報」M23. 9.13
9.13	東海道線沼津－興津川間時刻改正	「官報」M23. 9.13
9.28	九州鉄道博多－赤間間開業	「官報」M23.10. 2
10.1	讃岐鉄道丸亀－琴平間時刻改正	「官報」M23. 9.30
10.21	北海道炭礦鉄道時刻改正	「官報」M23.10.28
10.23	日本鉄道上野－宇都宮間時刻改正	「官報」M23.10.22
11.1	日本鉄道一ノ関－盛岡間開業、仙台－盛岡間2往復運転	「官報」M23.10.30、時刻表「官報」M23.10.23
11.1	日本鉄道上野－秋葉原間(貨物)開業	「官報」M23.11. 6
11.1	両毛鉄道汽車賃金改正	「官報」M23.10.21
11.1	両毛鉄道時刻改正	「官報」M23.10.23
11.15	九州鉄道赤間－遠賀川間開業	「官報」M23.11. 6、時刻表「官報」M23.11.19
11.16	日本鉄道上野－宇都宮間時刻改正	「官報」M23.11.18
11.26	水戸鉄道水戸－那珂川間開業(貨物)	
12.1	水戸鉄道汽車賃金改正	「官報」M23.11.18
12.1	山陽鉄道有年－三石(仮)間開業	「官報」M23.12. 5、時刻表「官報」M23.12. 8

12.25	関西鉄道柘植－四日市間開業、草津－四日市間全通。5往復の列車を運転	「官報」M23.12.25、時刻表「官報」M23.12.24
12.27	大阪鉄道王寺－奈良間開業、7往復運転	「官報」M23.12.28、時刻表「官報」M24. 1.15

1891(明治24)年

1.12	新橋－神戸間、大船－横須賀間時刻改正。新橋－神戸間1往復増発、2往復となる。御殿場－沼津間複線化完成	「官報」M23.12.22
1.12	関西鉄道柘植－四日市間時刻改正	「官報」M24. 1.12
2. 8	大阪鉄道稲葉山(仮)－王寺間開業	「官報」M24. 2. 3、時刻表「官報」M24. 2.13
2.28	九州鉄道遠賀川－黒崎間開業	「官報」M24. 3. 2
3. 1	大阪鉄道王寺－高田間開業	「官報」M24. 3. 2、時刻表「官報」M24. 3. 5
3.18	山陽鉄道三石(仮)－岡山間開業	「官報」M24. 3.16、18、時刻表「官報」M24. 3.26
4. 1	九州鉄道黒崎－門司(現・門司港)間、久留米－高瀬(現・玉名)間開業	「官報」M24. 3.26、時刻表「官報」M24. 4. 1
4.25	山陽鉄道岡山－倉敷間開業	「官報」M24. 4.24、時刻表「官報」M24. 4.25
5. 1	新橋－神戸間、大船－横須賀間、金ヶ崎－米原間、武豊－大府間時刻改正。小山－沼津間複線化完成により新橋－神戸間19時間41分に短縮	「官報」M24. 4.29
7. 1	九州鉄道高瀬(現・玉名)－熊本間開業。門司－熊本間3往復運転	「官報」M24. 6.27、時刻表「官報」M24. 7. 1
7. 5	北海道炭礦鉄道岩見沢－歌志内間開業、手宮－歌志内間直通運転	「官報」M24. 7. 3、時刻表「官報」M24. 7. 7
7.14	山陽鉄道倉敷－笠岡間開業	「官報」M24. 7.14、時刻表「官報」M24. 7.16
8. 7	長野－直江津間時刻改正	「官報」M24. 8. 7
8.20	九州鉄道鳥栖－佐賀間開業、4往復の列車を運転	「官報」M24. 8.19、時刻表「官報」M24. 9. 2
8.21	関西鉄道亀山－一身田間開業	「官報」M24. 8.19、時刻表「官報」M24. 8.21
8.30	筑豊興業鉄道若松－直方間開業	「官報」M24. 8.29、時刻表「官報」M24. 9.25
9. 1	日本鉄道盛岡－青森間開業、上野－青森間全通。上野－青森間直通1日1往復運転	「官報」M24. 8.15、時刻表「官報」M24. 9. 2
9.11	山陽鉄道笠岡－福山間開業	「官報」M24. 9.11
10.11	新橋－浜松間、大船－横須賀間時刻改正	「官報」M24.10. 3
10.28	濃尾大地震により東海道線不通、25年4月16日完全復旧	「官報」M24.10.30
11. 3	山陽鉄道福山－尾道間開業	「官報」M24.11. 4、時刻表「官報」M24.11.16
11. 4	関西鉄道一身田－津間開業、6往復の列車を運転	「官報」M24.11. 5、時刻表「官報」M24.11.16
12.20	新橋－神戸間、金ヶ崎－米原間時刻改正	「官報」M24.12.19

1892(明治25)年

2. 1	北海道炭礦鉄道砂川－空知太間開業	「官報」M25. 1. 9、時刻表「官報」M25. 2. 5

2.2	大阪鉄道亀ノ瀬(仮)－稲葉山(仮)間開業、湊町－奈良間全通、11往復の列車を運転　「官報」M25.2.4、時刻表「官報」M25.2.5
3.1	日本鉄道は水戸鉄道を買収
3.16	高崎－横川間時刻改正、1往復増発　「官報」M25.3.15
4.1	日本鉄道会社営業・運転・線路の保守業務の自営開始
4.16	新橋－神戸間、金ヶ崎－米原間、武豊－大府間時刻改正　「官報」M25.4.14
7.20	山陽鉄道尾道－三原(現・糸崎)間開業　「官報」M25.7.15、時刻表「官報」M25.9.1
8.1	北海道炭礦鉄道室蘭(現・東室蘭)－岩見沢間開業　「官報」M25.8.1、時刻表「官報」M25.9.1
9.1	釧路鉄道標茶－跡佐登間開業(専用鉄道を変更)　「官報」M25.11.2
10.28	筑豊興業鉄道直方－小竹間開業　「官報」M25.10.20、時刻表「官報」M25.11.2
11.1	北海道炭礦鉄道追分－夕張間開業　「官報」M25.10.20、時刻表「官報」M25.11.2

1893(明治26)年

2.1	日本郵船青森－函館－室蘭間航路を開設
2.11	筑豊興業鉄道直方－金田間開業　「官報」M26.2.8、時刻表「官報」M26.3.2
3.26	北海道炭礦鉄道手宮－桟橋間開業(貨物)
4.1	横川－軽井沢間開業、4往復の旅客列車を運転。高崎－直江津間全通　「官報」M26.3.29
5.1	新橋－神戸間時刻改正　「官報」M26.5.4
5.21	高崎－横川間時刻改正　「官報」M26.5.19
5.23	大阪鉄道高田－桜井間開業　「官報」M26.5.24、時刻表「官報」M26.6.30
7.3	筑豊興業鉄道小竹－飯塚間開業　「官報」M26.6.29､7.5、時刻表「官報」M26.7.31
10.16	高崎－直江津間時刻改正　「官報」M26.10.9
10.－	日本郵船会社、青森－函館－室蘭間に定期航路開設
12.3	山陽鉄道新川線兵庫－新川間開業
12.12	摂津鉄道尼崎(後・尼崎港)－池田(現・川西池田)間開業、既設尼崎－伊丹間を改築、伊丹－池田間新線を延長敷設
12.31	参宮鉄道津－宮川間開業　「官報」M27.1.11、時刻表「官報」M27.1.31

1894(明治27)年

1.1	名古屋－武豊間1往復増発　「官報」M26.12.26
1.4	日本鉄道尻内(現・八戸)－八ノ戸(現・本八戸)間開業　「官報」M27.1.11、時刻表「官報」M27.1.31
4.16	新橋－神戸間時刻改正、西ノ宮－三ノ宮間複線化完成。新橋－神戸間の所要時間を約30分短縮、下り18時間5分となる　「官報」M27.4.10
6.10	山陽鉄道糸崎－広島間開業。神戸－広島間に3往復運転、所要時間9時間40分　「官報」M27.6.1､6、時刻表「官報」M27.6.30
6.－	浪速鉄道、軌間2フィート9インチを3フィート6インチに変更

月日	事項	出典
7. 5	関西鉄道四日市－桑名(仮)間開業	「官報」M27. 7. 5、時刻表「官報」M27. 7.31
7.20	総武鉄道市川－佐倉間開業、5往復運転	「官報」M27. 7.21、時刻表「官報」M27. 7.31
7.26	播但鉄道姫路－寺前間開業	「官報」M27. 7.28､8.6、時刻表「官報」M27. 7.31
8.11	九州鉄道熊本－川尻間開業	「官報」M27. 8.14、時刻表「官報」M27. 8.31
8.－	筑豊興業鉄道は筑豊鉄道と改称	
10. 1	日本鉄道八ノ戸(現・本八戸)－湊間開業	「官報」M27.10. 4、時刻表「汽車汽船旅行案内」M27.10
10. 9	甲武鉄道新宿－牛込間開業	「官報」M27.10.10、時刻表「官報」M27.10.31
10.10	高崎－直江津間時刻改正	「官報」M27.10.11
10.10	山陽鉄道神戸－広島間急行列車運転開始、所要時間8時間56分	
10.17	大阪－新橋間上り1本を神戸発として、新橋－神戸間直通列車は3往復となる	「官報」M27.10.31
11.19	青梅鉄道立川－青梅間開業	「官報」M27.11.22、時刻表「汽車汽船旅行案内」M27.12
11.20	新橋－神戸間時刻改正	「官報」M27.11.17
12. 1	奥羽北線青森－弘前間開業	「官報」M27.11.28、時刻表「官報」M27.11.29
12. 9	総武鉄道市川－本所(現・錦糸町)間開業、本所－佐倉間に6往復運転、所要時間1時間10分	「官報」M27.12.13、時刻表「官報」M27.12.28
12.28	筑豊鉄道小竹－幸袋間開業	「官報」M28. 1. 9、時刻表「官報」M27.12.28
12.28	奥羽北線青森－弘前間時刻改正	「官報」M27.12.26

1895(明治28)年

月日	事項	出典
1.15	播但鉄道寺前－長谷間開業	「官報」M28. 1.16、時刻表「官報」M28. 1.28
1.28	九州鉄道川尻－松橋間開業	「官報」M28. 2. 5、時刻表「官報」M28. 1.28
4. 1	奥羽北線青森－弘前間時刻改正	「官報」M28. 3.30
4. 1	九州鉄道小倉－行事間開業	「官報」M28. 4. 6、時刻表「官報」M28. 4.30
4. 3	甲武鉄道牛込－飯田町間開業	「官報」M28. 4. 6、時刻表「官報」M28. 4.30
4. 5	筑豊鉄道飯塚－臼井間開業	「官報」M28. 4.13、時刻表「官報」M28. 8.31
4. 9	新橋－神戸間時刻改正	「官報」M28. 4. 9
4.17	播但鉄道長谷－生野間、姫路－飾磨(後・飾磨港)間開業	「官報」M28. 4.19、時刻表「官報」M28. 8.31
5. 5	九州鉄道佐賀－武雄(現・武雄温泉)間開業	「官報」M28. 5. 7、時刻表「官報」M28. 8.31
5.24	関西鉄道名古屋－前ケ須(現・弥富)間、桑名(仮)－桑名間開業	「官報」M28. 6. 4、時刻表「官報」M28. 8.31
5.28	大阪鉄道天王寺－玉造間開業	「官報」M28. 6. 1、時刻表「官報」M28. 8.31
8.15	豊州鉄道行橋－伊田(現・田川伊田)間開業	「官報」M28. 8.20、時刻表「官報」M28. 8.31
8.22	浪速鉄道片町－四條畷間開業、10往復運転、所要時間39分	「官報」M28. 8.26、時刻表「官報」M28. 8.31
9. 5	奈良鉄道京都－伏見間開業	「官報」M28. 9. 9、時刻表M29年「家宝日記」

10.17	大阪鉄道玉造－梅田間開業、天王寺－梅田間に17往復運転、所要時間26分 「官報」M28.10.19、時刻表「官報」M28.10 31
10.21	奥羽北線弘前－碇ヶ関間開業 「官報」M28.10.14、時刻表「官報」M28.10 31
10.21	山陽鉄道神戸－広島間急行列車を京都始発とする
11. 3	奈良鉄道伏見－桃山間開業 「官報」M28.11. 8、時刻表「官報」M28.11 30
11. 4	日本鉄道土浦－友部間開業 「官報」M28.11. 5、時刻表「官報」M29. 2 29
11. 7	関西鉄道桑名－弥富間開業、前ケ須を弥富と改称。名古屋－柘植－草津間全通。下り4本･上り5本運転、所要時間4時間26分 「官報」M28.11. 8、時刻表「官報」M29. 2 29
12.28	青梅鉄道青梅－日向和田間開業(貨物) 「官報」M29. 1 22
12.30	甲武鉄道市街線飯田町－新宿間複線開通

1896(明治29)年

1.20	房総鉄道蘇我－大網間開業 「官報」M29. 1.28、時刻表「官報」M29. 2.29
1.25	奈良鉄道桃山－玉水間開業 「官報」M29. 1.27、時刻表「官報」M29. 2.29
2. 5	豊州鉄道伊田(現・田川伊田)－後藤寺(現・田川後藤寺)間開業 「官報」M29. 2.10、時刻「官報」M29. 2.29
2.25	房総鉄道蘇我－千葉間開業、千葉－大網間5往復、所要時間61分 「官報」M29. 2.28、時刻表「官報」M29. 2.29
3.13	奈良鉄道玉水－木津間開業 「官報」M29. 3.19
4.18	奈良鉄道木津－奈良間開業、京都－奈良間全通、11往復運転 「官報」M29. 4.24、時刻表「官報」M29. 6.30
5. 1	河瀬停車場開業に伴う時刻改正 「官報」M29. 4.30
5. 1	山陽鉄道時刻改正、神戸－広島間急行列車廃止。神戸－姫路間1時間間隔、姫路以西2時間間隔の等間隔のダイヤとする 「官報」M29. 6.30
5.10	南和鉄道高田－葛(現･吉野口)間開業 「官報」M29. 5.12
7.15	北陸線敦賀－福井間開業。米原－福井間3往復、所要時間4時間47分 「官報」M29. 6.30
8. 1	釧路鉄道標茶－跡佐登間営業休止(30.11.15廃止) 「官報」M29. 4. 7
9. 1	東海道線時刻改正、新橋－神戸間急行99・111列車運転開始、急行料金不要。所要時間17時間22分 「官報」M29. 9.30
9. 1	山陽鉄道時刻改正、神戸－広島間下り5本・上り6本。うち1往復の夜行列車は新橋－神戸間急行列車に連絡する 「山陽鉄道汽車発着時間及乗車賃金表」
10.25	南和鉄道葛(現・吉野口)－二見(後・川端)間開業 「官報」M29.10.28 (五條－二見間掲載なし) 「官報」M29.11.26
11.21	九州鉄道松橋－八代間開業、門司－八代間全通。門司－八代間3往復、所要時間7時間27分 「官報」M29.11.26、時刻表「官報」M29.12.28
12.25	日本鉄道田端－土浦間、田端－隅田川間(貨物)開業。上野－土浦－水戸間直通運転 「官報」M30. 1.14、時刻表「官報」M30. 1.29、時刻表「汽車汽船旅行案内」M30.2

1897(明治30)年

1.1	日本鉄道会社、両毛鉄道会社を買収
1.15	関西鉄道柘植－上野(現・伊賀上野)間開業 「官報」M30. 1.23、時刻表「官報」M30. 1.29
1.19	成田鉄道佐倉－成田間開業 「官報」M30. 1.23、時刻表「官報」M30. 3.31
2.9	浪速鉄道は関西鉄道へ譲渡
2.15	京都鉄道二条－嵯峨間開業 「官報」M30. 2.18、時刻表「官報」M30. 3.31
2.16	摂津鉄道は阪鶴鉄道へ譲渡
2.21	讃岐鉄道丸亀－高松間開業、高松－琴平間全通。20往復運転 「官報」M30. 2.23、時刻表「官報」M30. 3.31
2.25	日本鉄道水戸－平(現・いわき)間開業 「官報」M30. 2.27、時刻表「官報」M30. 2.27
2.25	日本鉄道宇都宮－片岡間線路変更工事完成し岡本－氏家経由新線が開通。古田－長久保経由線は廃止 「官報」M30. 3. 1、時刻表「官報」M30. 2.27
4.17	房総鉄道大網－一ノ宮(現･上総一ノ宮)間開業 「官報」M30. 4.23、時刻表「官報」M30. 3.31
4.27	京都鉄道二条－大宮間開業 「官報」掲載なし、(5月16日改正)時刻表「汽車汽船旅行案内」M30.6
5.1	山陽鉄道広島－宇品間開業(陸軍省から借り受け) 「官報」M30. 5. 1
5.1	総武鉄道佐倉－成東間開業 「官報」M30. 5. 4
5.4	中越鉄道黒田－福野間開業 「官報」M30. 5.11
5.13	北越鉄道春日新田－鉢崎(現・米山)間開業 「官報」M30. 5.25
6.1	総武鉄道成東－銚子間開業、本所－銚子間全通 「官報」M30. 6. 4
7.1	北海道炭礦鉄道輪西(現･東室蘭)－室蘭間開業、手宮－室蘭間全通 「官報」M30. 7.10、時刻表「汽車汽船旅行案内」M30.11
7.10	九州鉄道武雄(現・武雄温泉)－早岐間開業 「官報」M30. 7. 7、時刻表「汽車汽船旅行案内」M30.11
7.15	豊川鉄道豊橋－豊川間開業 「官報」M30. 7.24
7.22	九州鉄道長与－長崎(現・浦上)間開業 「官報」M30. 7.26、時刻表「汽車汽船旅行案内」M30.11
7.22	豊川鉄道豊川－一ノ宮(現･三河一ノ宮)間開業 「官報」M30. 7.26、時刻表「汽車汽船旅行案内」M30.11
8.1	北越鉄道鉢崎(現・米山)－柏崎間開業 「官報」M30. 8.12、時刻表「汽車汽船旅行案内」M30.11
8.18	鉄道作業局官制公布
8.18	中越鉄道福野－福光間開業 「官報」M30.11.17、時刻表「汽車汽船旅行案内」M30.11
8.29	日本鉄道平(現・いわき)－久ノ浜間開業 「官報」M30. 9. 1、時刻表「汽車汽船旅行案内」M30.11
9.20	北陸線福井－小松間開業 「官報」M30. 9.15、時刻表「汽車汽船旅行案内」M30.11
9.20	北陸線敦賀－金ヶ崎間旅客取扱廃止、金ヶ崎は貨物取扱所とする
9.25	山陽鉄道広島－徳山間開業。京都－徳山間急行1往復、所要時間神戸－徳山間13時間4分 「官報」M30. 9.30、時刻表「汽車汽船旅行案内」M30.11
9.25	豊州鉄道行橋－長洲(現・柳ヶ浦)間開業 「官報」M30.10. 2、時刻表「汽車汽船旅行案内」M30.11

9.25	九州鉄道時刻改正　「汽車汽船旅行案内」M30.11
10. 1	筑豊鉄道は九州鉄道に合併
10.20	豊州鉄道後藤寺(現・田川後藤寺)－豊国(後・糸田に併合)間、後藤寺－起行間開業。宮床－豊国間、後藤寺－起行間貨物営業　「官報」掲載なし 時刻表「汽車汽船旅行案内」M30.11
10.31	中越鉄道福光－城端間開業　「官報」M30.11.17、時刻表「汽車汽船旅行案内」M30.11
11.10	日本鉄道岩沼－中村(現・相馬)間開業　「官報」M30.11. 9、時刻表「汽車汽船旅行案内」M31.2
11.11	参宮鉄道宮川－山田(現・伊勢市)間開業　「官報」M30.11.12、時刻表「汽車汽船旅行案内」M30.12
11.11	関西鉄道上野(現・伊賀上野)－加茂間開業　「官報」M30.11.17、時刻表「汽車汽船旅行案内」M30.12
11.16	太田鉄道水戸－久慈川間開業　「官報」M30.11.18、時刻表「汽車汽船旅行案内」M31.2
11.16	京都鉄道大宮－京都間開業　「官報」掲載なし、時刻表「汽車汽船旅行案内」M30.12
11.20	北越鉄道柏崎－北条間、沼垂－一ノ木戸(現・東三条)間開業　「官報」M30.11.25、時刻表「汽車汽船旅行案内」M30.12
12. 1	日本鉄道時刻改正。上野－青森間直行列車1日2往復運転　時刻表「汽車汽船旅行案内」M31.2
12.27	阪鶴鉄道池田－宝塚間開業　「官報」M31. 1.12、時刻表「汽車汽船旅行案内」M31.2
12.29	成田鉄道成田－滑河間開業　「官報」M31. 1.12、時刻表「汽車汽船旅行案内」M31.2

1898(明治31)年

1. 2	中越鉄道黒田－高岡間開業、高岡－城端間全通　「官報」M31. 1.12、時刻表「汽車汽船旅行案内」M31.2
1.20	九州鉄道早岐－佐世保間開業　「官報」M31. 1.27、時刻表「汽車汽船旅行案内」M31.2
1.20	九州鉄道早岐－大村間開業　「官報」M31. 1.27、時刻表「汽車汽船旅行案内」M31.2
1.－	関西鉄道、客車内に電灯を設備、全国の鉄道で最初
2. 3	成田鉄道滑河－佐原間開業、佐倉－佐原間全通　「官報」M31. 2. 4、時刻表「汽車汽船旅行案内」M31.4
2. 8	九州鉄道臼井－下山田間開業、大隈－下山田間貨物営業　「官報」M31. 2. 9、時刻表「汽車汽船旅行案内」M31.2
3.10	青梅鉄道青梅－日向和田間旅客営業開始　「官報」M31. 3. 9、時刻表「汽車汽船旅行案内」M31.4
3.17	山陽鉄道徳山－三田尻(現・防府)間開業。京都－三田尻間急行1往復運転、神戸－三田尻間所要時間13時間38分　「官報」M31. 3.25、時刻表「汽車汽船旅行案内」M31.4
4. 1	北陸線小松－金沢間開業。米原－金沢間4往復、所要時間7時間8分　「官報」M31. 3.25、時刻表「汽車汽船旅行案内」M31.4
4. 1	官設鉄道、関西鉄道・参宮鉄道と協定して京都－山田(現・伊勢市)間に直通旅客列車の運転を開始
4. 3	日本鉄道中村(現・相馬)－原ノ町間開業　「官報」M31. 4. 6、時刻表「汽車汽船旅行必携」M31.5
4. 5	西成鉄道大阪－安治川口間開業。福島－安治川口間旅客営業、大阪－福島間貨物

	営業 「官報」M31. 4. 6、時刻表「汽車汽船旅行必携」M31.5
4.11	紀和鉄道五条－橋本間開業 「官報」M31. 5.19、時刻表「汽車汽船旅行必携」M31.5
4.12	関西鉄道四條畷－長尾間開業 「官報」M31. 4.28、時刻表「汽車汽船旅行必携」M31.5
4.15	東海道線馬場－大谷間複線化完成、馬場－京都間複線となる
4.19	関西鉄道加茂－大仏間開業 「官報」M31. 4.27、時刻表「汽車汽船旅行必携」M31.5
4.21	山陽鉄道亀山－姫路間に豆腐町駅設置。豆腐町－飾磨(後・飾磨港)間区間運転、姫路－豆腐町間徒歩連絡、1925(大正14)10.15復活
4.24	七尾鉄道津幡(初代)－矢田新(後・七尾港)間開業、七尾－矢田新間貨物線 「官報」M31. 4.30、時刻表「汽車汽船旅行必携」M31.5
4.25	豊川鉄道一ノ宮(現・三河一ノ宮)－新城間開業 「官報」M31. 4.27、時刻表「汽車汽船旅行必携」M31.5
4.－	官設鉄道急行列車1・2等客車にストーン式電灯を設備
5. 4	紀和鉄道船戸(仮)－和歌山(現・紀和)間開業 「官報」M31. 5.12、時刻表「汽車汽船旅行案内」M31.8
5.11	日本鉄道原ノ町－小高間開業 「官報」M31. 5.14、時刻表「汽車汽船旅行必携」M31.6
5.11	奈良鉄道京終－桜井間開業 「官報」M31. 5.16, 6.24、時刻表「汽車汽船旅行必携」M31.6
6. 4	関西鉄道長尾－新木津間開業 「官報」M31. 6.16、時刻表「汽車汽船旅行必携」M31.6
6. 8	阪鶴鉄道宝塚－有馬口(現・生瀬)間開業 「官報」M31. 6.16、時刻表「汽車汽船旅行必携」M31.6
6.16	北越鉄道一ノ木戸(現・東三条)－長岡間開業 「官報」M31. 6.23、時刻表「汽車汽船旅行案内」M31.8
7.16	北海道官設鉄道上川線空知太－旭川間開業 時刻表「汽車汽船旅行案内」M31.8
7.26	岩越鉄道郡山－中山宿間開業 「官報」M31. 8. 1、時刻表「汽車汽船旅行案内」M31.8
8. 1	東海道線時刻改正、横浜－大船間複線化。新橋－神戸間夜行の急行列車を増発、所要時間昼行16時間27分、夜行17時間19分 「汽車汽船旅行案内」M31.8
8. 1	山陽鉄道時刻改正、京都－三田尻間昼行急行307・312列車は神戸以西の所要時間12時間4分に短縮。大阪－三田尻間夜行急行319・302列車を新設 「汽車汽船旅行案内」M31.8
8. 7	伊万里鉄道伊万里－有田間開業 「官報」M31. 8. 5, 8.10、時刻表「汽車汽船旅行案内」M31.12
8.12	北海道官設鉄道天塩線旭川－永山間開業 時刻表「汽車汽船旅行案内」M31.12
8.23	日本鉄道磐城線久ノ浜－小高間開業、磐城線(現常磐線)水戸－岩沼間全通。これにより土浦線を経由して上野－仙台－青森間直行列車1往復運転 「官報」M31. 8.19、時刻表「汽車汽船旅行案内」M31.12
9. 1	山陽汽船会社徳山－門司間の航路。官設鉄道および山陽鉄道と、九州鉄道および豊州鉄道との間に山陽汽船会社の航路を介して旅客および小荷物の連絡運輸を開始
9.16	関西鉄道新木津－木津間開業、木津－片町間全通 「官報」M31. 9.19
9.22	山陽鉄道、直通列車にボーイを乗務させる

11. 1	北陸線金沢－高岡間開業　「官報」M31.10.31、時刻表「汽車汽船旅行案内」M31.12
11. 8	関西鉄道放出－寝屋川(連絡所)間開業　「官報」M31.11.10
11.18	関西鉄道寝屋川－網島間開業　「官報」M31.11.10,11.26
11.18	関西鉄道加茂－新木津間開業、名古屋－網島間全通。同区間に昼行5往復、夜行1往復運転うち昼行1往復および夜行上り1本を急行運転、所要時間昼行5時間40分　「官報」M31.11.25、時刻表「汽車汽船旅行案内」M31.12
11.25	北海道官設鉄道天塩線永山－蘭留間開業 (時刻の掲載は明治32年6月1日改正より)　時刻表「汽車汽船旅行案内」M32.7
11.27	九州鉄道大村－長与間開業、鳥栖－長崎間全通 「官報」M31.11.26、時刻表「汽車汽船旅行案内」M31.12
12. 1	唐津興業鉄道大島－妙見(現・西唐津)－山本間開業　「官報」M31.12. 7 大島－妙見間貨物線　時刻表「汽車汽船旅行案内」M32.3
12.21	中国鉄道岡山市－津山(現・津山口)間開業　「官報」M31.12.28、時刻表「官報」M32. 3. 2
12.27	北越鉄道北条－長岡間開業、春日新田－沼垂間4往復運転 「官報」M32. 1.20、時刻表「官報」M32. 3. 2
12.28	伊万里鉄道は九州鉄道へ譲渡

1899(明治32)年

1. 1	紀和鉄道船戸(仮)－舟戸(船戸)間開業 「官報」M32. 1.20、時刻表「汽車汽船旅行案内」M32.3
1.25	豊州鉄道香春(現・勾金)－夏吉間開業　「官報」M32. 2. 2、時刻表「官報」M32. 3. 2
1.25	阪鶴鉄道有馬口(現・生瀬)－三田間開業　「官報」M32. 2. 1、時刻表「官報」M32. 3. 2
2.16	徳島鉄道徳島－鴨島間開業　「官報」M32. 2.22、時刻表「官報」M32. 3. 2
3.10	岩越鉄道中山宿－山潟(現・上戸)間開業　「官報」M32. 3.18、時刻表「汽車汽船旅行案内」M32.4
3.20	北陸線高岡－富山(神通川西岸)間開業、米原－富山間全通、神戸－金沢間、京都－富山間各1往復運転　「官報」M32. 3.16、時刻表「汽車汽船旅行案内」M32.4
3.25	阪鶴鉄道三田－篠山(現・篠山口)間開業。大阪－篠山間4往復運転 「官報」M32. 3.29、時刻表「汽車汽船旅行案内」M32.4
3.25	九州鉄道金田－伊田(現・田川伊田)間開業 「官報」M32. 3.29、時刻表「汽車汽船旅行案内」M32.4
4. 1	太田鉄道久慈川－太田(現・常陸太田)間開業で、水戸－太田間全通 「官報」M32. 4.28、時刻表「汽車汽船旅行案内」M32.4
4. 1	山陽鉄道時刻改正。京都－三田尻間昼行急行307・312列車は神戸以西の所要時間11時間11分に短縮　「汽車汽船旅行案内」M32.4
4.28	日本鉄道時刻改正。上野－青森間直行列車の所要時間を24時間に短縮 「汽車汽船旅行案内」M32.6
5. 1	西成鉄道大阪－福島間旅客営業開始　「官報」M32. 5. 2

	(M31.10改正より掲載、開業当日まで運転せず)　時刻表「汽車航路旅行案内」M32.5
5.15	奥羽南線福島－米沢間開業　「官報」M32. 5.12、時刻表「汽車汽船旅行案内」M32.6
5.21	関西鉄道大仏－奈良間開業、名古屋－奈良間全通　「官報」M32. 5.26、時刻表「汽車汽船旅行案内」M32.6
5.25	阪鶴鉄道篠山(現・篠山口)－柏原間開業　「官報」M32. 5.30、時刻表「汽車汽船旅行案内」M32.6
5.25	山陽鉄道、京都－三田尻間昼行急行307・312列車に食堂車の連結開始。列車食堂車の最初。使用の客車は1等食堂合造車1227～1229(国有後：ホイシ9180～9182)
6.13	唐津興業鉄道山本－厳木間開業　「官報」M32. 6.21、時刻表「汽車汽船旅行案内」M32.7
6.21	奥羽北線碇ヶ関－白沢間開業　「官報」M32. 6.17、時刻表「汽車汽船旅行案内」M32.7
7.10	豊州鉄道後藤寺(現・田川後藤寺)－川崎(現・豊前川崎)間開業　「官報」M32. 7.17、時刻表「汽車汽船旅行案内」M32.10
7.15	阪鶴鉄道柏原－福知山南口(後・福知)間開業。大阪－福知山南口間6往復運転　「官報」M32. 7.22、時刻表「汽車汽船旅行案内」M32.10
7.15	岩越鉄道山潟(現・上戸)－若松(現・会津若松)間開業　「官報」M32. 7.20、時刻表「汽車汽船旅行案内」M32.10
8.15	京都鉄道嵯峨－園部間開業、京都－園部間全通、6往復運転　「官報」M32. 8.23、時刻表「汽車汽船旅行案内」M32.10
8.19	徳島鉄道鴨島－川島(現・阿波川島)間開業　「官報」M32. 8.23、時刻表「汽車汽船旅行案内」M32.10
9. 1	北海道官設鉄道十勝線旭川－美瑛間開業　時刻表「小樽新聞」M32. 9. 1
9. 5	北越鉄道直江津－春日新田間開業、直江津－沼垂間全通。4往復運転、所要時間5時間25分　「官報」M32. 9.12、時刻表「汽車汽船旅行案内」M32.10
10.14	奈良鉄道奈良－京終間開業、奈良－桜井間全通　「官報」M32.10.21、時刻表「汽車汽船旅行案内」M32.10
11.15	奥羽北線白沢－大館間開業　「官報」M32.11.11、時刻表「官報」M32.11.30
11.15	北海道官設鉄道天塩線蘭留－和寒間開業　時刻表「官報」M33. 3.31
11.15	北海道官設鉄道十勝線美瑛－上富良野間開業　時刻表「官報」M33. 3.31
12.13	房総鉄道一ノ宮(現・上総一ノ宮)－大原間開業　「官報」M32.12.16、時刻表「官報」M33. 1.31
12.23	徳島鉄道川島(現・阿波川島)－山崎(現・山瀬)間開業　「官報」M32.12.27、時刻表「官報」M33. 1.31
12.25	唐津興業鉄道厳木－莇原(現・多久)間開業　「官報」M32.12.28、時刻表「官報」M33. 3.31
12.25	九州鉄道宇土－三角間開業　「官報」M32.12.28、時刻表「官報」M33. 1.31

1900(明治33)年

3.28	総武鉄道銚子－新生間開業(貨物)　「官報」M33. 3.31
4. 8	山陽鉄道大阪－三田尻間319・302列車に1等寝台食堂車の連結開始。我が国最初の寝台車。使用の客車は、1244～1246(国有後：イネシ9070～9072)

4.15	九州鉄道時刻改正。門司－長崎間4往復、所要時間9時間40分、門司－八代間4往復、所要時間8時間20分に短縮　「汽車汽船旅行案内」M33.7
4.21	奥羽南線米沢－赤湯間開業　「官報」M33. 4.17、時刻表「汽車汽船旅行案内」M33.7
4.－	唐津興業鉄道、唐津鉄道と改称
6. 6	大阪鉄道は関西鉄道へ譲渡
6.30	房総鉄道大網－東金間開業　「官報」M33. 7. 4、時刻表「汽車汽船旅行案内」M33.10
7.25	中央西線名古屋－多治見間開業　「官報」M33. 7.23、時刻表「汽車汽船旅行案内」M33.10
8. 1	北海道官設鉄道十勝線上富良野－下富良野(現・富良野)間開業　時刻表「官報」M33.12.11
8. 2	七尾鉄道津幡口－津幡間開業、津幡－矢田新(後・七尾港)間全通、七尾－矢田新間貨物線　「官報」M33. 8. 6、時刻表「官報」M33.12.11
8. 5	北海道官設鉄道天塩線和寒－士別間開業　時刻表「官報」M33.12.11
8. 7	徳島鉄道山崎(現・山瀬)－船戸間開業、徳島－船戸間全通、9往復運転　「官報」M33. 8.15、時刻表「官報」M33.12.11
8.24	紀和鉄道船戸－粉河(仮)間開業　「官報」M33. 8.31、時刻表「汽車汽船旅行案内」M33.10
9. 1	関西鉄道時刻改正　「汽車汽船旅行案内」M33.10
9.23	豊川鉄道新城－大海(→長篠→現・大海)間開業　「官報」M33. 9.27、時刻表「官報」M33.12.11
10. 1	東海道線新橋－神戸間急行117･118列車に1等寝台車を連結開始
10. 7	奥羽北線大館－鷹ノ巣間開業　「官報」M33.10. 5、時刻表「官報」M33.12.11
11. 1	篠ノ井線篠ノ井－西条間開業　「官報」M33.10.30、時刻表「官報」M33.12.11
11.25	紀和鉄道橋本－粉河(仮)間開業、五條－和歌山間全通　「官報」M33.11.29、時刻表「官報」M33.12.11
12. 1	東海道線新橋－神戸間急行列車用客車に蒸気暖房を設置
12. 2	北海道官設鉄道十勝線下富良野(現・富良野)－鹿越間開業　時刻表「汽車汽船旅行案内」M34.2
12. 3	山陽鉄道三田尻(現・防府)－厚狭間開業。大阪－厚狭間に急行315・319、302・306列車などを運転　「官報」M33.12. 7、時刻表「官報」M33.12.11
12.29	中越鉄道高岡－伏木間開業　「官報」M34. 1.11、時刻表「汽車汽船旅行案内」M34.2

1901(明治34)年

2. 2	成田鉄道成田－安食間開業　「官報」M34. 2. 9、時刻表「汽車汽船旅行案内」M34.3
2.15	奥羽南線赤湯－上ノ山(現・かみのやま温泉)間開業　「官報」M34. 2. 9、時刻表「汽車汽船旅行案内」M34.5
4. 1	成田鉄道安食－我孫子間開業　「官報」M34. 4. 5、時刻表「汽車汽船旅行案内」M34.8
4.11	奥羽南線上ノ山(現・かみのやま温泉)－山形間開業、福島－山形間全通　「官報」M34. 4. 9、時刻表「鐵道航路旅行案内」M34.8
5.27	山陽鉄道厚狭－馬関(現・下関)間開業、神戸－馬関間全通。京都－馬関間最急行1往復303･316列車運転、神戸以西所要時間12時間35分。他に京都(大阪)－馬関

	間夜行急行3往復運転。赤馬関－門司間に連絡船運航開始 「官報」M34. 5.31、時刻表「汽車汽船旅行案内」M34.8
5.28	九州鉄道時刻改正 「鐵道航路旅行案内」M34.8
6.10	鹿児島線鹿児島－国分(現・隼人)間開業 「官報」M34. 6. 4、時刻表「汽車汽船旅行案内」M34.8
6.28	九州鉄道下山田－上山田間開業(貨物) 「官報」掲載なし
7.20	北海道官設鉄道釧路線釧路(後・浜釧路)－白糠間開業 時刻表「汽車汽船旅行案内」M34.12
8. 1	大井連絡所－大崎間開業 「官報」M34. 6.21
8. 1	中央東線八王子－上野原間開業 「官報」M34. 7.30、時刻表「汽車汽船旅行案内」M34.9
8.23	奥羽南線山形－楯岡(現・村山)間開業 「官報」M34. 8.21、時刻表「汽車汽船旅行案内」M34.9
8.29	播但鉄道長谷－新井間開業 「官報」M34. 9. 2、時刻表「汽車汽船旅行案内」M34.9
9. 3	北海道官設鉄道十勝線鹿越－落合間開業。旭川－落合間2往復運転 時刻表「汽車汽船旅行案内」M34.11
9. 3	豊州鉄道は九州鉄道に合併
10. 1	日本鉄道時刻改正。上野－青森間直行2往復の停車駅を減じて、所要時間21時間50分に短縮 「汽車汽船旅行案内」M34.11
10.10	東海道線時刻改正、平沼駅設置。夜行急行118列車は停車駅を減じて所要時間16時間48分(35分短縮) 「汽車汽船旅行案内」M34.11
10.21	奥羽南線楯岡(現・村山)－大石田間開業 「官報」M34.10.18、時刻表「汽車汽船旅行案内」M34.11
10.21	太田鉄道は水戸鉄道に譲渡 「官報」M34.11. 5
11. 1	奥羽北線鷹ノ巣－能代(現・東能代)間開業 「官報」M34.10.29、時刻表「汽車汽船旅行案内」M34.11
12. 1	北海道炭礦鉄道時刻改正 「官報」M34.11.30
12. 9	九州鉄道飯塚－長尾(現・桂川)間開業 「官報」M34.12.13、時刻表「汽車汽船旅行案内」M35.4
12.15	新橋－神戸間急行2往復に食堂車連結開始、連結区間：新橋－国府津、沼津－馬場、京都－神戸間
12.21	関西鉄道網島－桜ノ宮間開業 「官報」M34.12.28

1902(明治35)年

2.19	九州鉄道勝野－宮田(後・筑前宮田)間開業(貨物) 「官報」掲載なし
2.23	唐津鉄道は九州鉄道へ譲渡
3. 1	成田鉄道、上野－成田間直通列車2往復の運転を開始
4. 1	豊川鉄道吉田(現・豊橋)－船町間開業(貨物) 「官報」掲載なし
4. 9	成田鉄道、上野－成田間直通列車に喫茶室付1等客車を連結開始
6. 1	中央東線上野原－鳥沢間開業 「官報」M35. 5.23、時刻表「汽車汽船旅行案内」M35.8
6. 1	水戸鉄道水戸－太田間時刻改正 「官報」M35. 5.31
6. 3	紀和鉄道五条－二見間を南和鉄道として旅客扱い、二見駅旅客営業開始

	「官報」M35. 6. 6、時刻表「汽車汽船旅行案内」M35.8
6.15	篠ノ井線西条－松本間開業　「官報」M35. 6.12、時刻表「汽車汽船旅行案内」M35.8
7.21	奥羽南線大石田－船形間開業　「官報」M35. 7.16、時刻表「汽車汽船旅行案内」M35.8
7.－	官設鉄道、東海道線急行列車の寝台車・食堂車に電気扇風機を装置
8. 1	奥羽北線能代(現・東能代)－五城目(現・八郎潟)間開業　「官報」M35. 7.28、時刻表「汽車汽船旅行案内」M35.8
10. 1	中央東線鳥沢－大月間開業　「官報」M35. 9.27、時刻表「汽車汽船旅行案内」M36.1
10.21	奥羽北線五城目(現・八郎潟)－秋田間開業。青森－秋田間に3往復運転　「官報」M35.10.18、時刻表「汽車汽船旅行案内」M36.1
11. 1	山陰・山陽連絡線境(現・境港)－御来屋間開業　「官報」M35.10.27、時刻表「汽車汽船旅行案内」M36.1
12.10	北海道鉄道函館－本郷(現・渡島大野)、然別－蘭島間開業　「官報」M35.12.13、時刻表「汽車汽船旅行案内」M36.1
12.15	篠ノ井線松本－塩尻間開業、篠ノ井－塩尻間全通。塩尻－長野間、塩尻－篠ノ井間各2往復運転、塩尻－長野間の所要時間3時間51分　「官報」M35.12.10、時刻表「汽車汽船旅行案内」M36.1
12.21	中央西線多治見－中津(現・中津川)間開業　「官報」M35.12.18、時刻表「汽車汽船旅行案内」M36.1
12.27	九州鉄道小倉－戸畑－黒崎間開業　「官報」M36. 1.10、時刻表「汽車汽船旅行案内」M36.5

1903(明治36)年

1.15	鹿児島線国分(現・隼人)－横川(現・大隅横川)間開業　「官報」M36. 1.12、時刻表「汽車汽船旅行案内」M36.5
1.20	東海道線時刻改正。新橋－神戸間急行列車の所要時間を短縮、1・2列車は15時間、3・4列車は15時間20分とする　「汽車汽船旅行案内」M36.1
1.20	山陽鉄道時刻改正、京都－下関間最大急行305・318列車は神戸以西の所要時間11時間30分に短縮　「汽車汽船旅行案内」M36.5
1.20	九州鉄道大隈－上山田間旅客営業開始　「官報」M35.12.25、時刻表「汽車汽船旅行案内」M36.5
1.20	九州鉄道時刻改正。門司－八代間4往復、所要時間7時間20分。門司－長崎間4往復、所要時間8時間45分　「汽車汽船旅行案内」M36.5
1.29	関西鉄道天王寺－湊町間複線化完成
2. 1	中央東線大月－初鹿野間開業　「官報」M36. 1.28、時刻表「汽車汽船旅行案内」M36.5
3. 1	北海道官設鉄道釧路線白糠－音別間開業　時刻表「鐵道分割時間表」M36.4
3.18	山陽鉄道、尾道－多度津間および岡山－高松間に航路を開設。玉藻丸・児島丸を新造
3.21	関西鉄道天王寺－博覧会間開業　「官報」M36. 3. 6、時刻表「汽車汽船旅行案内」M36.5
3.21	紀和鉄道和歌山(現・紀和)－南海連絡終点間開業　「官報」M36. 3.27、時刻表「汽車汽船旅行案内」M36.5

3.25	北海道官設鉄道釧路線白糠－厚内間開業　時刻表「鐵道分割時間表」M36.4
4. 1	日本鉄道田端－池袋間開業(複線)、池袋駅開業　「官報」M36. 4.11、時刻表「旅」(報知社)M36.6
4.18	九州鉄道莇原(現・多久)－柚ノ木原間開業(貨物)　「官報」M36. 4.22
5. 1	山陽鉄道、京都－下関間急行319・310列車に2等寝台車の連結開始(2等寝台車の最初)
6. 1	播但鉄道は山陽鉄道へ譲渡
6.11	中央東線初鹿野－甲府間開業。八王子－甲府間5往復、所要時間4時間　「官報」M36. 6. 5、時刻表「汽車汽船旅行案内」M36.7
6.11	奥羽南線船形－新庄間開業。福島－新庄間3往復、所要時間6時間43分　「官報」M36. 6. 5、時刻表「汽車汽船旅行案内」M36.7
6.28	北海道鉄道本郷(現・渡島大野)－森間、山道－然別間、蘭島－小樽中央(現・小樽)間開業　「官報」M36. 7. 3、時刻表「汽車汽船旅行案内」M36.9
7. 1	北海道鉄道亀田(旧・函館)－函館間開通、函館を亀田に改称
7. 1	山陽鉄道時刻改正。最大急行305・318列車は大阪－下関間に変更、神戸以西の所要時間11時間55分にスピードダウン　時刻表「汽車汽船旅行案内」M36.9
7.11	日本鉄道時刻改正。上野－青森間の直行列車2往復の所要時間を20時間30分に短縮　時刻表「汽車汽船旅行案内」M36.9
8.21	日本鉄道、上野－青森間の直行列車2往復に1等寝台・2等食堂車を連結開始
8.21	北海道官設鉄道・北海道炭礦鉄道時刻改正。手宮－岩見沢－室蘭間直通1往復、所要時間6時間35分に短縮　時刻表「汽車汽船旅行案内」M36.9
8.28	山陰・山陽連絡線御来屋－八橋(現・浦安)間開業　「官報」M36. 8.25、時刻表「汽車汽船旅行案内」M36.9
9. 3	北海道官設鉄道天塩線士別－名寄間開業。旭川－名寄間2往復運転　時刻表「最新時間表・旅行」M37.1
9. 5	鹿児島線横川(現・大隅横川)－吉松間開業　「官報」M36. 9. 2、時刻表「最新時間表・旅行」M37.1
10. 1	奥羽北線秋田－和田間開業　「官報」M36. 9.29、時刻表「鐵道分割時間表」M36.4
10.31	関西鉄道天王寺－博覧会間廃止　「官報」M36. 3. 6
11. 3	北海道鉄道森－熱郛間開業　「官報」M36.11.11、時刻表「最新時間表・旅行」M37.1
12.14	九州鉄道久保田－莇原(現・多久)間開業、現・唐津線全通　「官報」M36.12.18、時刻表「最新時間表・旅行」M37.1
12.15	中央東線甲府－韮崎間開業　「官報」M36.12.12、時刻表「最新時間表・旅行」M37.1
12.20	山陰・山陽連絡線八橋(現・浦安)－倉吉間開業　「官報」M36.12.18、時刻表「最新時間表・旅行」M37.1
12.21	九州鉄道川崎(現・豊前川崎)－添田(現・西添田)間開業　「官報」M36.12.25、時刻表「最新時間表・旅行」M37.1
12.25	北海道官設鉄道釧路線音別－浦幌間開業　時刻表「最新時間表・旅行」M37.1

12.27	呉線海田市－呉間開業。広島－呉間6往復運転、所要時間58分 「官報」M36.12.24、時刻表「最新時間表・旅行」M37.1

1904(明治37)年

1.1	博多湾鉄道西戸崎－須恵間開業　「官報」M37.1.11、時刻表「最新時間表・旅行」M37.4
1.20	岩越鉄道若松(現・会津若松)－喜多方間開業、郡山－喜多方間全通。下り3本・上り4本運転、所要時間3時間25分　「官報」M37.1.28、時刻表「汽車汽船旅行案内」M37.7
1.25	鉄道軍事供用令公布、鉄道軍事輸送規程を制定
2.14	東海道線、山陽鉄道軍事輸送のため戦時ダイヤに移行、特別運行に改正 時刻表「汽車汽船旅行案内」M37.4
3.15	山陰・山陽連絡線倉吉－松崎間開業　「官報」M37.3.11、時刻表「最新時間表・旅行」M37.6
4.5	総武鉄道本所(現・錦糸町)－両国橋(現・両国)間開業 「官報」M37.4.7、時刻表「最新時間表・旅行」M37.6
5.3	北越鉄道沼垂－新潟間開業、直江津－新潟間全通 「官報」M37.5.6、時刻表「最新時間表・旅行」M37.6
6.19	九州鉄道吉塚－篠栗間開業　「官報」M37.6.22、時刻表「汽車汽船旅行案内」M37.7
7.1	北海道鉄道亀田(旧・函館)－函館間開業　「官報」M37.7.5、時刻表「汽車汽船旅行案内」M37.10
7.18	北海道鉄道山道－小沢間開業、山道駅廃止 「官報」M37.7.29、時刻表「汽車汽船旅行案内」M37.10
7.21	紀和鉄道は関西鉄道へ譲渡
7.26	東海道線、山陽鉄道「普通運行」ダイヤに復帰　時刻表「汽車汽船旅行案内」M37.10
8.12	北海道官設鉄道釧路線浦幌－豊頃間開業　時刻表「汽車汽船旅行案内」M37.10
8.21	奥羽北線和田－神宮寺間開業　「官報」M37.8.19、時刻表「汽車汽船旅行案内」M37.10
8.21	甲武鉄道飯田町－中野間電車運転開始。ディスク型(円板式)自動信号機を設置。汽車電車併用運転および自動信号機を設置　時刻表「汽車汽船旅行案内」M37.10
9.1	東海道線、山陽鉄道、日本鉄道「特別運行」実施　時刻表「汽車汽船旅行案内」M37.10
9.24	東海道線、山陽鉄道、日本鉄道「普通運行」実施　時刻表「汽車汽船旅行案内」M37.10
10.15	北海道鉄道歌棄(現・熱郛)－小沢間開業、函館－高島(現・小樽)間全通 「官報」M37.10.18、時刻表「汽車汽船旅行案内」M37.11
10.21	奥羽南線新庄－院内間開業　「官報」M37.10.19、時刻表「汽車汽船旅行案内」M37.11
10.25	九州鉄道添田(現・西添田)－庄間開業(貨物)　「官報」M37.10.25
11.3	舞鶴線福知山－新舞鶴(現・東舞鶴)間、舞鶴(現・西舞鶴)－海舞鶴間開業(貨物線)。阪鶴鉄道に貸渡し　「官報」M37.11.5、時刻表「汽車汽船旅行案内」M37.11
11.3	阪鶴鉄道福知(旧・福知山南口)－福知山間開業、現・福知山線全通 「官報」M37.11.5、時刻表「汽車汽船旅行案内」M37.11
11.10	七尾鉄道七尾－矢田新(後・七尾港)間旅客営業開始 「官報」M37.11.18、時刻表「汽車汽船旅行案内」M37.12

11.15	中国鉄道岡山市－岡山間開業、現・津山線全通 「官報」M37.11.26、時刻表「汽車汽船旅行案内」M37.12
11.15	中国鉄道岡山－総社(現・東総社)－湛井間開業 「官報」M37.11.26、時刻表「汽車汽船旅行案内」M37.12
11.25	九州鉄道勝野－菅牟田間開業(貨物) 「官報」M37.11.30
12.1	讃岐鉄道は山陽鉄道へ譲渡
12.1	西成鉄道大阪－安治川口間、官設鉄道が借入
12.1	海田市－呉間、山陽鉄道が陸軍省より借入
12.9	南和鉄道は関西鉄道へ譲渡
12.15	北海道官設鉄道釧路線豊頃－利別間開業 「官報」M37.12.22、時刻表「最新時間表・旅行」M38.4
12.21	中央東線韮崎－富士見間開業 「官報」M37.12.19、時刻表「最新時間表・旅行」M38.1
12.21	奥羽北線神宮寺－大曲間開業 「官報」M37.12.19、時刻表「最新時間表・旅行」M38.1
12.31	甲武鉄道飯田町－御茶ノ水間開業(複線・電化)、電車運転開始 「官報」M38. 1.12、時刻表「最新時間表・旅行」M38.4

1905(明治38)年

2.8	奈良鉄道は関西鉄道へ譲渡
2.16	九州鉄道篠栗線博多－吉塚間開通(本線と別)
3.1	九州鉄道香春－夏吉間旅客営業廃止 「官報」M38. 2.20
4.1	西成鉄道安治川口－天保山間開業、官設鉄道が借入 「官報」M38. 3.29、時刻表「汽車汽船旅行案内」M38.6
4.1	日本鉄道日暮里－三河島間開業(複線) 「官報」M38. 4.15、時刻表「最新時間表・旅行」M38.4
4.1	北海道鉄道部を3月31日で廃止、鉄道作業局札幌出張所を設置。北海道官設鉄道上川線砂川－旭川間、天塩線旭川－名寄間、十勝線旭川－落合間、釧路線釧路－利別間を移管
4.5	九州鉄道浦上(旧・長崎)－長崎間開業 「官報」M38. 4.12、時刻表「汽車汽船旅行案内」M38.6
5.15	山陰・山陽連絡線松崎－青谷間開業 「官報」M38. 5.13、時刻表「汽車汽船旅行案内」M38.6
6.3	博多湾鉄道須恵－新原間開業 「官報」M38. 6. 8、時刻表「汽車汽船旅行案内」M38.9
6.15	奥羽北線大曲－横手間開業 「官報」M38. 6.13、時刻表「汽車汽船旅行案内」M38.9
7.5	奥羽南線院内－湯沢間開業 「官報」M38. 7. 3、時刻表「汽車汽船旅行案内」M38.9
8.1	北海道鉄道高島(旧・小樽中央)－小樽(現・南小樽)間開業、函館－小樽(現・南小樽)間全通、北海道炭礦鉄道と連絡 「官報」M38. 8. 7、時刻表「汽車汽船旅行案内」M38.9
8.1	東海道線・山陽鉄道新橋－下関間を直通する急行1・2列車運転、所要時間35時間16分 時刻表「汽車汽船旅行案内」M38.9
8.1	日本鉄道・信越線・北越鉄道上野－新潟間直通201・202列車1往復運転、201列車の所要時間15時間40分 時刻表「汽車汽船旅行案内」M38.9

8. 1	九州鉄道時刻改正。新橋－下関間直通列車に接続する門司－長崎間直通列車およびこれに接続する鳥栖－熊本間の列車を増発　時刻表「汽車汽船旅行案内」M38.9
9.11	山陽汽船会社下関－釜山間連絡航路を開始　時刻表「最新時間表・旅行」M38.12
9.13	山陽鉄道厚狭－大嶺間開業。4往復運転　「官報」M38. 9.23、時刻表「最新時間表・旅行」M38.12
9.14	奥羽北線横手－湯沢間開業、福島－青森間全通。福島－秋田間1往復運転、福島－青森間直通列車はなし　「官報」M38. 8.30、9.11、時刻表「最新時間表・旅行」M38.11
10.21	釧路線利別－帯広間開業、帯広－釧路間全通。2往復運転　「官報」M38.10.19、時刻表「最新時間表・旅行」M38.12
10.22	九州鉄道相知貨物支線山本－相知(後・相知炭坑)間(貨物開業)
10.28	東海道線「凱旋運行」に移行。新橋－神戸間1・2、3・4列車運転、新橋－下関間直通列車は廃止　時刻表「最新時間表・旅行」M38.11
10.28	山陽鉄道時刻改正。大阪－下関間2往復、神戸－下関間1往復運転　時刻表「最新時間表・旅行」M38.11
11.25	中央東線富士見－岡谷間開業。飯田町－岡谷間3往復直通運転　「官報」M38.11.22、時刻表「最新時間表・旅行」M38.12
12.27	新橋－横浜間に最急行2往復新設、所要時間27分
12.29	博多湾鉄道新原－宇美間開業、西戸崎－宇美間全通　「官報」M39. 1.12、時刻表「最新時間表・旅行」M39.3

1906(明治39)年

1.12	九州鉄道川崎(現・豊前川崎)－第二大任間開業(貨物)　「官報」M39. 1.19
3.31	鉄道国有法公布
4. 1	山陽鉄道新井－和田山間開業、現・播但線全通　「官報」M39. 4.10、時刻表「汽車汽船旅行案内」M39.4
4.16	官設鉄道時刻改正　①東海道線新橋－神戸間1・2等最急行1・2列車、1・2等急行3・4列車、3等急行5・6列車を設定、最急行列車の所要時間13時間40分。1・2列車に洋食堂車、3・4列車に洋食堂車・寝台車、5・6列車に和食堂車を連結。急行列車の乗車には急行列車券を要する(和食堂車・急行料金の最初)。他に新橋－神戸間2往復、新橋－下関間11・10列車などの直通列車を運転 ②北陸線神戸－富山間1往復、米原－富山間3往復運転 ③奥羽線福島－青森間初の直通1・2列車運転、所要時間16時間58分 ④上野－新潟間直通101・102列車運転。所要時間15時間35分　時刻表「汽車汽船旅行案内」M39.4
4.16	日本鉄道時刻改正、上野－青森間本線経由207・204列車、201・202列車、海岸線経由801・802列車の3往復運転。いずれも1等寝台2等食堂車を連結。所要時間は801列車の19時間15分が最速　時刻表「汽車汽船旅行案内」M39.4
4.16	山陽鉄道、大阪－下関間最大急行301・322列車を復活、食堂車連結、所要時間神

	戸以西13時間30分。他に大阪－下関間夜行急行307・323、300・312列車(寝台・食堂車連結) 時刻表「汽車汽船旅行案内」M39.5
5.10	九州鉄道時刻改正。門司－八代間急行817・828列車、門司－長崎間急行837・810列車の速度向上。所要時間817列車は6時間22分、837列車は7時間33分 時刻表「汽車汽船旅行案内」M39.7
5.20	鉄道5000哩祝賀会を名古屋市で開催
6.11	中央東線岡谷－塩尻間開業、八王子－塩尻間全通。甲武鉄道と協定して飯田町－長野・松本・岡谷間各1往復などを運転、飯田町－長野間所要時間13時間28分 「官報」M39. 6. 8、時刻表「汽車汽船旅行案内」M39.7
9. 8	北海道鉄道函館－小樽間夜行31・30列車は、北海道炭礦鉄道札幌まで1往復直通運転開始 時刻表「最新時間表・旅行」M39.11
10. 1	北海道炭礦鉄道を買収
10. 1	甲武鉄道を買収
11. 1	日本鉄道を買収
11. 1	岩越鉄道を買収
11.27	山陽鉄道、山陽汽船会社下関－釜山間航路を買収
12. 1	山陽鉄道を買収
12. 1	国有鉄道、山陽鉄道の買収により下関－釜山間、三蟠－高松間、尾道－多度津間、京橋－三蟠間、宮島－厳島間、下関－門司間航路の営業と汽船12隻を継承
12. 1	西成鉄道を買収(西成鉄道より借入れ中の大阪－天保山間を買収)
12. 1	九州鉄道時刻改正。門司－八代間急行831・852列車、門司－長崎間急行857・828列車の速度向上。所要時間817列車は5時間50分、837列車は6時間56分 時刻表「汽車汽船旅行案内」M40.2

1907(明治40)年

1.－	東京以北時刻改正。一ノ関以北は水害により急行801列車が約1時間延長し、20時間5分運転 「汽車汽船旅行案内」M40.2
3.16	官設鉄道時刻改正 ①東海道線新橋－神戸間1・2等最急行1・2列車、1・2等急行3・4列車、3等急行7・8列車、各等急行11・12列車を設定、最急行列車の所要時間13時間20分。新橋－下関間急行5・6列車設定。他に新橋－神戸間(上り岡山発)13・14列車、新橋－下関間15・16列車などを運転 ②北陸線神戸－富山間2往復(上り1本姫路発)、米原－富山間2往復運転 「汽車汽船旅行案内」M40.4
4. 1	帝国鉄道庁開庁、鉄道作業局廃止
4.10	奥羽線土崎－雄物川(現、秋田港)間開業(貨物) 「官報」M40. 4. 5
4.28	山陰西線青谷－鳥取(仮)間開業 「官報」M40. 4.25、時刻表「鐵道汽船旅行案内」M40.7

4.—	東京以北水害復旧による時刻改正、上野－青森間本線経由207・204列車、201・202列車、海岸線経由801・802列車の3往復運転。いずれも1等寝台2等食堂車を連結。801列車の所要時間は19時間15分に復する 「鐵道汽船旅行案内」M40.6
5.16	夕張線紅葉山(現・新夕張)－楓間開業(貨物) 「官報」M40. 5. 9
5.18	高崎線、信越線、北越鉄道時刻改正。上野－新潟間の直通列車は昼行101・102列車、夜行103・104列車を増発 「鐵道汽船旅行案内」M40.7
7. 1	九州鉄道を買収
7. 1	北海道鉄道を買収
8. 1	京都鉄道を買収
8. 1	阪鶴鉄道を買収、阪鶴鉄道が借入れ中の福知山－新舞鶴(現・東舞鶴)間を返還
8. 1	北越鉄道を買収
8.20	東海道線灘(現・東灘)－小野浜間開業(貨物) 「官報」M40. 8.14
8.21	関西鉄道加茂－木津間開業 「官報」M40. 9. 4、時刻表「鐵道航路旅行案内」M41.3
9. 1	総武鉄道を買収
9. 1	房総鉄道を買収
9. 1	七尾鉄道を買収
9. 1	徳島鉄道を買収
9. 8	落合－帯広間開業、釧路線旭川－釧路間全通。函館－池田間1往復(所要時間札幌まで11時間、池田まで26時間)、旭川－釧路間1往復などを運転 「官報」M40. 9. 6、時刻表「鐵道航路旅行案内」M41.3
10. 1	関西鉄道を買収
10. 1	参宮鉄道を買収
10.—	寝台車取扱細則を改正(達283号)寝台車の種類を官設鉄道のものを専用〔大形・普通〕、山陽および日本鉄道からの編入車をそれぞれ山陽および日本式1等寝台車、ならびに山陽鉄道から編入した2等寝台車の3種に区分、使用料金は専用車が4円、山陽および日本式1等寝台車は2円50銭、2等寝台車は上段20銭、下段40銭、11月1日施行
11. 1	旅客運賃を改正。買収会社線における各種の賃率を統一、全線に適用

1908(明治41)年

3. 7	直営で青森－函館間航路の運航開始、同航路に比羅夫丸(1509トン)が就航
4. 4	青森－函館間航路に田村丸(1509トン)が就航
4. 5	山陰西線鳥取(仮)－鳥取間、米子－安来間開業。鳥取－米子間に5往復、米子－安来間に7往復運転 「汽車汽船旅行案内」M41.5
4.16	門司－長崎間245・240列車に1等食堂車ホイシ5080形連結開始
4.19	中央線御茶ノ水－昌平橋間電化開通、電車運転開始
5. 1	青函航路直営化に伴う時刻改正

	①東北・海岸線上野－青森間海岸線経由急行801・802列車(所要時間19時間5分)、東北線経由急行201・202列車(所要時間20時間15分)、急行列車には寝台食堂車オイネロ9110・オイネロ9120を使用 ②奥羽線上野－青森間701・702列車1往復運転(所要時間24時間55分) ③青函航路直営2往復、日本郵船1往復運航 ④北海道線函館－札幌間下り3本・上り1本、岩見沢－函館間、旭川－函館間上り各1本、札幌－池田間5・26列車、旭川－釧路間3・28列車各1往復などを運転。函館－札幌間最速12時間17分。また上野－札幌間は38時間42分に短縮 「岩見沢釧路間及旭川名寄間列車運転時刻表」明治41年5月改正、「汽車汽船旅行案内」M41.7
5.1	東海道･北陸線時刻改正。新橋－名古屋間25・22列車を延長、新橋－米原－富山間537・538列車とする　「汽車汽船旅行案内」M41.7
6.1	鹿児島線八代－人吉間開業。八代駅移転、八代－球磨川(旧・八代)間は貨物線として存置。門司－八代間急行831・852列車を人吉へ延長(熊本－人吉間各駅停車、所要時間8時間40分)する。他に人吉－門司間上り2本、鳥栖－人吉間下り3本・上り1本、大牟田－人吉間1往復運転　「汽車汽船旅行案内」M41.7
7.1	鹿児島線小倉－戸畑－黒崎間複線開通。主要列車は戸畑経由、小倉－大蔵－黒崎間は区間運転に変更
9.23	横浜鉄道東神奈川－八王子間開業。1日7往復運転　「鐵道船舶旅行案内」M41.10
10.1	新橋－横浜、横須賀間の列車および新橋－横浜－国府津間急行列車に喫煙車の連結開始
10.8	山陰西線安来－松江間開業。鳥取－松江間に4往復、米子－松江間に1往復運転　「鐵道航路旅行案内」M42.3
11.15	長崎線速度低下。門司－長崎間急行857・828列車は、下り7時間7分から7時間32分に、上り7時間8分から7時間33分に延長　「汽車汽船旅行案内」M42.4
11.16	富山線富山－魚津間開業。同時に呉羽－富山間の線路の一部を変更、神通川に架橋し、富山駅は神通川左岸より右岸(現位置)へ移転。新橋－富山間537・538列車など既設列車を延長　「鐵道航路旅行案内」M42.3
12.5	鉄道院官制公布、帝国鉄道庁および逓信省鉄道局廃止。鉄道院は内閣総理大臣に直属し鉄道および軌道に関する時刻ならびに南満州鉄道会社に関する事項を統理。地方に東部(上野)、中部(新橋)、西部(神戸)、九州(門司)、北海道(札幌)の5鉄道管理局を設置
12.25	東京以北冬ダイヤに伴う時刻改正 ①東北・海岸線上野－青森間海岸線経由急行801・802列車(所要時間20時間)、東北線経由急行201・202列車を仙台打切り、227・218列車(所要時間23時間30分) ②奥羽線上野－青森間701・702列車1往復運転(所要時間26時間5分) ③青函航路直営1往復、日本郵船1往復運航

	④北海道線函館－札幌間2往復、札幌－池田間、旭川－釧路間各1往復などを運転 「汽車汽船旅行案内」M42.4

1909(明治42)年

4. 1	関西線湊町－柏原間で蒸気動車の運転開始(当初は自動車と呼ばれ、44年3月に汽運車と改称、蒸気動車のはじめ)
4.21	東京以北夏ダイヤに伴う時刻改正 ①東北・海岸線上野－青森間海岸線経由急行801・802列車(所要時間20時間)、東北線経由急行201・202列車(上り所要時間20時間55分) ②奥羽線上野－青森間701・702列車1往復運転(上り所要時間23時間10分) ③青函航路直営2往復、日本郵船1往復運航 ④北海道線函館－札幌間1～4列車2往復(4列車は旭川始発)、札幌－池田間11・24列車、旭川－釧路間9・26列車各1往復などを運転 「汽車汽船旅行案内」M42.5
6.15	東海道･北陸線時刻改正。東海道線木曽橋信号場－岐阜間および長良信号場－穂積間複線開通。これにより東海道は富士川、安倍川、大井川、天竜川、木曽川の各橋梁を除き全線複線化完成。新橋－神戸間1・2列車の所要時間を12時間50分にスピードアップ、30分短縮 「汽車船舶旅行案内」M42.8
7.10	山陰東線八鹿－豊岡間開業。姫路－豊岡間に5往復運転 「鐵道船舶旅行案内」M42.8
9. 5	山陰東線豊岡－城崎間開業。姫路－城崎間に5往復運転 「鐵道汽船旅行案内」M42.10
9.25	新橋－神戸間急行9・10列車に和食堂車連結開始
9.25	関西・参宮線時刻改正。山田(現・伊勢市)－湊町間直通3往復(最速5時間21分)、名古屋－湊町間直通2往復(最速6時間5分)、名古屋－山田間直通4往復(最速3時間57分) 運転する 「汽車汽船旅行案内」M42.10
10.12	鉄道院告示第54号で、国有鉄道線路名称を定める
11.21	鹿児島線(現・肥薩線)人吉－吉松間矢岳トンネル完成により開業。門司－鹿児島間全通。人吉本線を鹿児島本線に改称、鹿児島本線門司－鹿児島間、大蔵線小倉－大蔵－黒崎間とする。門司－人吉間急行831・852列車、夜行277・278列車、大牟田－人吉間1・68列車を鹿児島へ延長。門司－鹿児島間831列車の所要時間13時間 「汽車汽船旅行案内」M42.12
12.16	烏森(現・新橋)－品川－上野間山手線経由および池袋－赤羽間に電車の運転を開始
12.21	大分線柳ヶ浦－宇佐間開業。門司－宇佐間7往復運転
12.28	上野－青森間(常磐線経由)急行801・802列車の上野－平(現・いわき)間に急行列車券発売開始

1910(明治43)年

3. 6	東海道本線富士－岩淵間富士川橋梁複線開通
4. 1	鉄道院線と露国東清鉄道線との間に大阪商船大連航路および南満州鉄道線、また

	は大阪商船および露国義勇艦隊敦賀－ウラジオ間航路を経由して旅客および手荷物の連絡運輸を開始
4.21	軽便鉄道法公布(8月3日施行)
4.21	上野－青森間急行201・202列車の上野－郡山間に急行列車券発売開始
5.1	北海道線時刻改正。函館－札幌間1・2列車(所要時間12時間39分)、函館－旭川間3・4列車(所要時間15時間58分)、旭川－釧路間1往復、岩見沢－室蘭間4往復運転　鐵道院営業課「列車時刻表」M44.5
6.12	宇野線岡山－宇野間開業、宇野－高松間航路開設。これに伴い鉄道院尾道－多度津間、京橋－高松間航路廃止。岡山－宇野間6往復運転(最速1時間8分)、宇野－高松間4往復(直行便2往復、1時間20分、土庄経由)　「汽車汽船旅行案内」M43.8
6.25	東海道本線有楽町－烏森(現・新橋)間電車運転開始。有楽町－浜松町間4線開通
8.25	舞鶴線園部－綾部間開業。京都－新舞鶴(現・東舞鶴)間直通600～607列車4往復、大阪－福知山－新舞鶴間直通347・353、348・354列車2往復、京都－福知山－大阪－京都間701・702列車1往復運転　「鉄道汽船旅行案内」M43.10
9.15	東海道本線烏森－呉服橋(東京駅開業と同時に廃止)間複線開通、電車運転開始
9.21	新橋－神戸間急行3・4列車に2等寝台車ロネ9140形を連結、2人床(ダブルベッド、上段なし)および1人床を設備。また「寝台使用料金および取扱手続」を改正、旧山陽鉄道2等寝台車は2等軽便寝台車、旧官設鉄道の専用寝台車は1等寝台車と改称
9.21	上野－秋田間(奥羽本線経由)701・702列車の上野－福島間に売店付1等寝台2等客車(オイネロ9120形)の連結開始
9.22	網走線池田－淕別(現・陸別)間開業。801・804列車1往復運転　「鉄道汽船旅行案内」M43.10
10.10	山陰西線荘原－出雲今市(現・出雲市)間開業。岩美－出雲今市間4往復、鳥取－出雲今市間1往復運転　「鉄道汽船旅行案内」M44.2
11.21	九州線時刻改正。急行列車の列車番号変更、門司－鹿児島間801・804列車、門司－長崎間803・802列車。速度向上し、所要時間は801列車が11時間14分、803列車は6時間45分とする。急行列車には1等食堂車オイシ9185形を連結。他に門司－人吉間、門司－熊本間、門司－早岐間各1往復などを運転　「汽車汽船旅行案内」M43.2
11.23	留萠線深川－留萠(現・留萌)間開業。701～704列車2往復運転　「鉄道汽船旅行案内」M44.2
12.1	門司－鹿児島間夜行227・228列車、門司－長崎間227～217・218～228列車(門司－鳥栖間併結)の両列車に1等寝台食堂車オイネシ9095形を連結
12.15	東京以北冬ダイヤに伴う時刻改正 ①東北・常磐線上野－青森間常磐線経由急行801・802列車(所要時間21時間30分)、東北線経由急行201・202列車(上り所要時間22時間) ②奥羽線上野－大館間701・702列車1往復運転(所要時間23時間05分) ③青函航路2往復運航　「汽車汽船旅行案内」M44.2

1911(明治44)年

1.16	車両称号規程を制定
3. 1	鉄道院主要駅と露西亜国鉄道イルクーツク・モスクワ・サンクトペテルスブルグ・ワルシャワ・オデッサとの間に大連・朝鮮・ウラジオストック経由で旅客および手小荷物の国際連絡輸送を開始
5. 1	中央東線宮ノ越－中央西線木曽福島間開業、中央本線昌平橋－名古屋間全通。飯田町－名古屋間705・706列車(夜行)、飯田町－長野間401・402列車、403・411、402・404列車の2往復などを運転。705、401列車の所要時間20時間36分、13時間41分 。名古屋－長野間701・703・711、702・704・710列車の3往復(711・710列車は夜行)などを運転。701列車の所要時間11時間02分　「鉄道船舶旅行案内」M44.6
5. 1	東京以北夏ダイヤに伴う時刻改正 ①東北・常磐線上野－青森間常磐線経由急行801・802列車(所要時間20時間25分)、東北線経由急行201・202列車(所要時間20時間30分) ②奥羽線上野－青森間701・702列車1往復運転(上り所要時間22時間25分) 「鉄道船舶旅行案内」M44.6
7. 1	北海道線時刻改正。函館－旭川間1・2列車(所要時間16時間10分)、函館－旭川－釧路間急行3・4列車(函館－旭川間急行列車券収受、1等寝台車連結、札幌まで10時間25分、釧路まで25時間40分)など運転　「鉄道船舶旅行案内」M44.8
7.16	大分線日出－別府間開業。門司－別府間6往復、行橋－別府間1往復運転 「鉄道船舶旅行案内」M44.8
7.21	参宮線山田(現・伊勢市)－鳥羽間開業、参宮線亀山－鳥羽間全通。名古屋－鳥羽間直通4往復など運転　「鉄道船舶旅行案内」M44.8
9. 5	奥羽線時刻改正(明治43年8月の水害復旧)。上野－青森間既設701・702列車1往復運転(所要時間23時間55分)および225～703・704・220列車の2往復が直通。いずれも1等寝台2等車イネロ5050形連結　「汽車汽船旅行案内」M44.10
9.25	網走線淕別(現・陸別)－野付牛(現・北見)間開業、池田－野付牛間801～806列車の3往復運転　「汽車汽船旅行案内」M44.10
10. 1	下関－小森江間航路で貨車航送を開始、渡船に貨車3両を搭載、小蒸気船が曳航(宮本高次請負)
10.23	播但線福知山－和田山間および城崎－香住間開業。姫路－和田山－香住間4往復、福知山－和田山間5往復運転　「鉄道汽船旅行案内」M44.12
11. 1	宇野－高松間航路5往復、土庄経由廃止
11. 1	大分線別府－大分間開業。門司－大分間6往復運転、最速933列車の4時間43分 「鉄道汽船旅行案内」M44.12
12. 5	東京以北冬ダイヤに伴う時刻改正 ①東北・常磐線上野－青森間常磐線経由急行801・802列車(所要時間21時間)、

	東北線経由急行201・202列車(所要時間21時間40分) ②奥羽線上野－青森間701・703、702・704列車2往復運転(702列車所要時間22時間55分)　「鉄道汽船旅行案内」M44.12
12.18	6700形2Bテンダ機関車落成、使用開始
12.21	北海道線時刻改正。函館－旭川間1・2列車(所要時間16時間20分)、函館－旭川－釧路間急行3・4列車(函館－旭川間急行列車券収受、札幌まで10時間28分、釧路まで25時間50分)など運転　「鉄道船舶旅行案内」M45.3
12.－	旅客用大形8700形・8800形・8850形・8900形蒸気機関車をアメリカ・イギリス・ドイツから輸入、翌1912(明治45)年から東海道線などで使用開始

〈コラム1〉

1.最初の時刻表

「品川横浜間鐵道列車出発時刻及賃金表」
明治5年5月　京都府　布令書第113号

明治5年5月7日、品川－横浜間14マイル62チェーン(23.8キロメートル)が仮開業した。当時は太陰暦で、この年は壬申(みずのえさる)、太陽暦では1872年6月12日になる。品川停車場は現在より南約400メートルのところにあった。また横浜停車場は現在の桜木町駅のところである。

表題の時刻表は、品川－横浜間が仮開業の時刻表で、工部省鐵道寮の達示を受けて京都府が公告したものである。現物は、たて222ミリ、よこ300ミリの半紙大の用紙に刷られている。他の府県が公告したものがあるはずであるが、今日保存されているものはほとんどないようである。

品川－横浜間の途中の停車場は工事中でまだ営業開始していない。したがって同区間をノンストップで1日2往復の旅客列車が運転された。上りの横浜発は午前8時と午後4時、下りの品川発は、午前9時と午後5時で、所要時間は上りも下りも35分、表定速度は毎時40.8キロメートルであった。単純な比較ではあるが、現在の京浜東北線で品川－桜木町間は日中の所要時間が30分であるから当時のスピードはかなり早い。2往復であるので、途中の行き違いはない。時刻を表す「時」を「字」で表記していることが今日と異なる。時刻表の空欄が上りも下りも6駒とってあるが、近い将来に増発する予定があったためで、実際明治5年7月28日(太陽暦1872年8月11日)には8往復となる。

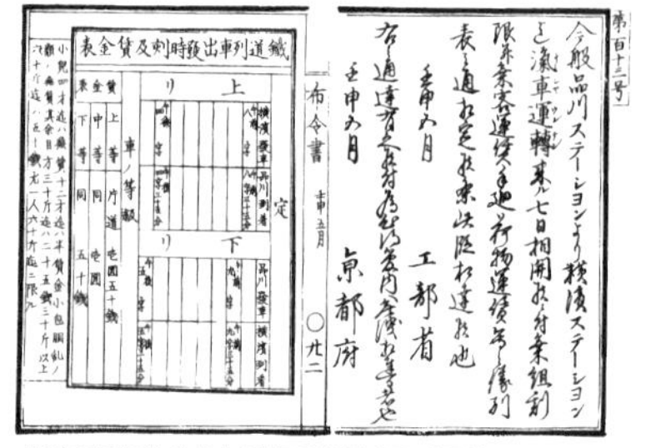

明治5年に作られた最初の時刻表及び運賃表の布告。

2.新橋－横浜間正式開業

明治5年7月末、残った新橋－品川間3マイル18チェーン(5.2キロメートル)の線路の敷設が完成、新橋－横浜間18マイル(29キロメートル)が全通した。

鉄道開業の祝典は1872年10月14日(陰暦では明治5年9月12日)、新橋・横浜両駅において明治天皇ご臨席のもとに執り行われた。陰暦9月9日(重陽の日、菊の節句)に予定されていた祝典が雨天のため9月12日に順延となった。

この祝典のため、当日は通常の列車の運転は行われず、新橋－横浜間にお召し列車1往復および祝典参列者送迎のための臨時列車を1往復運転したほか、式典警備の任に当たる近衛兵800人輸送のため、臨時列車3往復の運転を行った。

この鉄道開業の日の10月14日は1922(大正11)年から毎年「鉄道記念日」とすることが定められた。

以来この日に鉄道開業を記念する行事が行われていた。さらに1994(平成6)年からは「鉄道の日」と呼称されている。

鉄道開業の祝典が挙行された翌日、1872年10月15日(陰暦：明治5年9月13日)から新橋－横浜間が一般向けに開業する。

同区間に1日9往復の旅客列車が運転された。中間の駅としては、品川・川崎・鶴見・神奈川の4駅で、鶴見駅はこの日が開業日になっている。新橋－横浜間の所要時間は53分、表定速度は毎時32.8キロメートルになった。

上下列車、横浜・新橋駅とも午前8時から午後6時まで毎時0分(12時、午後1時発は欠)のラウンド・ナンバーで両駅を発車して、単線のため川崎駅で行き違うダイヤとしている。川崎駅は新橋駅から10マイル7チェーン36リンク(16.4キロメートル)、横浜駅から7マイル67チェーン94リンク(12.6キロメートル)で、この区間のほぼ中間に位置し、このようなダイヤが設定された。

当時京浜間に配置された蒸気機関車は1号から10号までの一連番号が付与されていた。これらの機関車の概要は次の通りである。

①1号機関車(形式150)－1両：イギリス、バルカン・ファウンドリー(Vulcan Foundry)社製、1B形タンク機関車。現在交通博物館に保存
②2・3・4・5号機関車(形式160)－4両：イギリス、シャープ・スチュワート(Sharp Stewart)社製、1B形タンク機関車
③6・7号機関車(作業局時代の形式名A3)－2両：イギリス、エボンサイド・エンジン(Avonside Engine Warks)社製、1B形タンク機関車
④8・9号機関車(形式190)－2両：イギリス、ダブス(Dubs＆Co.)社製、1B形タンク機関車
⑤10号機関車(形式110)－1両：イギリス、ヨークシャ・エンジン(Yorkshire Engine Warks)社製、1B形タンク機関車。現在青梅鉄道公園に保存

これら10両のうち、1・8・9・10号の4両は性能不適または整備不調で、常時使用の機関車は残りの6両であった。この6両の機関車で、1日9往復の運転をするには少なくとも4両の機関車が必要で、折返し時間を最低1時間余にして、使用4、5両、予備1、2両とする機関車運用をしていたと推定される。運賃は区間制で、下等6銭2厘5毛、旧貨幣の1朱に相当する額を基礎としている。小児は4歳まで無料、12歳までは半額、さらに手荷物については小包・胴乱の類は無賃などの表示が見られる。

3.最初の食堂車・寝台車

■山陽鉄道

山陽鉄道は現在の山陽本線の前身。瀬戸内海の航路と競争しているため、積極的に旅客サービスに努めた。1899(明治32)年5月25日には京都－三田尻(現在の防府)間の307列車、312列車に1等食堂車1227～1229(国有後：ホイシ9180～9182)の連結を開始した。これが我が国最初の食堂車である。当初は4人掛けの食卓が2つで定員は8名であった。後に改造され定員は13名となる。

翌1900(明治33)年4月8日には夜行の319列車と302列車の1往復に1等食堂寝台車1244～1246(国有後：イネシ9070～9072)の連結を開始する。これが我が国における寝台車のはじまりである。寝台の定員16名、食堂の定員は8名であった。

■鉄道作業局(官設鉄道)寝台車ネボ1･2→ネ5030･ネ5031、ネボ3･4→ネ5032･ネ5033

1900(明治33)年、当時の鉄道作業局が寝台車の見本としてイギリスとアメリカから輸入した車で、ネボ1･2はイギリスのオールドベリー車両会社製、ネボ3･4はアメリカのホーリングウホース会社製。いずれも寝台4名分を備えた区分室を5室持っている。1900年10月1日から新橋－神戸間の夜行急行117･118列車に連結開始する。

■鉄道作業局(官設鉄道)2等食堂車シ1～6→ホワシ5070、ホハワシ5090･5091、ホシ5060～5062

山陽鉄道より2年7ヶ月遅れて1901(明治34)年12月15日、新橋－神戸間の急行列車昼行・夜行各1往復に食堂車の連結を開始。ただし機関車の能力から牽引定数に制限があって、箱根越え(現在の御殿場線)と逢坂山越え(1921年に改良のため廃線)の区間では食堂車を外した。1901年、新橋工場製で、食堂定員12名、喫煙室6名、2等室14名で、食堂と喫煙室の食卓配置は片側4名と2名であった。

大正年間の動き

1912(明治45・大正元)年

1.31	中央線の電車に婦人専用車を連結開始
3. 1	山陰本線香住－浜坂間開業。京都－綾部間は京都線、綾部－福知山間は阪鶴線、福知山－香住間は播但線から編入。山陰本線京都－出雲今市(現・出雲市)間全通。京都－出雲今市間609・608列車(所要時間12時間49分)、大阪－出雲今市間701・704列車(所要時間13時間58分)、大阪－鳥取間703・700列車各1往復の直通列車、松江－大阪間702列車などを運転。福知山線神崎(現・尼崎)－福知山間および塚口－尼崎(後・尼崎港)間、舞鶴線綾部－新舞鶴(現・東舞鶴)間および舞鶴－海舞鶴(後・舞鶴港)間に改称　「鉄道船舶旅行案内」M45.3
4. 1	中央本線昌平橋－万世橋間(電車専用線)開業、万世橋－中野間に電車運転開始
5.11	信越本線横川－軽井沢間において、客貨列車の一部に電気機関車を使用開始(電気機関車使用のはじめ)
5.11	東京以北時刻改正 ①上野－青森間急行列車の配列を変更。上野－青森間急行201・202列車の所要時間を上り20時間05分に短縮(上野－郡山間急行列車券収受)、上野－青森間(常磐線経由)急行801・802列車の所要時間を上り19時間05分に短縮(上野－平間急行列車券収受)。また上野－札幌間は急行801列車の利用で所要時間35時間40分に短縮 ②奥羽線上野－青森間701・703、702・704列車2往復運転(702列車所要時間22時間40分) ③北海道線、函館－旭川間1・2列車の所要時間を12時間50分に短縮(函館－旭川間急行列車券所要)、函館－旭川－釧路間急行3・4列車(函館－旭川間急行列車券収受、札幌まで9時間17分、釧路まで25時間25分)など運転　鐵道院営業課「列車時刻表」M45.6
6. 1	大社線出雲今市(現・出雲市)－大社間開業。新線区間に京都－大社間609・608列車(所要時間13時間7分)、大社－大阪間704列車など6往復を運転 鐵道院営業課「列車時刻表」M45.6
6.15	東海道・山陽線時刻改正 ①新橋－神戸間最急行1・2列車を延長し新橋－下関間特急1・2列車を創設(特別急行列車のはじめ)。「急行列車券規定」を改訂、特別急行列車券、普通急行列車

	券の2種とする。1・2等のみの7両編成、座席指定、洋食堂車、1・2等寝台車、展望車を連結。所要時間下り25時間8分、上り25時間15分 ②急行列車、新橋－下関間5・6列車、新橋－神戸間1・2等3・4列車、不定期11・12列車、各等5・6列車、3等7・8列車、2・3等9・10列車(毎週3回、新橋－敦賀港間1・2等寝台車直通、敦賀－ウラジオストック間航路に連絡)、新橋－米原－泊間各等537・538列車(新橋－名古屋間急行列車券収受) 鐵道院営業課「列車時刻表」M45.6
6.15	上野－青森間急行201・202列車の急行列車券発売区間を上野－福島間に改正
7. 1	信越線時刻改正。上野－新潟間101～106列車の3往復(101・102列車は昼行、他は夜行)。所要時間最速は105列車の15時間20分 「鉄道船舶旅行案内」M45.7
7.21	九州線時刻改正。急行列車の列車番号変更、門司－鹿児島間1・2列車、門司－長崎間3・4列車。1・2列車は人吉以遠、3・4列車は早岐以遠を普通列車とし、所要時間は1列車が11時間37分、3列車は7時間32分に延長する。門司－鹿児島・長崎間夜行227・228列車には、門司－鹿児島間5・6列車、門司－長崎間7・8列車に分離する。7・8列車に1等寝台2等車オイネロ9116形を連結 「汽車汽船旅行案内」T1.9
7.30	明治天皇崩御、大正と改元
9. 2	新発田線新津－新発田間開業。新潟－新発田間、新津－新発田間各2往復運転 「汽車汽船旅行案内」T1.9
10. 5	網走線野付牛(現・北見)－網走(後・浜網走)間開業、網走線池田－網走間全通。池田－網走間2往復、池田－野付牛間、野付牛－網走間各1往復運転 「鉄道汽船旅行案内」T1.11
10.28	仙北軽便鉄道小牛田－石巻間開業(軌間762mm)
11. 1	岩内軽便線小沢－岩内間開業
11. 5	宗谷線恩根内－音威子府間開業。旭川－音威子府間2往復、旭川－名寄間2往復、名寄－音威子府間1往復運転 「鉄道汽船旅行案内」T1.11
12. 1	東京以北時刻改正。①上野－青森間急行列車の配列を変更。上野－青森間急行201・202列車の所要時間を19時間45分に短縮(上野－福島間急行列車券収受)、上野－青森間(常磐線経由)急行801・802列車の所要時間を上り19時間15分とする(上野－平間急行列車券収受)。また上野－札幌間は急行201列車の利用で所要時間38時間25分に延長。②奥羽線上野－青森間701・703、702・704列車2往復運転(701列車所要時間22時間50分)。③北海道線、函館－旭川間1・2列車の上り所要時間を15時間25分に延長、函館－旭川－釧路間急行3・4列車(下り函館－札幌間、上り旭川－函館間急行列車券収受、札幌まで10時間25分、釧路まで26時間10分)、7・8列車など運転 「鉄道船舶旅行案内」T1.12

1913(大正2)年

1.31	下関－釜山間航路に高麗丸(3108トン)就航

2.20	山口線小郡(現・新山口)－山口間開業。12往復運転　「鉄道船舶旅行案内」T2.3
4. 1	北陸本線青海－糸魚川間開業、北陸本線米原－直江津間全通。新橋－米原－直江津間537・538列車(新橋－米原間急行列車券収受)、姫路－新潟間536・535列車、京都－直江津間528・527列車、神戸(下り姫路)－富山間530・531列車、上野－福井間551・550列車、上野－富山間553・554列車各1往復などの直通列車を運転　「汽車汽船旅行案内」T2.4
4. 1	中央線時刻改正。飯田町－名古屋間昼行705・706列車(所要時間17時間39分)、飯田町－長野間夜行401・402列車(所要時間14時間25分)、飯田町－松本間403・413、404・414列車、名古屋－長野間701・703・711、702・704・710列車の3往復など運転　「汽車汽船旅行案内」T2.4
4. 5	下関－釜山間航路に新麗丸(3108トン)就航
4.20	越後鉄道地蔵堂－出雲崎間開業、柏崎－白山間全通、全線4往復運転　「汽車汽船旅行案内」T2.8
4.20	阿波国共同汽船徳島－小松島間開業。開業と同時に鉄道院が借入、小松島軽便線徳島－小松島間とする。小松島－徳島本線船戸間直通下り7本・上り5本など運転　「汽車汽船旅行案内」T2.8
5.21	東京以北時刻改正 ①上野－青森間急行列車の配列を変更。上野－青森間急行201・202列車の所要時間を18時間35分に短縮(上野－福島間急行列車券収受)、上野－青森間(常磐線経由)急行801・802列車の所要時間を上り16時間40分に短縮(上野－平間急行列車券収受)。また上野－札幌間は急行201列車の利用で所要時間34時間58分に短縮 ②奥羽線上野－青森間701・703、702・704列車2往復運転(701列車所要時間22時間40分) ③北海道線、函館－旭川間1・2列車の所要時間を12時間37分に短縮、函館－旭川－釧路間急行3・4列車(札幌まで9時間13分、釧路まで25時間13分)など運転。1・4列車の函館－旭川間急行列車券収受　「汽車汽船旅行案内」T2.8
8. 1	東海道本線天竜川橋梁工事完成し、天竜川－浜松間複線開通。これにより東海道本線の全線複線化完成
10. 1	主要幹線の急直行列車および主要列車を除き1等車の連結廃止
10. 8	宮崎線(現・吉都線)谷頭－都城間開業。吉松－都城間7往復運転　「汽車汽船旅行案内」T2.11
11.10	下富良野線滝川－下富良野(現・富良野)間開業。釧路線旭川－下富良野－釧路間を釧路本線滝川－釧路間、富良野線下富良野－旭川間に分離・改称する
11.25	九州線時刻改正。門司－鹿児島間、門司－長崎間急行列車を門司－鳥栖間併結し、門司－鹿児島間1・2列車、鳥栖－長崎間11・12列車とする。1・2列車は門司－熊本間急行列車券収受、所要時間は1列車が10時間33分、1～11列車は6時間25分に短縮する。また門司－久留米間3・4列車(快速、所要時間は3時間19分)運転。

	夜行列車、門司－鹿児島間5・6列車、門司－長崎間7・8列車を門司－鳥栖間併結し門司－鹿児島間5・6列車、鳥栖－長崎間25・26列車に変更する 鐵道院運輸局「列車時刻表」T2.12.16訂補
12.16	東京以北時刻改正 ①上野－青森間急行列車の配列を変更。上野－青森間急行203・204列車の所要時間を18時間05分に短縮、上野－青森間(常磐線経由)急行801・802列車の所要時間を上り16時間50分とする。急行列車は上野－仙台間急行列車券収受に変更。また上野－札幌間は急行201列車の利用で所要時間34時間58分に短縮 ②奥羽線上野－青森間701・703、702・704列車2往復運転(703列車所要時間21時間55分) ③北海道線、函館－旭川間急行3・2列車の所要時間を11時間40分に短縮、函館
ー釧	路間急行1・4列車(この改正から滝川－下富良野間新線経由、札幌まで10時間40分、釧路まで25時間20分)など運転。1列車の函館－札幌間・4列車の滝川－函館間急行列車券収受　鐵道院運輸局「列車時刻表」T2.12.16訂補
12.20	多度津線多度津－観音寺間開業。7往復運転。多度津駅移転、従来の多度津駅は浜多度津と改称、多度津－浜多度津間は貨物線として存置 鐵道院運輸局「列車時刻表」T2.12.16訂補
12.31	足尾鉄道沢入－足尾間開業、下新田－足尾間全通。全線に5往復運転 鐵道院運輸局「列車時刻表」T2.12.16訂補

1914(大正3)年

2. 1	新橋－米原－直江津間急行537・538列車の新橋－名古屋間を各駅停車として、急行列車券不要とする。運転時間2時間20分延長　「鐵道汽船旅行案内」T3.2
3.25	徳島本線川田－阿波池田間開業、徳島－阿波池田間全通。川田駅移転、川田－船戸間廃止。小松島－阿波池田間5往復など運転　「鐵道汽船旅行案内」T3.6
4.21	山陰線時刻改正。大阪－大社間夜行709・710列車(所要時間13時間12分)新設、昼行、京都－大社609・608列車(所要時間12時間57分)、大阪－松江間701列車、大社－大阪間704・710列車など運転　「鐵道汽船旅行案内」T3.6
4.22	長州鉄道東下関－幡生－小串間開業、7往復運転　「汽車汽船旅行案内」T3.9
5.27	北海道線時刻改正。函館－釧路間急行1・4列車(札幌まで9時間35分、釧路まで23時間25分)、1列車の函館－札幌間・4列車の滝川－函館間急行列車券収受。函館－旭川間3・7、2・8列車(所要時間15時間10分)、函館－旭川－網走間805・804列車(上り所要時間35時間10分)、中央小樽－音威子府間255・254列車など運転 「鐵道汽船旅行案内」T3.6
6. 1	川内線串木野－川内町(現・川内)間開業、7往復運転　「汽車汽船旅行案内」T3.9
6.10	姫路－米原－新潟間535・536列車に1等寝台車を連結
7. 1	関釜航路用下関桟橋の使用開始

7.21	両備軽便鉄道(現・福塩線)福山－府中間開業
9.16	関門航路用門司桟橋完成し、使用開始
9.20	酒田線(現・陸羽東線)狩川－余目間開業、新庄－余目間全通
11. 1	岩越線(現・磐越西線)野沢－津川間開業、郡山－新津間全通
11. 1	村上線(現・羽越本線)中条－村上間開業、新津－村上間全通。6往復運転 「公認汽車汽船旅行案内」T4.2
11. 6	関門航路に門司丸(256トン)就航
11.17	関門航路用下関鉄道桟橋竣工
11.－	「旅行案内(汽車時間表)」を発行する庚寅新誌社、交益社、博文館の3社の合同を促し、新に株式会社旅行案内社を創立させ、同社発行の「公認汽車汽船旅行案内」(大正4年1月号より)を公認し検閲を行い、その事業を援助
12.20	①東京駅開業し東海道本線の起点とする、呉服橋仮停車場を廃止、新橋停車場を汐留、烏森停車場は新橋と改称 ②東京－高島町間に電車運転開始、新橋(後・汐留)－横浜(現・桜木町)間の蒸気旅客列車の小運転を廃止。東京－有楽町間および品川－横浜間4線開通 東京鉄道管理局「東京浜松間汽車時刻表附横須賀線」T3.12.20改正
12.24	酒田線(現・陸羽西線)余目－酒田間開業、酒田線新庄－酒田間全通。5往復運転 「公認汽車汽船旅行案内」T4.2
12.26	東京－高島町間電化工事に不備があったため、電車運転を休止、蒸気旅客列車の小運転を復活

1915(大正4)年

3.25	山手線品川－赤羽間蒸気旅客列車の運転を廃止
3.25	北陸線時刻改正。上野－直江津－神戸間553・550列車、上野－金沢間551・552列車、東京－米原－直江津間537列車、姫路－新潟間536・535列車、姫路－金沢間534列車、富山－神戸間531列車などの直通列車を運転 鐵道院運輸局「列車時刻表」T4.5.10訂補
3.25	信越線時刻改正。上野－新潟間夜行101・102列車は下り1時間20分、上り2時間10分短縮、所要時間14時間00分となる　鐵道院運輸局「列車時刻表」T4.5.10訂補
4. 1	上野－新潟間101・102列車に1等寝台車を連結
4.16	有馬鉄道三田－有馬間開業。鉄道院が借入、有馬軽便線三田－有馬間とする
5. 1	東京－高島町間電車運転を復活
6. 1	東京以北時刻改正 ①上野－青森間急行列車の配列を変更。上野－青森間急行203・204列車の所要時間を上り17時間22分に短縮、上野－青森間(常磐線経由)急行801・802列車の所要時間を上り17時間15分とする。急行列車は上野－仙台間急行列車券収受。また上野－札幌間は急行201列車の利用で所要時間34時間42分に短縮

	②奥羽線上野－青森間701・703、702・704列車2往復運転(701列車所要時間21時間50分)
	③北海道線、函館－釧路間急行1・2列車(札幌まで9時間00分、釧路まで22時間00分)、函館－岩見沢間急行列車券収受。函館－旭川間3・4列車の所要時間を16時間10分とする 「公認汽車汽船旅行案内」T4.6
6.16	函館駅桟橋船車連絡乗降場並びにこれに通ずる軌道などの工事が完成し、函館本線函館－釧路間急行1・2列車、函館－旭川間3・4列車は函館桟橋に発着する
8.15	東海道本線横浜停車場新築落成、高島町駅を統合。京浜間電車の終点とする。旧・横浜駅を桜木町と改称、平沼駅を廃止
8.15	豊州本線(現・日豊本線)幸崎－臼杵間開業、大分－臼杵間6往復運転 「公認汽車汽船旅行案内」T4.10
11.23	岩手軽便鉄道岩根橋－柏木平間開業、花巻－仙人峠間全通、軌間762mm。全線下り1本・上り2本など運転 「公認汽車汽船旅行案内」T4.12
12.30	京浜間電車東京－横浜間電車運転を桜木町へ延長

1916(大正5)年

4. 1	函館桟橋－釧路間急行1・2列車に2等食堂車オロシ9215形(和食)を連結
4. 1	讃岐線観音寺－川之江間開業、多度津－川之江間7往復運転 鐵道院運輸局「列車時刻表」T5.7訂補
5.15	途中下車駅の指定を廃止、乗車距離による下車回数を定める
7. 5	信濃鉄道(現・大糸線)仏崎－信濃大町間開業、松本－信濃大町間全通
9. 5	鉄道院から「本邦鉄道の社会及び経済に及ぼせる影響」上・中・下3巻および付図を刊行、博文館から発売
10.25	豊州本線(現・日豊本線)臼杵－佐伯間開業、門司－佐伯間151・156列車など4往復運転 「公認汽車汽船旅行案内」T5.12
10.25	宮崎線(現・日豊本線)青井岳－大久保－宮崎間開業、吉松－宮崎間下り5本・上り6本運転 「公認汽車汽船旅行案内」T5.12
11. 1	宮地軽便線肥後大津－立野間開業、熊本－立野間5往復運転 「公認汽車汽船旅行案内」T5.12
11.15	北陸線時刻改正。上野－金沢間551・552列車、上野－直江津－明石間553・550列車(1等寝台車連結)、富山－姫路間535・534列車、新潟－姫路間539・536列車、糸魚川－姫路間535列車、直江津－京都間537列車、神戸－富山間532列車、明石－金沢間538列車などの直通列車を運転 「公認汽車汽船旅行案内」T5.12
11.15	中央線時刻改正。飯田町－長野間夜行401・402列車を約1時間短縮、所要時間12時間55分、飯田町－名古屋間夜行701・702列車(所要時間16時間42分)、名古屋－長野間夜行703・704列車(上り9時間38分)などの直通列車を運転 「公認汽車汽船旅行案内」T5.12

11.17	京浜間電車の2等車に電気暖房を装置し、使用を開始する

1917(大正6)年

3. 1	信越本線上野－新潟間臨時夜行103・418～120列車を定期夜行103・418～104列車とする
4. 1	門司－鹿児島間夜行5・6列車に2等寝台車ロネロ5120形を連結する
5. 7	宇野－高松間航路に水島丸(336トン)就航
6. 1	東京以北時刻改正 ①上野－青森間急行列車の配列を変更。上野－青森間急行203・204列車(1等寝台車・食堂車連結)の所要時間を17時間00分に短縮、上野－青森間(常磐線経由)急行801・802列車(1等寝台車・2等寝台車ナロネ5110形、食堂車連結)の所要時間を17時間00分に短縮する。急行列車は上野－青森(従来は仙台)間急行列車券収受。他に上野－青森間201・202列車(和食堂車連結)、205・206列車(既設201・202列車を改称)の直行列車を運転。また上野－札幌間は801・802列車と1・2列車の船車連絡の改善で所要時間は下り33時間3分・上り33時間00分に短縮 ②奥羽線上野－青森間703・705、704・706列車2往復運転(701列車所要時間22時間40分) ③北陸・信越線、上野－直江津－神戸間553・550列車(1等寝台車連結)は約1時間短縮、新潟－姫路間539・536列車(1等寝台車連結)を運転。上野－新潟間夜行101・102列車(1等寝台車連結)は下り1時間25分短縮、所要時間12時間25分となる。他に103・104列車運転 ④北海道線、函館桟橋－釧路間急行1・2列車(札幌まで9時間18分、釧路まで22時間05分)、函館－岩見沢間急行列車券収受。函館桟橋－旭川間3・4列車の所要時間を15時間40分とする。他に函館桟橋－旭川間11・12列車を運転 「公認汽車汽船旅行案内」T6.9
9. 1	借入中の阿波国共同汽船を買収、小松島軽便線徳島－小松島間とする
9.16	讃岐線川之江－伊予三島間開業、多度津－伊予三島間9往復運転 「鐵道航路旅行案内」T6.11
10. 1	九州線時刻改正。門司－鹿児島間急行1・2列車、鳥栖－長崎間11・12列車の1・2列車は門司－鹿児島・長崎間急行列車券収受、所要時間は1列車が10時間(33分短縮)、1～11列車は6時間20分とする。門司－鹿児島・長崎間夜行列車は、門司－鳥栖間併結していたが、門司－鹿児島間5・6列車(1・2等寝台車、食堂車連結)、門司－長崎間25・26列車(1等寝台車連結)として単独運転する。豊州本線、門司－佐伯間801・802列車など5往復運転　「鐵道航路旅行案内」T6.11
10.10	平郡東線小川郷－平郡西線小野新町間開業、磐越東線平－郡山間全通。5往復運転 「JAPAN TRAIN SERVICE」1918.4.1
11. 1	陸羽線鳴子(現・鳴子温泉)－新庄線羽前向町(現・最上)間開業、陸羽東線小牛田

	－新庄間全通。小牛田－新庄間下り5本・上り4本運転 「JAPAN TRAIN SERVICE」1918.4.1
12. 1	釧路本線釧路－厚岸間開業。釧路駅移転、従来の釧路は浜釧路と改称、釧路－浜釧路間貨物線として存置。新線区間に2往復運転、函館桟橋－釧路間急行1・2列車は変更なし 「JAPAN TRAIN SERVICE」1918.4.1

1918(大正7)年

1.25	宮地軽便線立野－宮地間開業、熊本－宮地間5往復運転 「JAPAN TRAIN SERVICE」1918.4.1
4. 1	門司－長崎間夜行25・26列車に2等寝台車オイネロ9100形連結。門司－佐伯間801・802列車の門司－大分間快速運転 鐵道院「列車時刻表」T7.6訂補
6. 1	借入中の足尾鉄道下新田－足尾本山間を買収、足尾線桐生－間藤間及び貨物線とする
6. 1	北海道線時刻改正。函館(桟橋)－岩見沢間9・10列車を函館桟橋－旭川間5・6列車として延長、これに接続の青森－函館間航路に臨時5・6便を運航。函館桟橋－釧路間急行1・2列車に2等寝台車を連結
8.25	宗谷線(後・天北線)中頓別－浜頓別間開業。中央小樽－浜頓別間251・254列車、音威子府－浜頓別間255・258列車、名寄－浜頓別間261・262列車を運転 「JAPAN TRAIN SERVICE」1918.11
9.21	陸羽西線(現・羽越本線の一部)余目－鶴岡間開業、鶴岡－酒田間5往復運転 「JAPAN TRAIN SERVICE」1918.11
11. 6	2等寝台1人床を並型、2人床を大型と改称、大人2人の使用を禁止する
11.10	小浜線十村－小浜間開業、敦賀－小浜間5往復運転 「公認汽車汽船旅行案内」T7.12
12.16	既設列車を延長、上野－青森間に211・212列車を増発、直通4往復となる

1919(大正8)年

1. 1	寝台使用料金は従来区別がなかったが、上・下段の料金差を設ける
1.25	中央本線中野－吉祥寺間の電化工事完成し、電車および列車の併用運転を開始
3. 1	中央本線東京－万世橋間開業、中央本線の起点が東京となる。この日から中野－東京－品川－池袋－上野間の「の」字運転開始
3.11	佐久鉄道羽黒下－小海間開業、小諸－小海間全通。小諸－小海間5往復運転 「公認汽車汽船旅行案内」T8.7
3.31	借入中の有馬鉄道を買収、有馬軽便線三田－有馬間とする
4. 1	仙北軽便鉄道を買収、仙北軽便線小牛田－石巻間とする(軌間762mm)
5. 1	名古屋市および仙台市に鉄道管理局を新設。鉄道管理局は東京、名古屋、神戸、門司(九州を改称)、仙台、札幌(北海道を改称)の6局とする
5.24	北条線(現・内房線)那古船形－安房北条(現・館山)間開業、北条線蘇我－安房北

	条間全通。千葉－安房北条間下り7本・上り8本運転　「公認汽車汽船旅行案内」T8.7
7.6	陸羽西線(現・羽越本線の一部)鶴岡(仮)－鶴岡間(内川橋梁完成)開業、鶴岡駅移転。鶴岡－酒田間5往復運転　「公認汽車汽船旅行案内」T8.10
8.20	東京以西時刻改正 ①東海道・山陽線：東京－下関間各等5・6列車の3等編成を分離、3等急行3・4列車(和食堂車ホワシ20860形連結)を新設、定員増加を図る。5列車は所要時間27時間30分(約1時間短縮)。東京－神戸間急行列車の列車番号を整理、1・2等3・4列車→7・8列車、3等7・8列車→11・12列車、1・2等不定期11・12列車→定期9・10列車、2・3等9・10列車→13・14列車とする ②北陸・信越線：北陸本線の列車番号は、東海道本線の直通列車は600番台、信越本線の直通列車は700番台に変更。上野－直江津－明石間771・790列車(既設の上野－金沢間551・552列車を延長)、上野－明石(上り姫路)間773・788列車を新設。上野－明石(上り姫路)間775・786列車(旧553・550列車)、新潟－京都(上り那波)間681・682列車(旧新潟－姫路間539・536列車)に連結の1等寝台2等車イネロ5135形を2等寝台2等車に格下げ ③山陰本線：京都－浅利(上り大社)間夜行619・618列車新設 ④1等寝台を2等寝台に格下げ、上野－青森間奥羽線経由705・706列車(イネロ5050形)、上野－新潟間信越線経由101・102列車(イネロ5135形) 「公認汽車汽船旅行案内」T8.10
8.20	東京－下関間特急1・2列車乗務の列車長を廃止、乗客専務車掌とする
8.20	宇野－高松間、下関－門司間航路の1等船室を廃止。2等軽便寝台車を廃止
10.1	東京以北時刻改正 ①上野－青森間急行列車の配列、青森－函館間航路を変更。上野－青森間急行203・204列車(1等寝台車・食堂車連結、所要時間17時間30分)、上野－青森間(常磐線経由)急行801・802列車(1・2等寝台車、食堂車連結、所要時間17時間15分)とする。急行列車は上野－青森間急行列車券収受。他に上野－青森間201・202列車(和食堂車連結)、205・206列車、207・208列車、803・804列車(常磐線経由)の直行列車を運転。また上野－札幌間は801・802列車と1・2列車の連絡で所要時間は下り33時間33分となる ②奥羽線：上野－青森間701・703・705、702・704・706列車3往復運転(703列車所要時間23時間、705・706列車は2等寝台車連結) ③信越線：上野－新潟間夜行101・102列車(2等寝台車連結)は下りは30分繰り上げ、上りは30分繰り下げ、所要時間12時間40分となる。他に103・104列車運転 ④北海道線：函館桟橋－釧路間急行1・2列車(札幌まで9時間18分、釧路まで22時間05分)、函館－滝川間急行列車券収受。函館桟橋－旭川間3・4列車の函館－札幌間の停車駅を減じ、所要時間を14時間55分とする。他に函館桟橋－旭川間5・6、11・12列車を運転　「公認汽車汽船旅行案内」T8.10

10. 1	1等車の連結は、全国主要幹線の急行列車および直行列車の一部に限ることになる
12.19	乗車券類および入場券の記載方を左書きに改め、3等に対しては英文記載を廃止(9年2月1日実施)
12.22	急行列車券および急行汽船券取扱手続きを制定(9年2月1日実施)
12.25	上野－直江津－明石間771・790列車の直江津－明石間および上野－新潟間(磐越西線経由)401・402列車に2等寝台車連結開始

1920(大正9)年

2. 1	旅客運賃および料金改訂、3等27%、1・2等47%値上げ(2等は3等の2倍、1等は3倍とする)。寝台料金約50%、急行料金25%値上げ。青森－函館間航路1・2便に対して急行汽船料金を収受
3. 1	九州線時刻改正。門司－鹿児島間夜行5・6列車(1・2等寝台車、洋食堂車連結)を急行列車に格上げ、門司－鹿児島間急行列車券収受、所要時間は5列車が10時間5分(1時間55分短縮)。門司－鹿児島間夜行17・18列車(2等寝台車、和食堂車連結)を新設する　「公認汽車汽船旅行案内」T9.8
3. 1	東京－糸崎間21・22列車に2等寝台車連結。上野－青森間(奥羽本線経由)705・706列車に和食堂車連結
5.15	鉄道省および鉄道局官制公布。地方に東京、名古屋、神戸、門司、札幌の6鉄道局を設置
6.11	大阪－大社(上り浅利)間夜行709・710列車に2等寝台車を連結
7.23	横浜税関内に横浜港駅を開設、輸出入1車積貨物および東京－横浜港間に運転する船車連絡列車による旅客運輸を開始
8.15	軽便枕考案者の清水幹次(後・ピーエル合名会社)に3等旅客に対する列車内軽便枕賃貸営業を許可
9. 1	中越鉄道伏木－高岡－城端間、伏木－氷見間および能町－新湊間を買収。成田鉄道我孫子－佐倉間および成田－佐原間を買収
9.21	京都－浅利(上り大社)間夜行619・618列車に2等寝台車を連結
10.21	熱海線国府津－小田原間開業、東京－小田原間直通を含め21往復運転　「公認汽車汽船旅行案内」T9.11
11.15	函館桟橋－旭川間3・4列車、旭川－網走間803・804列車に2等寝台車を連結

1921(大正10)年

3.27	犬飼軽便線犬飼－三重町間開業
4.16	上野－青森間205・206列車に2等寝台車を連結
5.11	信越本線横川－軽井沢間の全列車を電気機関車牽引とし、蒸気機関車運転を廃止
6.10	中央本線飯田町－長野間401・402列車に2等寝台車を連結
6.21	讃岐線伊予土居－伊予西条間開業。高松－伊予西条間1往復、多度津－伊予西条

	間7往復運転　「公認汽車汽船旅行案内」T10.8
7. 1	上越南線新前橋－渋川間開業
7. 1	京都－下関間47・48列車に和食堂車連結
8. 1	東海道・山陽線時刻改正、大津(現・膳所)－京都間および奈良線京都－桃山間線路変更工事が完成。東京－下関間特急1・2列車は東京－神戸間で約1時間短縮、所要時間24時間8分となる。東京－神戸間7・8列車1・2等急行を3等急行に、11・12列車3等急行を2・3等として45分短縮。京都－宇野間309・318列車、京都－宇野間夜行333・334列車を新設　「公認汽車汽船旅行案内」T10.8
8. 5	釧路本線西和田－根室間開業。根室本線と改称、滝川－根室間全通。帯広－根室間、釧路－根室間各1往復運転　「公認汽車汽船旅行案内」T10.8
8.31	「日本鉄道史」(上・中・下の3巻)刊行
9.25	大湊軽便線陸奥横浜－大湊間開業、野辺地－大湊間全通
10. 5	名寄西線上興部－名寄東線興部間開業、名寄本線名寄－中湧別間全通。北海道線時刻改正。函館桟橋－旭川間3・4列車を延長、函館桟橋－旭川－名寄－網走間(名寄本線経由)3・4列車とする(所要時間28時間36分)。旭川－池田－網走間803・804列車廃止。滝川－根室間63・64列車設定。函館－小樽間13・14列車を札幌へ延長　鐵道省運輸局「列車時刻表」T11.3訂補
10.11	宮崎本線美々津－富高(現・日向市)間および細島軽便線富高－細島間開業
10.14	「鐵道一瞥」刊行
11. 5	留萠線留萠－増毛間開業、深川－増毛間全通
12. 1	鹿児島本線赤間－東郷間複線開通により、門司－鳥栖間複線開通

1922(大正11)年

2.11	宮崎本線富高(現・日向市)－南延岡間開業
3. 5	東北本線栗橋－中田間複線開通により、上野－宇都宮間複線開通
3.15	時刻改正、各線に急行列車、直行列車を増発 ①神戸－富山間681・680列車(2等寝台車連結)、上野－青森間701・702列車(奥羽本線経由、2等寝台車・和食堂車連結)、上野－新潟間101・102列車(2等寝台車連結)、上野－金沢間773・772列車(2等寝台車連結)の急行列車を新設 ②京都－下関間51・52列車(2等寝台車連結)、411・404列車を延長、飯田町－長野間夜行401・404列車(既設401列車を403列車に変更)、名古屋－長野間夜行705・706列車を増発　鐵道省運輸局「列車時刻表」T11.3訂補
4.11	「鉄道敷設法」改正法律公布され、「鉄道敷設法」および「北海道鉄道敷設法」を廃止
5. 1	宮崎本線南延岡－延岡間開業、吉松－延岡間4往復運転　鐵道省運輸局「列車時刻表」T11.6訂補
5.18	下関－釜山間航路に景福丸就航
6.30	陸羽西線象潟－羽後本荘間開業、新庄－羽後本荘間1往復、米沢－羽後本荘間1本、

	羽後本荘－山形間1本、三瀬－羽後本荘間3往復などを運転 鐵道省運輸局「列車時刻表」T11.6訂補
9. 2	国有鉄道線路名称に付した軽便線の称呼を廃止
10.13	新橋(後・汐留)－横浜(現・桜木町)間鉄道開通を記念するため、10月14日を「鉄道記念日」に定める
11. 1	宗谷線鬼志別－稚内(現・南稚内)間開業、宗谷線旭川－稚内間全通。これを機会に北海道線時刻改正。函館桟橋－釧路間急行1・2列車(札幌まで9時間15分、釧路まで21時間55分)、函館－滝川間急行列車券収受。この急行列車に滝川で接続する小樽－稚内間11・12列車(所要時間15時間44分)を運転。函館桟橋－旭川－網走間(名寄本線経由)3・4列車(所要時間28時間25分)、函館桟橋－旭川間11・12列車を7・8列車(所要時間15時間54分)に変更。他に名寄－稚内間203・204列車、滝川－根室間43・44列車などを運転 鐵道省運輸局「列車時刻表」T11.10訂補
11.12	下関－釜山間航路に徳寿丸就航
11.20	中央本線吉祥寺－国分寺間複線化および電化工事完成。国分寺まで電車併用運転開始
12.20	小浜線若狭高浜－新舞鶴(現・東舞鶴)間開業、敦賀－新舞鶴間全通。敦賀－新舞鶴間6往復運転、一部の列車は大阪、京都へ直通 「ポケット汽車汽船旅行案内」T12.3

1923(大正12)年

2. 1	鳳来寺鉄道(現・飯田線)長篠－三河川合間開業
3.12	下関－釜山間航路に昌慶丸就航
4. 1	下関－釜山間航路に景福丸・徳寿丸・昌慶丸就航により輸送能力整備に伴い、客貨混載便を廃止し、旅客便2往復を昼航8時間、夜航9時間に短縮。貨物便1往復に高麗丸・新羅丸、不定期便に多喜丸就航
4. 1	山口線津和野－石見益田(現・益田)間開業、山口線小郡(現・新山口)－石見益田間全通、全線に5往復運転 「汽車汽船ポケット旅行案内」T12.6
5. 1	稚内－大泊間航路を開設、隔日1往復運航、対馬丸就航。これを機会に北海道線時刻改正。函館桟橋－釧路間急行1・2列車を函館桟橋－稚内間急行1・2列車(札幌まで9時間15分、稚内まで22時間59分)に、函館－滝川間急行列車券収受。函館桟橋－旭川－網走間(名寄本線経由)3・4列車(所要時間28時間25分)を、函館桟橋－網走・根室間3～33・34～4列車(根室まで29時間15分、網走まで28時間25分)に運転系統を改める。他に函館桟橋－旭川間7・8列車、函館－札幌間9・10列車などを運転 「北海道旅行案内 汽車時間表」T12.5
7. 1	東京以西時刻改正。18900形の増備および山陽本線の複線化工事の進捗により列車の増発と速度向上を図る ①東海道・山陽線：東京－下関間3等特急3・4列車(和食堂車連結、所要時間23時間20分)を新設、1・2等特急(1時間6分短縮、所要時間23時間)に続行運転する。

	東京－下関間急行5・6列車、7・8列車を約2時間短縮、5列車の所要時間25時間13分とする。東京－神戸間の夜行急行列車は連結客車の等級により配列を改め、3等9・10列車、1・2等11・12列車、2・3等13・14、15・16列車を20～40分短縮、最短は12列車の所要時間13時間20分となる。京都－宇野間333・334列車を岡山まで併結、京都－下関・宇野間49・50列車に変更する ②北陸線：新潟－神戸間679・678列車(2等寝台車連結)の678列車を姫路始発に、上野－直江津－京都間771・770列車(2等寝台車連結)を姫路へ延長。中央線：飯田町－長野間直通415・402列車増発、3往復となる。列車番号を変更：401→413、403→401、402→414、404→414列車とする。最短は402列車の所要時間10時間59分(1時間30分短縮)、401・402列車に2等寝台車を連結 ③九州線：門司－鹿児島・長崎間各等急行1・2列車は鳥栖まで併結していたが、門司－鹿児島間各等急行1・2列車と門司－長崎間各等急行101・102列車の個別運転とする。所要時間は門司－鹿児島間9時間55分、門司－長崎間6時間12分とする。列車番号変更：門司－鹿児島間夜行各等急行5・6→7・8列車、245・246→41・42、17・18→21・22、門司－長崎間25・26→107・108列車と改称。豊州本線：門司－重岡間801・802→201・202列車に変更、門司－大分間快速 鐵道省運輸局「列車時刻表」T12.7
7. 1	特別急行券に3等を新設。特別急行列車の座席番号指定方を廃止し、客車順位番号指定に改正
8.31	生保内線(現・田沢湖線)神代－生保内(現・田沢湖)間開業
9. 1	関東大震災により国鉄は大被害を被る。焼失または破損した車両1836両、線路の被害区間延営業キロ584.2km
10.28	関東大震災により不通になっていた東海道本線全通、同時に芝浦－清水港間汽船連絡廃止
12.15	豊州本線重岡－宮崎本線市棚間開業、豊州本線を改称、宮崎本線を編入、日豊本線小倉－吉松間全通。門司－吉松－鹿児島間241・242列車、門司－都城間201・202列車(門司－大分間快速、和食堂車連結)　鐵道省運輸局「列車時刻表」T13.3
12.26	山陰本線三保三隅－石見益田(現・益田)間開業、京都－石見益田間全通、山口線と連絡。豊岡－小郡間611・610列車、鳥取－小郡間609・614列車、大社－小郡間605・607、617・616列車、出雲今市－小郡間603・614列車、浜田－小郡間601・620列車などを運転。京都－浜田間619列車、浜田－大阪間710列車を大社着発列車に変更、京都－大社間619・618列車、大阪－大社間709・710列車とする。いずれも2等寝台車を連結　鐵道省運輸局「列車時刻表」T13.3

1924(大正13)年

2.11	讃予線伊予桜井－今治間開業、高松－今治間3往復、多度津－今治間4往復など運転 鐵道省運輸局「列車時刻表」T13.3

3.23	美禰線於福－正明市(現・長門市)間開業。厚狭－正明市間全通、美禰線厚狭－正明市間および伊佐(現・南大嶺)－大嶺間とする。厚狭－正明市間6往復など運転　「鉄道航路旅行案内」T13.7
4.12	宮津線舞鶴(現・西舞鶴)－宮津間開業、同時に海舞鶴－宮津間航路を廃止
4.20	羽越北線羽後亀田－陸羽西線羽後岩屋間開業。陸羽西線羽後岩屋－鼠ケ関間を編入、羽越線秋田－鼠ケ関間および貨物線、陸羽西線は新庄－余目間とする
5.21	青森－函館間航路に新造客載貨車渡船翔鳳丸就航
6. 1	北海道線時刻改正。函館桟橋－稚内間各等急行1・2列車は、函館－名寄間急行列車券収受に改め、所要時間は札幌まで9時間、稚内まで21時間59分(1時間短縮)、1・2等寝台車・洋食堂車連結。函館桟橋－根室間急行3・4列車を新設、函館－滝川間急行列車券収受。所要時間は札幌まで9時間5分、釧路まで21時間04分、根室まで26時間36分(2時間39分短縮、2等寝台車連結)と、函館桟橋－旭川－野付牛間(名寄本線経由)13・14列車(2等寝台車連結)に運転系統を改める。他に函館－旭川間5・6列車などを運転　「鐵道航路旅行案内」T13.7
7.31	羽越線鼠ケ関－村上間開業、羽越線新津－秋田間全通。奥羽・信越・北陸線による日本海縦貫線完成に伴う時刻改正 ①日本海縦貫線：神戸－青森間急行503・504列車(2等寝台車、神戸－富山間。神戸－富山間急行列車券収受、所要時間31時間40分)、新潟－青森間505・506列車を新設。上野－青森間(奥羽本線経由)703・705、704・706列車を秋田打ち切りとする ②北陸・信越線：大阪－直江津間683・684列車(2等寝台車連結)、上野－米原間773列車、今庄－上野間774列車、上野－新潟間昼行109・110列車、夜行105・106列車などを増発　「公認汽車汽船旅行案内」T13.7
8. 3	東海道本線小野浜－神戸港間で日本郵船欧州航路出帆日に限り、京都－神戸港間船車連絡列車を運転
10.15	犬飼線朝地－豊後竹田間開業、大分－豊後竹田間7往復運転　「鐵道航路旅行案内」T14.3
11. 1	青森－函館間航路に新造客載貨車渡船松前丸就航
11.15	東横黒線大荒沢－西横黒線陸中川尻間開業、横黒線(現・北上線)黒沢尻(現・北上)－横手間全通。全線に5往復運転　「鐵道航路旅行案内」T14.3
11.15	青森－函館間航路の旅客運賃および寝台料金を改正し、急行料金を廃止
11.15	下関－釜山間航路の1等旅客運賃を値上げし寝台料金を廃止
11.15	高知線日下－高知間開業、高知－須崎間7往復運転　「鐵道航路旅行案内」T14.3
12.30	青森－函館間航路に新造客載貨車渡船飛鸞丸就航

1925(大正14)年

3.25	熱海線湯河原－熱海間開業、東京－熱海間8往復(最速3時間30分)、国府津－熱海間1往復運転　「汽車時間表」T14.4

3.30	志布志線大隅松山－志布志間開業、都城－志布志間全通。6往復運転 「汽車時間表」T14.4
3.31	東海道・山陽線時刻改正。稲沢操車場新設および山陽本線岡山以西の複線化進捗に伴い、京都以西の直行列車を主体に1～2時間55分短縮。京都－宇野間49～101・112～50列車に2等寝台車連結 「汽車時間表」T14.4
5.15	東京－下関間特急3・4列車に一方向座席の専用客車スハ29300系を使用開始
6. 1	長州鉄道幡生－小串間を買収、小串線(現・山陰本線の一部)と命名
6. 1	青森－函館間航路に新造客載貨車渡船就航その他により、北海道線時刻改正。青函航路5・6便は5時間15分から4時間30分に短縮。これに接続の函館桟橋－旭川間5・6列車の所要時間を1時間7分短縮、14時間23分とする 「汽車時間表」T14.9
7. 1	客車の自動連結器取換工事を施行(10日完了)
7. 1	北海道線列車に対し、空気制動機(大正10年着手)の使用開始
7.11	北条線太海－安房鴨川間開業、蘇我－安房鴨川間全通。両国橋－安房鴨川間6往復、両国橋－安房北条間1往復などを運転 「汽車時間表」T14.9
7.16	本州線・讃岐線における機関車の連結器取換工事を施行し17日終了(九州線は7月20日)
7.17	本州線・讃岐線ならびに連絡会社線において一斉に貨車の自動連結器取換工事を施行、短時間に完成して全世界に日本の鉄道技術を宣揚
7.31	宮津線宮津－丹後山田間開業。同時に宮津湾内航路の営業を廃止
8.30	山陽本線松永－尾道間複線開通により、山陽本線神戸－広島間全線複線化完成
10.28	常磐線藤城－佐貫間複線開通により、常磐線日暮里－平間全線複線化完成
11. 1	東北本線神田－上野間高架鉄道開業により、山手線電車は東京－渋谷－池袋－上野－東京の環状運転、京浜電車は東京－上野間延長運転する。東北本線は東京－青森間、東京－秋葉原間複線、秋葉原－上野間3線開通 「汽車時間表」T14.12
12.13	東海道本線東京－国府津間および横須賀線大船－横須賀間は電気機関車による運転を開始。電気機関車：1040形(ED40)・6000形(ED51)を使用、電化区間専用列車に電気暖房を設備
12.15	七尾線七尾－和倉(現・和倉温泉)間開業、七尾駅移転

4.最初の特別急行列車

1905(明治38)年9月、日露戦争の講和条約が日本とロシアの両国間で締結された。これに基づき南満州支線長春－旅順間の租借権を獲得した。

1906(明治39)年6月、南満州鉄道会社が設立される。新たに勢力圏となった朝鮮や満州の経営ルート確立のため、1911(明治43)年には鴨緑江の架橋や京義線・安奉線の改築工事が完成、鮮満連絡の鉄道網が整備され、シベリア鉄道経由による欧亜連絡の鉄道が完成した。1912(明治45)年6月15日の時刻改正で、新橋－神戸間最急行1･2列車を下関へ延長、新橋－下関間特急1･2列車が運転を開始した。所要時間は25時間8分で、表定速度は44.9km/hに向上した。

この特別急行列車は、国際列車としてはずかしくないように客車はすべて新形式の3軸ボギーの専用車を使用し7両編成とした。編成順序は、郵便手荷物緩急車＋2等寝台車＋2等車＋2等車＋食堂車＋1等寝台車＋1等展望車であった。

この列車は国際列車にふさわしく、外国語の話せる列車長が乗務した。特に特別室付き展望車の連結や座席指定制は初めての試みであった。食堂車オシ10150～10154の食堂の食卓は4人掛4、2人掛4、2人並び掛1の定員が26名、喫煙室は6名であった。

1等寝台車喫煙室附スイネ10005～10009は中央通路の両側に長手寝台が3区画あり、定員が12名、中央の引戸を通ると区分室となり、通路は左の窓側へそれ、上下2段の寝台が1室、上下2段の寝台2区画が2室で、区分室の寝台定員が10名の合計22名であった。

最初の特別急行列車。最後部は展望車。ステン9020～9024。明治45年新橋工場製。

5.東京中央停車場完成

東京の中心部に中央停車場を建設し、東海道線(官設鉄道)と都北線(日本鉄道)を結ぶ構想は1884(明治17)年ころからあった。一般的な財政緊縮や日露戦争勃発により1908(明治41)年から高架線や中央停車場の建設を再開した。中央停車場の設計は辰野金吾の手により進められた。

当初は小規模な計画であったが、日露戦争に勝利した勢いで首都の停車場にふさわしく設計変更して、両翼に大きな2つのドームをもつルネサンス様式の赤レンガ造りの鉄骨3階建ての壮大な駅本屋となった。6年の歳月をかけ1914(大正3)年12月20日に開業した。

東京停車場開業記念式典は2日前の12月18日に行われた。

この日、東京－横浜間に京浜電車の運転を行い、青島陥落の神尾将軍を出迎え、招待客にも乗車してもらう予定であった。ところがこの試運転の電車は準備不足もあって途中で運転不能となった。当時の鉄道院総裁・仙石貢は新聞に謝罪の広告を出すようなトラブルが発生している。

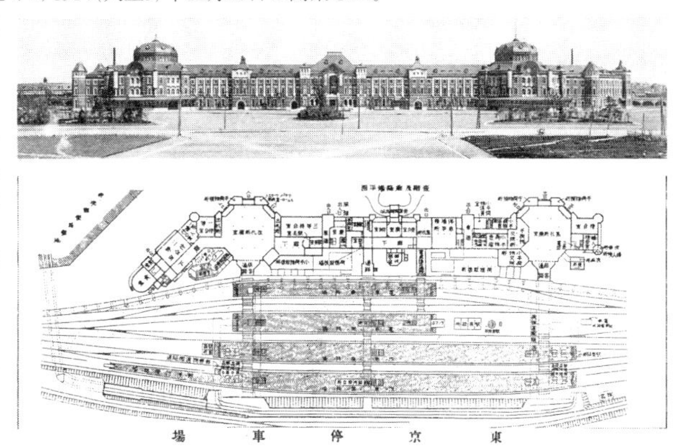

昭和前期(敗戦まで)の動き

1926(大正15・昭和元)年	
3.15	東海道・山陽線貨物列車は900トン牽引(従来に比べ250トン増強)運転を開始し、その他の各線においても輸送力著しく増大
4.24	東京駅に4台、上野駅に2台のドイツ製入場券自動発売機を設置、25日から使用開始
7.21	川内線米ノ津－水俣間開業
8.14	3等客車内の軽便枕賃貸営業を廃止
8.15	時刻改正。東海道線の震災復旧工事完成、各線の施設完成により全国的な時刻改正を実施 ①東海道・山陽線：東京－大阪間急行9・10列車(昼行、和食堂車連結、所要時間11時間20分)、不定期急行19・20列車(夜行、2等寝台車・和食堂車連結、所要時間12時間25分)を新設。東京－下関間3等急行5・6列車と1・2等急行7・8列車はこれまで続行運転していたが、前者は2・3等急行5・6列車(2等寝台車・和食堂車連結、所要時間25時間20分)、後者は各等急行7・8列車(1・2等寝台車・洋食堂車連結、所要時間24時間55分)の個別運転とする。東京－糸崎間31・32列車は東京－鳥羽間241・242列車(2等寝台車連結)とする。また東京－姫路間35列車の東京－名古屋間、名古屋－東京間34列車および東京－下関間27列車の名古屋－神戸間などに通客速度の準急行列車を新設。東京－下関間1・2等特急1・2列車、3等特急3・4列車は所要時間は22時間55分となり、大正13年7月にくらべ約50分短縮、大正12年7月の水準に戻る。東京－神戸間急行列車は3等11・12列車、各等13・14列車、1・2等15・16列車、2・3等17・18列車の発車順として、最速12時間50分に短縮 ②日本海縦貫線：神戸－青森間急行505・506列車(2等寝台車・和食堂車連結、所要時間25時間55分)を新設。503・504列車は大阪－青森間直行列車とする ③東北・常磐・奥羽線：上野－青森間急行103・104列車(2等寝台車・和食堂車連結、所要時間17時間25分)、上野－青森間(常磐線経由)急行203・204列車(1・2等寝台車、洋食堂車連結、所要時間を17時間55分)とする。急行列車は上野－青森間急行列車券収受。他に上野－青森間101・102列車(和食堂車連結)、105・106列車、107・108列車の直行列車を運転。上野－青森間(奥羽線経由)急行401・402列車は上野－秋田間急行列車券収受とする(2等寝台車連結)

	④北海道：函館桟橋－稚内間各等急行1・2列車は、函館－名寄間急行列車券収受、所要時間は札幌まで8時間54分、稚内まで21時間41分、1・2等寝台車・洋食堂車連結。函館桟橋－根室間急行3・4列車は403・404列車とする、函館－滝川間急行列車券収受。所要時間は札幌まで8時間56分、釧路まで21時間25分、根室まで26時間58分(2等寝台車連結)　「鐵道航路旅行案内」T15.10
8.15	上野－青森間急行203・204列車、函館－釧路間急行3・4列車、門司－鹿児島間急行7・8列車、門司－長崎間107・108列車の1等寝台車の連結廃止
9.15	九州線時刻改正。門司－鹿児島間各等急行1・2列車の所要時間を9時間35分、門司－長崎間各等101・102列車の所要時間を5時間56分に短縮する。列車番号変更：門司－鹿児島間夜行各等急行7・8→5・6列車に変更。門司－長崎間夜行107列車に併結の鳥栖－鹿児島間17列車、鹿児島－門司間18列車を増発。日豊線：門司－鹿児島間201・202→221・222列車に変更、門司－大分間、快速55分短縮、所要時間11時間45分　「鐵道航路旅行案内」T15.10
9.23	山陽本線安芸中野－海田市間で東京－下関間1列車が脱線転覆、死者34名、重軽傷者39名
9.25	天塩北線幌延－天塩南線兜沼間開業、両線連絡全通、天塩線と改称。これを機会に宗谷・天塩線時刻改正。函館桟橋－稚内間急行1・2列車は天塩線経由に変更、急行列車券収受区間を夏季は函館－稚内間、冬季は函館－名寄間とする。所要時間夏季20時間45分、冬季21時間37分に短縮　「汽車汽船旅行案内」S2.1
10.15	北九州鉄道南博多分岐点－博多間開業、北九州鉄道博多－東唐津間全通
10.25	東北本線浦町－青森間に青森操車場を開設。青森操車場－奥羽本線滝内信号場間開業、浦町－青森間複線開通
12.25	大正天皇崩御、昭和と改元

1927(昭和2)年

2. 7	新宿御苑(仮)－東浅川(仮)間に大正天皇大喪列車を運転(8日まで)
4. 3	讃予線伊予北条－松山間開業、高松(桟橋)－松山間6往復など運転。うち9・16列車の1往復は快速、所要時間5時間35分
6. 1	陸奥鉄道川部－五所川原間の鉄道を買収、五所川原線と呼称
7. 1	湘南旅客列車および東海道線急行旅客列車の東京－国府津間に電気機関車の重連を廃止
8. 1	苫小牧軽便鉄道苫小牧－佐瑠太間および日高拓殖鉄道佐瑠太－静内間鉄道(2フィート6インチ)を買収
10. 1	越後鉄道柏崎－白山間、越後長沢－西吉田(現・吉田)間、西吉田－弥彦間を買収
10.17	肥薩線湯浦－川内本線水俣間開業、川内本線を編入、鹿児島本線は川内経由で門司－鹿児島間(区間表示変わらず)とする。八代－隼人－鹿児島間は鹿児島本線から分離して肥薩線と改称する。これを機会に鹿児島本線は時刻改正。門司－

	鹿児島間各等急行1・2列車は下り45分短縮、所要時間9時間とする。また夜行5・6列車は25分短縮、所要時間9時間20分とする
12. 1	水戸鉄道水戸－太田間および上菅谷－常陸大宮間を買収、水郡線と呼称
12.26	伊那電気鉄道駄科－天竜峡間開業、辰野－天竜峡間全通

1928(昭和3)年

2. 1	東北本線赤羽まで電車運転を延長
2.25	熱海線小田原－熱海間電化工事完成、電気運転を開始
4.10	東海道本線時刻改正。東京－熱海間の電気運転および箱根越えにD50形の投入による改善。東京－沼津間で急行列車は5～10分短縮、普通列車は15～50分短縮する。また日曜・祝日には東京－熱海間準急221・222列車を設定、所要時間2時間5分
5. 1	神戸鉄道局を大阪へ移転、大阪鉄道局と改称
7.15	東京－大阪間急行9・10列車を不定期に下関へ延長、大阪－下関間は普通列車
9.10	長輪西線静狩－長輪東線伊達紋別間開業、長輪西線を改称、長輪東線を編入、長輪線長万部－輪西(現・東室蘭)間全通。これを機会に北海道線時刻改正。函館桟橋－稚内間急行1・2列車を函館桟橋－釧路間各等急行401・402列車(函館－滝川間急行列車券収受。所要時間21時間00分、1等寝台車・洋食堂車連結)。函館桟橋－根室間急行403・404列車を函館桟橋－稚内港間急行203・204列車(長輪・天塩線経由)に変更。函館－稚内間急行列車券収受。所要時間18時間41分、2等寝台車・和食堂車連結。他に函館桟橋－音威子府間311・312列車(2等寝台車連結)、函館桟橋－野付牛間(名寄本線経由)503・504列車(2等寝台車連結)などを運転
10.15	東海道本線神奈川－保土ヶ谷間に新線開通、この線上に三代横浜駅を移転、在来線と神奈川駅廃止
10.25	伯備南線備中川面－伯備北線足立間開業、伯備線倉敷－伯耆大山間全通。岡山－米子間6往復運転。山陰本線大阪－石見益田(現・益田)間昼行407・408列車(大阪－米子間および出雲今市－浜田間準急)新設、上りは浜田始発で、米子－大阪間準急
10.30	上越南線後閑－水上間開業
11.22	宮城電気鉄道陸前小野－宮電石巻間開業、仙台－宮電石巻間全通
12. 2	宮地線宮地－犬飼線玉来間開業、豊肥本線熊本－大分間全通、高森線立野－高森間に変更する。熊本－大分間に直通列車6往復運転
12. 8	稚内－大泊間航路に新造の砕氷船亜庭丸就航
12.26	宗谷本線稚内(現・南稚内)－稚内港(現・稚内)間開業。函館桟橋－稚内間急行203・204列車、小樽－稚内間301・302列車を延長する
－.－	3シリンダC53形蒸気機関車およびEF52形電気機関車落成

1929(昭和4)年

3.5	中央本線国分寺－国立間電化工事完成、電車運転を開始
4.15	房総線上総奥津－北条線安房鴨川間開業。両線連絡し房総半島一周路を形成。房総線千葉－大網－安房北条－木更津－蘇我間とする。両国橋－安房鴨川－勝浦－両国橋間5往復、2時間間隔で環状運転
4.28	讃予線讃岐財田－徳島線佃間開業、徳島線と連絡。これを機会に高松桟橋－松山間準急9・16列車をスピードアップ。所要時間4時間56分(39分短縮)、高松桟橋－阿波池田間111・126列車、高松－阿波池田間107列車、多度津－阿波池田間6往復などを運転
6.16	中央本線国立－立川間電化工事完成、電車運転を開始
6.20	東北本線日暮里－尾久－赤羽間新設線開業。貝塚操車場を廃し、尾久客車操車場を新設。同時に王子－赤羽間6線運転
9.15	時刻改正、各線の急行列車の所要時間短縮、直行列車を増発 ①東海道・山陽線：東京－下関間1・2等特急1・2列車を「富士」、3等特急3・4列車を「櫻」と命名(列車愛称名の最初)。3列車を1列車の先発として所要時間22時間40分(15分短縮)とする。東京－下関間不定期急行19・20列車を新設。東京－大阪間9・10列車は不定期に下関に延長の場合、大阪－下関間は普通列車であったが、2時間7分短縮して急行列車として運転する。東京－下関間2・3等急行5・6列車は1時間20分短縮して所要時間23時間50分とする。東京－神戸間3等急行11・12列車、各等13・14列車、1・2等急行15・16列車、2・3等急行17・18列車は24～49分短縮し、最速は18列車の12時間38分となる ②日本海縦貫線：従来の神戸－青森間急行50・506列車を廃止、大阪－青森間急行501・502列車(2等寝台車・和食堂車連結)を新設、青函航路1・2便に接続、所要時間は502列車の24時間14分(1時間34分短縮)、他に大阪－青森間503・504列車を運転 ③九州線：門司－鹿児島間1・2列車を20分短縮、所要時間8時間40分とする。急行5・6列車は速度を調整35分延長、所要時間9時間55分。門司－鹿児島間夜行15列車を新設、18→16列車としていずれも2等寝台車連結。門司－都城間221列車を門司－吉松間201列車、鹿児島－門司間222列車を吉松－門司間202列車と改称、いずれも門司－大分間準急、和食堂車連結 ④東北・奥羽線：上野－青森間(常磐線経由)急行201・202列車(1・2等寝台車、洋食堂車連結、所要時間は上り17時間40分)、上野－青森間急行103・104列車(2等寝台車・和食堂車連結)は、所要時間下り16時間20分(65分短縮)、上り16時間00分(50分短縮)とする。他に上野－青森間101・102列車(和食堂車連結)、105・106列車、203・204列車、205・206列車(107・108列車を東北線経由から常磐線経由に変更、所要時間を20時間40分に短縮)の直行列車を運転。上野－青森間(奥

	羽線経由)急行401・402列車は上野－秋田間の急行列車とする(2等寝台車連結) ⑤信越線：上野－新潟間急行301・302列車は下り57分短縮、所要時間11時間11分(2等寝台車連結) ⑥北海道：函館桟橋－釧路間急行401・402列車は、函館－滝川間急行列車券収受。所要時間は札幌まで8時間58分、釧路まで20時間45分(2等寝台車・和食堂車連結)。函館桟橋－稚内間各等急行203・204列車は、室蘭本線経由、函館－稚内間急行列車券収受、所要時間18時間17分、1・2等寝台車・洋食堂車連結。他に函館桟橋－名寄－野付牛間(名寄本線経由)503・504列車(2等寝台車連結)を運転。函館桟橋－旭川間15・16列車を名寄へ延長、および函館－小樽間17・18列車を旭川へ延長、速度向上
9.25	直営で3等客専用の賃貸枕(大正15年8月営業取消し、後買収していたもの)を復活(昭和9年3月末廃止)
10.－	宇高航路に自航船第一宇高丸就航
11.7	「鉄道掲示例規」別表を改正し、特別急行列車「富士」「櫻」にトレインマークを制定
12.7	筑豊本線筑前内野－原田間開業、長尾線を編入、筑豊本線若松－原田間全通。若松－原田間下り4本・上り5本、若松－鳥栖間下り1本・上り2本の直通列車を運転

1930(昭和5)年

2.1	東海道本線大垣－美濃赤坂間で国産ガソリン動車(キハ5000形)の運転開始(国鉄における国産ガソリン動車による営業運転の最初)
2.26	スロ30750〔スロ34〕形2等客車使用開始、10月1日からは特急「燕」用
3.10	特急「富士」用のマイネ37130〔マイネ38〕形1等寝台車使用開始
3.15	横須賀線東京－横須賀間は電気機関車牽引の客車列車から電車列車に置替え。モハ30・モハ31形などを使用
3.16	鋼製最初の2等寝台車、マロネ37300〔マロネ37〕形使用開始
3.19	長崎本線長崎－長崎港間開業、上海航路連絡列車による旅客手小荷物取扱開始。上海航路出帆日に限り、門司発長崎行夜行107列車を長崎港まで延長、また上海航路入港日に限り、長崎発門司行急行102列車を長崎港始発とする
3.25	山陽本線明石－大久保間に明石操車場を開設
3.26	東海道・山陽本線時刻改正。京都－大阪－神戸－明石間に旅客列車を増発、それぞれの区間に高速度列車を運転。所要時間最短、京都－大阪間42→36分、大阪－神戸間37→32分、神戸－明石間25→21分に短縮
3.27	八戸線陸中八木－久慈間開業、八戸尻内(現・八戸)－久慈間全通。全線に5往復の直通列車を運転
3.29	特急「富士」用のスイテ37000〔スイテ38〕形およびスイテ37010〔スイテ39〕形展望車の使用開始。前者の内部は洋式、後者の内部は桃山式
3.30	1等寝台車、マイネ37100〔マイネ37〕形使用開始

4. 1	鉄道省および省線と連絡運輸を行う地方鉄道・軌道において運輸営業にメートル法を実施する
4. 1	音威子府－幌延－稚内港(現・稚内)間を宗谷本線、音威子府－浜頓別－稚内(現・南稚内)間を北見線(後・天北線)と改称
4. 1	讃予線高松(桟橋)－南郡中(現・伊予市)間、および多度津－阿波池田間を予讃線と改称
6.16	阪和電気鉄道和泉府中－阪和東和歌山(現・和歌山)間開業、阪和電気鉄道(現・阪和線)阪和天王寺(現・天王寺)－阪和東和歌山(現・和歌山)間全通
7. 1	函館本線小樽－旭川間準急1・2列車を新設。所要時間3時間56分
8.15	東京－下関間特急1・2列車「富士」の展望車内において飲料品の販売を開始
10. 1	全国的に旅客列車の時刻改正を行い、各列車の速度を向上 ①東海道・山陽線：東京－神戸間各等特急11・12列車「燕」新設。洋食堂車連結、所要時間9時間。東京－下関間急行9・10列車は大阪－下関間不定期を全区間定期列車とする。2等寝台車・和食堂車連結、所要時間21時間40分。東京－大阪間不定期急行1019・1020列車(和食堂車連結)を新設。東京－下関間1・2等特急1・2列車「富士」、3等特急3・4列車「櫻」を2時間55分短縮、所要時間19時間50分とする。準急列車：東京－熱海間223・224列車(下り土曜日、上り日曜日・祝祭日に運転)、豊橋－名古屋間3往復、名古屋－大垣間4往復、神戸－姫路間3往復新設 ②関西・参宮・紀勢西線：名古屋－鳥羽間2往復、姫路－鳥羽間1往復(姫路－山田間を延長)、奈良－大阪－姫路間1往復(奈良－大阪間不定期)、鳥羽－大阪間1往復(不定期)、奈良－湊町間4往復、京都－奈良間3往復、御坊－和歌山市間3往復の準急列車を新設または増発 ③九州線：門司－鹿児島間各等急行1・2列車の所要時間を8時間20分、門司－長崎間各等101・102列車の所要時間を5時間37分に短縮する。門司－鳥栖間で準急列車2往復新設 ④東北線：上野－青森間急行103・104列車を30分短縮、所要時間15時間50分とする。上野－仙台間109・110列車所要時間7時間18分、上野－日光間不定期1801・1802列車を新設 ⑤北海道線：函館桟橋－釧路間急行401・402列車の所要時間を20時間35分(10分短縮)、函館桟橋－稚内港間急行203・204列車の所要時間18時間2分(17分短縮)とする
10.16	高崎線新町－倉賀野間複線開通により、高崎線大宮－高崎間複線化完成
10.25	乗車効率80％を標準として各線旅客列車の経済運用をはかり1008両を減車
12.11	作備東線中国勝山－作備西線岩山間開業、作備東線を改称、作備西線を編入、作備線津山口－新見間と改称。全線に7往復運転
12.20	省営自動車岡崎－多治見間(60.0km)および瀬戸記念橋－高蔵寺間(8.7km)開業(省営自動車の最初)

12.20	中央本線立川－浅川(現・高尾)間電車運転開始

1931(昭和6)年

2.1	東海道本線東京－神戸間急行13・14、19・20列車に3等寝台車を連結開始(3等寝台車の最初)
4.1	中央本線八王子－甲府間旅客列車の電気機関車による運転を開始
7.1	中央本線猿橋－甲府間貨物列車の電気機関車による運転を開始、八王子－猿橋間は7月3日から開始
7.20	中央本線甲府電化に伴う時刻改正。飯田町－甲府間不定期準急431・432列車(所要時間3時間32分)および夜行433列車を設定
9.1	清水トンネル工事完成、上越南線水上－上越北線越後湯沢間開業、上越線新前橋－宮内間全通。水上－石打間電気運転開始。これを機会に上・信越線時刻改正。上野－新潟・秋田間急行701～711・712～702列車新設。秋田編成に和食堂車連結、所要時間は新潟まで7時間10分、秋田まで11時間55分。他に上野－新潟・秋田間703～713・714～704列車(秋田編成に2等寝台車連結)、上野－新潟間昼行705～708列車、夜行709・710列車(上野－石打間不定期)を運転。既設の長野経由の上野－新潟間急行301・302列車、305・306列車を廃止。上野－金沢間急行601・602列車は1時間5分短縮、所要時間11時間10分とする。上野－富山間昼行607・608列車、名古屋－長野－新潟間303・304列車(2等寝台車連結)を新設
9.4	特急「燕」用のスイテ37020〔スイテ48〕形展望車の使用開始
9.20	釧網線川湯(現・川湯温泉)－網走本線札鶴(現・札弦)間開業、釧網線東釧路－網走間全通。網走－釧路間2往復の直通列車を運転
10.1	東海道・関西・参宮線時刻改正。京都－鳥羽間3往復、名古屋－鳥羽間、神戸－鳥羽間、姫路－鳥羽間および大阪－鳥羽間各1往復、山田－糸崎間不定期441・446列車など設定
11.1	北海道線時刻改正。函館－稚内港間急行203・204列車に函館－札幌間急行3・4列車を併結
12.26	東海道本線東京－大阪間臨時特急1011・1102列車「燕」を設定。所要時間8時間28分

1932(昭和7)年

3.15	東京－神戸間特急11・12列車「燕」は静岡に停車して給水、付属水槽車の連結を廃止して、牽引定数を向上
4.1	京都市営、四条大宮－西院間に無軌条電車の運転開始(我が国トロリーバスの最初)
4.5	東北本線上野駅改築工事完成、新駅の使用開始
7.1	因美北線智頭－因美南線美作河井間開業、因美線鳥取－津山間全通。鳥取－津山－新見間6往復、鳥取－津山間1往復の直通列車を運転
7.1	総武本線御茶ノ水－両国間開業(複線)、総武本線御茶ノ水－銚子間と改称する。

	御茶ノ水－両国間電車運転開始
7.15	東北本線蕨－大宮間4線開通し、上野－大宮間4線化完成
8. 2	スロハ31500〔スロハ31〕形2・3等客車使用開始
8.10	宮津線丹後木津－峰豊線久美浜間開業、峰豊線を編入し宮津線舞鶴(現・西舞鶴)－豊岡間全通。大阪－舞鶴－城崎間411列車、豊岡－舞鶴－大阪間426列車、京都－舞鶴－豊岡(または城崎)間2往復を含め全線に10往復の直通列車を運転
9. 1	東北本線大宮まで電車運転を延長、蒲田－大宮間直通運転を実施
10. 1	横浜線東神奈川－原町田(現・町田)間電車運転を開始、原町田－桜木町間直通運転を実施
10. 1	石北西線中越－石北東線白滝間開業、石北東線遠軽－白滝間、湧別線野付牛(現・北見)－遠軽間を編入、石北線新旭川－野付牛間全通。湧別線遠軽－下湧別(後・湧別)間は名寄本線に編入、名寄本線は、名寄－遠軽間および中湧別－下湧別間に変更。函館－網走間503・504列車(2等寝台車連結)は名寄本線経由を石北線経由に変更し、3時間38分短縮、所要時間20時間37分とする。他に旭川－網走間511・512列車(所要時間7時間29分)、旭川－野付牛間513・514列車の直通列車を運転
11. 1	瀬棚線今金－瀬棚間開業、国縫－瀬棚間全通
11. 5	広尾線大樹－広尾間開業、帯広－広尾間全通
11. 8	紀勢西線南部－紀伊田辺間開業、紀伊田辺－和歌山市間準急35・41、28・36列車の2往復(所要時間2時間11分)、普通11往復の直通列車を運転
11.20	東北本線時刻改正。上野－新潟間(磐越西線経由、2等寝台車連結)901・902列車は単独運転を、上野－郡山間下り405・上り108列車に併結に変更。上野－日光間準急801・802列車(和食堂車連結)を速度向上、上り所要時間2時間17分
12. 1	片町線片町－四條畷間で電車の併用運転を開始
12. 6	国都東線大隅大川原－国都西線霧島神宮間開業、都城－隼人間全通。志布志線都城－西都城間、国都東線、国都西線、肥薩線隼人－鹿児島間を編入、吉都線都城－吉松間を分離して日豊本線小倉－鹿児島間と改称する。これを機会に九州線時刻改正。日豊本線：門司－鹿児島間201・202列車(門司－大分間準急、和食堂車連結、所要時間12時間22分)、夜行205・206列車の2往復、門司－佐伯間215・234列車(門司－大分間準急)を運転。都城－鹿児島間は9往復中2往復が吉都線・肥薩線経由、他は本線経由とする。門司－長崎(港)間急行101・102列車は下り15・上り10分短縮、所要時間は下り5時間22分、上り5時間20分とする

1933(昭和8)年

2.16	城東線(現・大阪環状線)天王寺－大阪間高架線改築および電化工事完成し、電車運転開始
2.16	スハ32800〔スハ32〕形3等客車使用開始

2.24	山陰本線須佐－美禰線宇田郷間開業、美禰線正明市(現・長門市)－宇田郷間、正明市－阿川間、小串線幡生－阿川間を編入、山陰本線京都－松江－幡生間全通。これを機会に山陰本線および関連線区は時刻改正。大阪－石見益田(上り浜田)間407・408列車(大阪－米子間準急)を大阪－正明市(上り須佐)間に延長、所要時間は米子まで8時間32分(17分短縮)、石見益田まで13時間27分(43分短縮)、他の列車も速度向上。石見益田以西は山口線に503・504、507・508列車の2往復、美禰線に215・218列車の1往復の直通列車、石見益田－下関間下り5本・上り4本の直通列車を運転
3.11	成田線笹川－松岸間開業、成田線佐倉－我孫子間および成田－松岸間とする。両国－成田－銚子間下り6本・上り8本の直通列車を運転
3.15	総武本線両国－市川間電車運転開始
3.27	スロシ38000〔スロシ38〕形2等食堂車使用開始
6. 1	芸備鉄道備後十日市(現・三次)－備後庄原間鉄道を買収、庄原線と改称
7. 1	阿波鉄道撫養(現・鳴門)－古川間および池谷－鍛治屋原間鉄道並びに阿波中原－新町間航路を買収
7. 1	北陸線時刻改正。大阪－青森間急行501・502列車を大阪－富山間で1時間短縮、所要時間23時間30分とする
7. 1	北海道線時刻改正。室蘭本線室蘭－岩見沢間準急211・212列車を新設。所要時間下り3時間25分、上り3時間12分
7.15	中央本線飯田町－新宿間の旅客列車の運転を廃止
8. 1	宇和島鉄道宇和島－吉野生間鉄道を買収、宇和島線と改称、軌間762mm
9. 1	両備鉄道両備福山－府中町間鉄道を買収、福塩線と改称、軌間762mm
9. 1	東海道本線(大阪北方線)に宮原客車操車場を設置
9.15	中央本線御茶ノ水－飯田町間4線開通、東京－中野間に急行電車の運転開始。総武本線電車の一部を中野始発、船橋まで延長する
10. 1	愛媛鉄道長浜町－大洲間および若宮信号所－内子間鉄道を買収、軌間762mm
10. 4	新宿－飯田町間貨物支線を中央本線に編入、水道橋－飯田町間に飯田橋停車場(旅客専用)を設置
11. 4	紀勢西線紀伊田辺－阪和天王寺間1001・1002列車「黒潮号」を新設。紀伊田辺－阪和天王寺間所要時間2時間40分。阪和天王寺発毎土曜日、紀伊田辺発毎日曜日に運転
12.20	紀勢西線紀伊田辺－紀伊富田間開業。紀伊富田－和歌山市間普通7往復、白浜口(現・白浜)－和歌山市間準急1～6列車の3往復(3列車のみ紀伊富田始発)を運転、所要時間2時間25分。紀伊田辺－阪和天王寺間1001・1002列車「黒潮号」を白浜口へ延長、白浜口－阪和天王寺間所要時間3時間00分。阪和天王寺発毎土曜日、白浜口発毎日曜日に運転

1934(昭和9)年

3.31	3等客車設備の軽便枕(昭和4年9月以降直営)の使用を廃止
6. 1	秋田鉄道大館－陸中花輪(現・鹿角花輪)間を買収、花輪線好摩－大館間とする
6. 1	東海道本線大阪駅高架工事完成、高架線ホームの使用を開始
7. 1	新宮鉄道新宮－紀伊勝浦間鉄道を買収、紀勢中線新宮－紀伊勝浦間とする
8. 1	簸上鉄道宍道－木次間鉄道を買収、木次線宍道－出雲三成間とする
8.15	3等寝台に枕およびシーツを設備
8.16	越美南線美濃白鳥－北濃間開業、美濃太田－北濃間全通
9. 1	佐久鉄道小諸－小海間を買収、小海北線小諸－佐久海ノ口間とする
9.20	山陽本線明石まで電化工事完成し、吹田－明石間電車の併用運転開始
10. 6	八高南線小川町－八高北線寄居間開業し、八高南線を改称、八高北線を編入し、八高線八王子－倉賀野間全通
10.25	高山線飛騨小坂－高山間および飛越線坂上－高山間開業。飛越線を編入、高山本線岐阜－富山間全通。全線に5往復運転。岐阜－高山間準急313・314列車新設
10.25	1・2等寝台に寝衣を備え、10銭の料金で旅客の使用に供す(寝衣券発行)
11. 1	南満州鉄道大連－新京間701.4kmに特急「あじあ」号の運転開始。所要時間8時間30分
11.15	久大線日田－大湯線天ケ瀬間開業、大湯線を編入、久大線久留米－大分間全通。鳥栖－大分間6往復の直通列車を運転、うち下り1本・上り2本は別府着発
11.－	梅小路機関庫所属のC5343号機関車を鷹取工場で流線形に改装(流線形機関車の最初)
12. 1	丹那トンネル(7804m)完成し熱海－沼津間開業、国府津－沼津間全通。熱海線を編入、御殿場線国府津－御殿場－沼津間を分離。東海道本線東京－神戸間(区間表示は変更なし)
12. 1	岩徳東線岩国(現・西岩国)－岩徳西線高水間開業、岩徳東線・岩徳西線を山陽本線に編入、麻里布－柳井－櫛ヶ浜間を山陽本線から分離、柳井線と改称。山陽本線神戸－下関間(区間表示は変更なし)
12. 1	有明東線多良－有明西線湯江間開業、有明東線・有明西線を長崎本線に編入、肥前山口－早岐間を佐世保線に編入、早岐－諫早間を大村線と改称。長崎本線鳥栖－長崎港間(区間表示は変更なし)
12. 1	全国的に列車時刻の大改正を実施 ①東海道・山陽線：東京－下関間1・2等特急「富士」を各等(1・2・3等寝台車、洋食堂車連結)、3等特急「櫻」を2・3等(2・3等寝台車、和食堂車連結)として続行運転を取りやめ、1時間30分間隔として、前者は長崎急行、後者は鹿児島急行に接続するダイヤとする。所要時間は18時間30分(1時間20分短縮)。東京－神戸間特急11・12列車「燕」は熱海線経由および沼津以西の速度向上により23分短縮し、所要時間8時間37分(大阪まで8時間00分)とする。また東京－大阪間不定期特急1011・1012列車を設定(所要時間8時間00分)する。東京－下関間急行は、2・

	3等5・6列車、各等7・8列車、2・3等9・10列車、所要時間1時間10分短縮、20時間30分とする。不定期1005・1006、1009・1010列車を設定。東京－神戸間急行は、3等13・14列車、2・3等15・16列車、1・2等17・18列車、2・3等19・20列車は従来通り運転、所要時間は約30分短縮、最短11時間17分。また東京－大阪間不定期急行1007・1006列車を設定 ②日本海縦貫線：大阪－青森間急行501・502列車(2・3等寝台車、和食堂車連結)は所要時間を2時間5分短縮、下り21時間25分、上り21時間5分。503・504列車は配列を変更、速度向上により車中2泊を1泊とする。 ③九州線：門司－鹿児島間急行3・4列車(和食堂車連結)は本州の特急1・2列車から3・4列車接続に改め、15分短縮の8時間5分、夜行急行7・8列車(2・3等寝台車連結)は本州の7・8列車接続に変更、40分短縮の9時間10分運転とする。門司－熊本間準急5・6列車を新設。門司－長崎間急行101・102列車は新線経由により32分短縮、所要時間4時間50分。各等を2・3等に変更、2等食堂車スロシ38000〔スロシ38〕形2等食堂車を連結する ④東北・奥羽線：上野－青森間(常磐線経由)急行201・202列車は1・2・3等寝台車・洋食堂車連結を2・3等寝台車・和食堂車連結に変更、所要時間を上り12時間25分(2時間55分短縮)、上野－青森間急行103・104列車(2等寝台車・和食堂車連結)は、所要時間上り13時間05分(1時間25分短縮)とする。他に上野－青森間101・102列車(和食堂車連結)、105・106列車、107・108列車、203・204列車の直行列車を運転。上野－青森間(奥羽線経由)急行401・402列車は405・406列車と改称(2等寝台車連結)、所要時間18時間54分、上野－秋田間の急行列車とする ⑤信越線：上野－新潟・秋田間急行701～711・712～702列車は、列車番号は上野－新潟間を主体に変更。新潟まで所要時間7時間10分(和食堂車連結) ⑥北海道：夏季と冬季の2本立てとする。夏季：函館－札幌・稚内港間各等を2・3等に変更、急行3～203・204～4列車(203・204列車室蘭本線経由)は、所要時間札幌まで6時間14分、稚内港まで15時間41分、2・3等寝台車、和食堂車連結。冬季：函館－札幌・稚内港間2・3等急行1～201・202～2列車(201・202列車は室蘭本線経由)は、所要時間札幌まで6時間20分(夏季は旭川まで延長)、稚内港まで17時間48分、2・3等寝台車・和食堂車連結。函館－釧路間急行401・402列車(函館－滝川間急行列車券収受)は、全区間普通列車405・406列車に変更。所要時間は札幌まで8時間37分、釧路まで20時間30分(2・3等寝台車、和食堂車連結)。他に函館－野付牛－網走間(石北線経由)501・502列車(2等寝台車連結)を運転
12. 4	水郡南線磐城棚倉－水郡北線川東間開業、水郡南線を改称、水郡北線を編入、水郡線水戸－安積永盛間全通。水戸－郡山間下り5本・上り6本運転
12.19	紀勢東線三野瀬－尾鷲間開業。相可口(現・多気)－尾鷲間9往復運転

1935(昭和10)年

3. 1	北九州鉄道(現・筑肥線)山本－伊万里間開業、博多－伊万里間全通。博多－伊万里間12往復、うち4往復は博多－東唐津間急行として運転
3.15	山陰本線・福知山線時刻改正。大阪－大社間(福知山線経由)急行401・402列車新設、マロシ37900〔マロシ37〕形2等食堂車を連結、所要時間は上り8時間29分。京都－米子(上り松江発)間準急211・208列車を新設。京都－下関間直通201・202列車1往復運転
3.20	高徳本線引田－坂西(現・板野)間、阿波線吉成－徳島線佐古間開業。阿波線の一部を編入、高徳本線高松－佐古間全通。高松(桟橋)－徳島間直通9往復運転。阿波線古川－吉成間、阿波中原－新町橋間航路廃止
5.25	佐賀線佐賀－筑後大川間開業、佐賀－矢部川(→瀬高町→現・瀬高)間全通
7. 1	総武本線市川－千葉間電車運転開始
7.13	中央本線新宿－甲府間不定期準急441・440列車は新宿－松本間定期準急405・406列車として延長運転
7.15	東京－下関間特急1・2列車「富士」の1等寝台車にシャワーバスの使用開始。利用は1・2等客に限り、1回30銭。3編成中1編成に連結
7.30	七尾線穴水－輪島間開業、七尾線津幡－輪島間全通。金沢－輪島間直通7往復運転
8. 1	広島市に広島鉄道局を新設
8. 6	伊万里線(現・松浦鉄道)志佐(現・松浦)－平戸口(現・たびら平戸口)間開業
9. 2	マロネ37480〔マロネ38〕形2等寝台車使用開始
9.29	大船渡線大船渡－盛間開業、一ノ関－盛間全通
10. 1	上野－青森間(常磐線経由)急行201・202列車にマロネ37480〔マロネ38〕形2等寝台車使用開始。2等寝台車としての特別室に伴い、2等寝台特別室料金を設定
10. 3	札沼南線石狩当別－札沼北線浦臼間開業、札沼南線を改称、札沼北線を編入し札沼線桑園－石狩沼田間全通
10. 6	予讃本線下灘－伊予長浜間、内子線五郎－新谷間開業。予讃本線は高松－伊予大洲間とする。伊予大洲－新谷間営業廃止。高松(桟橋)－伊予大洲間下り5本・上り8本の直通列車を運転。19・14列車は高松桟橋－松山間準急
11. 1	一部の列車に指定営業人を乗り込ませ、弁当・すし・茶の車内販売実施
11.24	三呉線三津内海(現・安浦)－呉線広間開業。三呉線を改称、呉線を編入し、呉線三原－呉－海田市間全通。東京－下関間急行7・8列車、普通21・23、24・42列車を呉線経由に変更する。他に京都－広島間(呉線経由)準急107・108列車新設
11.28	徳島本線三縄－高知線豊永間開業、高知線を改称、予讃本線多度津－阿波池田間、徳島本線阿波池田－三縄間を編入、土讃線多度津－須崎間とする。高松桟橋－須崎間直通下り5本・上り6本、うち19～115・110～14列車の1往復は高松桟橋－高知間準急、所要時間4時間。他に高松桟橋－高知間1往復運転

12. 1	①中央本線：新宿－松本間準急405・406列車の速度向上、下りは新宿－塩尻間405列車として、塩尻で813列車長野行き、815列車名古屋行きに連絡。上り長野－新宿間406列車(塩尻－新宿間準急)として運転 ②関西本線：名古屋－湊町間準急103・111、102・110列車の2往復新設、名古屋－天王寺間所要時間3時間。また名古屋－鳥羽間207・218列車と鳥羽－湊町間303・310列車は亀山乗り換えの便を図り、名古屋－湊町間の所要時間を短縮 ③信越本線：上野－長野間不定期準急341・342列車を廃止し、上野－新潟間305・306列車の上野－長野間を準急列車とする。また上野－長野間夜行不定期準急309・310列車を直江津へ延長
12.21	東京－大阪間不定期特急1011・1012列車「不定期燕」は従来2・3等を各等とする

1936(昭和11)年

3.25	指宿線(現・指宿枕崎線)指宿－山川間開業、西鹿児島(現・鹿児島中央)－山川間全通。鹿児島または西鹿児島－山川間直通11往復運転
3.30	EF55形流線形電気機関車落成
3.30	スロ30770〔スロ34〕形2等客車使用開始
3.31	モハ52形流線形電車使用開始
4. 8	姫津東線佐用－姫津西線美作江見間開業、姫津東線を改称、姫津西線を編入し姫津線姫路－東津山間全通
4.25	鉄道博物館、永楽町から万世橋駅構内へ移転完了し、一般に公開開始
5.25	東海道および東北本線運転の電車に密着連結器の取り付けを完了
7. 1	阿南鉄道中田－古庄間鉄道を買収。牟岐線中田－桑野間および貨物支線となる。羽ノ浦－古庄間は旅客営業を廃止、貨物の運輸営業を開始
7.30	能代線陸奥岩崎－五所川原線深浦間開業、能代線を改称、五所川原線を編入し五能線機織(現・東能代)－川部間全通
8. 1	岩手軽便鉄道花巻－仙人峠間鉄道(軌間762mm)および仙人峠－大橋間索道を買収、索道による小荷物および貨物の運輸営業を開始
8.19	東京－神戸間特急11・12列車の食堂車スシ37850〔マシ38〕形食堂車に初めて冷房装置の設備を使用
8.31	米坂東線小国－米坂西線越後金丸間開業、米坂東線を改称、米坂西線を編入して、米坂線米沢－坂町間全通
9. 1	新潟市に新潟鉄道局を新設
10. 1	佐世保鉄道上佐世保－世知原間、左石－柚木間、実盛谷－相浦間、四ツ井樋－臼ノ浦間鉄道を買収、軌間762mm
11.16	下関－釜山間航路に金剛丸(7082トン)就航、下関－釜山間の運航時間を昼夜便とも7時間30分～7時間45分に短縮、3等寝台を新設、料金は上段80銭、下段1円
12.11	常磐線日暮里－松戸間電化工事完成。上野－松戸間に汽車・電車の併用運転開始、

	松戸－取手間に気動車の運転開始
12.11	①東京－大阪間急行1019・1020列車を新設、東京－大阪間不定期急行1007・1006列車を下関へ延長 ②日豊本線：門司(現・門司港)－鹿児島間急行203・204列車を新設。和食堂車を連結。所要時間10時間28分

1937(昭和12)年

1.31	下関－釜山間航路に興安丸(7082トン)就航
2.1	名古屋駅新築落成、名古屋鉄道局、運輸・保線事務所を包含総合庁舎とする。笠島駅を新設
2.16	函館－稚内港・札幌間急行1～201・202～2列車にマロネ37480〔マロネ38〕形特別室付き2等寝台車使用開始
4.1	C57形蒸気機関車配属
6.1	稚内－大泊間航路の運航時刻改正。夏季の夜行便を廃止し、夏季・冬季とも昼行便を運航する。ただし1船折り返しの時のみ上り便を夜行便とする。これに伴い北海道各線の輸送系統の見直しを実施。函館－稚内港(現・稚内)間急行1～201・202～2列車の夏冬ダイヤを廃止し、年間を通して室蘭本線経由を函館本線経由の1・2列車とする。函館－札幌間急行3・4列車を旭川へ延長、長万部－室蘭間203・204列車を併結する
6.1	信濃鉄道松本－信濃大町間鉄道を買収
7.1	芸備鉄道広島－備後十日市(現・三次)間鉄道を買収。また同社に貸下げ中の宇品線広島－宇品間を買収営業開始
7.1	時刻改正 ①東海道・山陽線：東京－神戸間各等特急1031・1032列車「鴎」、東京－大阪間急行1033・1034列車(夜行、和食堂車、2・3等寝台車連結)を新設。東京－神戸間急行19・14列車を下関へ延長。東京－下関間不定期急行1007・1008列車を東京－大阪間に変更。東京－神戸間3等急行13・14列車を2・3等急行に変更(14列車は下関始発) ②上野－青森間不定期3等急行1201・1202列車を新設
8.10	日高線浦河－様似間開業、苫小牧－様似間全通
8.20	三信鉄道大嵐－小和田間開業、三河川合－天竜峡間全通。豊川鉄道・鳳来寺鉄道・伊那電気鉄道を介し東海道本線豊橋－中央本線辰野間連絡なる
10.1	北九州鉄道博多－伊万里間鉄道を買収
10.10	東海道本線京都－吹田間電化工事完成し、京都－明石間に電車の直通運転開始。同時に大阪－神戸間急行電車を京都始発とする
11.10	仙山東線作並－仙山西線山寺間開業、電化工事完成。仙山東線を改称、仙山西線を編入、仙山線仙台－羽前千歳間全通
12.1	①日豊本線門司－鹿児島間急行203・204列車を宮崎打切りとする

	②函館本線函館－旭川間急行3・4列車を札幌打切りとし、併結の長万部－室蘭間急行203・204列車を廃止
	③日華事変勃発に伴い、省営自動車およびガソリンカーの運行回数を減じ、ガソリンの節約を実施する
12.12	鉄道省新本庁舎工事完成し、落成式を挙行
12.12	木次線八川－備後落合間開業、木次線宍道－備後落合間全通
12.12	山野西線久木野－山野東線薩摩布計間開業。山野西線を改称、山野東線を編入し、山野線水俣－粟野間全通
12.12	宮之城線薩摩大口－薩摩永野間開業、宮之城線川内町(現・川内)－薩摩大口間全通
12.15	日華事変勃発に伴い、各地で準急列車を運転休止または廃止する。山陰本線京都－米子間(上り松江始発)211・208列車、新津－秋田間711・712列車(以上は運転休止)。新宿－沼津間1225列車(毎土曜日運転)、熱海－東京間228列車(毎日曜日運転)、岐阜－高山間313・314列車、京都－奈良間911・918列車、白浜口(現・白浜)－和歌山市間1・6列車、白浜口(現・白浜)－阪和天王寺・南海難波間1001・1002列車「黒潮号」、関西本線王寺－湊町間4往復、上野－日光間801・802列車および不定期1801・1802列車を廃止

1938(昭和13)年

3.23	スロ30960〔オロ36〕形2等客車使用開始
4.1	日華事変特別税法により、汽車・電車・自動車および汽船の乗客(3等は50km以上)に対し、通行税を賦課
4.1	上野－福島・日光間143列車および青森－上野間108列車の上野－宇都宮間は準急列車を各駅停車とする
5.1	準急列車、周参見－和歌山市間3・2列車を廃止
5.19	東京－下関間特急1・2列車「富士」のシャワーバスを廃止
8.4	C58形蒸気機関車配属
10.1	①大阪－富山間511・512列車を延長、大阪－青森間505・506列車を増発。同区間の直通列車は、急行1往復、普通2往復とする
	②上野－青森間不定期3等急行1201・1202列車は2等寝台車および2等車を連結、2・3等編成とする
10.1	富士身延鉄道富士－甲府間および白棚鉄道白河－磐城棚倉間鉄道を借入れ営業開始
10.1	日本食堂株式会社(同年9月15日創立)において精養軒・東洋軒・みかど・伯陽軒・共進亭・松葉館・仙台ホテル・淺田屋・東松軒などの列車食堂営業を継承
10.10	古江西線古江－串良間762mmから1067mmへの改軌工事完成、古江東線を改称、古江西線を編入し、古江線志布志－古江間全通
11.1	赤羽－桜木町間および京都－明石間における省線電車の2等車の連結を廃止
12.15	伊東線網代－伊東間電化開業し、伊東線熱海－伊東間全通。東京－伊東間準急3

	往復(221・220列車は毎日、223・226列車は日曜・祝祭日、225列車は土曜、228列車は日曜日に運転)、普通3往復の直通運転を開始。東京－下関間特急1・2列車「富士」は熱海停車となる

1939(昭和14)年

2. 6	予讃本線伊予平野－八幡浜間開業、予讃本線は高松－八幡浜間とする。高松(桟橋)－八幡浜間下り6本・上り8本の直通列車を運転。19・14列車は高松桟橋－松山間準急
2.15	山陰本線京都－米子間(上り松江始発)準急211・208列車、新津－秋田間準急711・712列車(上野－新潟間急行701・702列車に併結)復活
3.29	スロフ31100〔オロフ33〕形2等客車落成
5.15	スハフ34720〔オハフ33〕形3等客車落成
9.17	山田線大槌－釜石間開業、盛岡－釜石間全通。盛岡－釜石間5往復の直通列車を運転、所要時間5時間58分
11.15	時刻改正。内地大陸往来旅客、軍需工場要員輸送のため急行列車、通勤列車の増発完成 ①東海道・山陽線：東京－大阪間急行1021・1022列車(昼行、和食堂車連結)、急行1023・1024列車(夜行、和食堂車、2・3等寝台車連結)増発。大阪－下関間急行1025・1026列車(昼行、和食堂車連結)、急行1027・1028列車(夜行、和食堂車、2・3等寝台車連結)増発。東京着の夜行急行列車は湘南方面からの通勤列車と競合のため15～35分運転時分を延長 ②北陸線：上野－金沢間(信越本線経由)急行601・602列車を延長し、上野－金沢－大阪間急行601・602列車(2・3等寝台車連結)とし、所要時間16時間50分。上野－金沢間不定期急行1601・1602列車を設定。上野－米原間603・604列車を上野－大阪間(上りは池田発)に延長する ③鹿児島線：門司－久留米間準急33列車増発。鹿児島－門司間12列車の鳥栖－門司間を準急から各駅停車とし、前後の長崎－門司間118列車、佐世保－門司間528列車の鳥栖－門司間を各駅停車から準急とする ④東北線：上野－青森間普通115列車増発。上野－青森間(奥羽本線経由)403・404列車は上野－郡山間で上野－新潟間(磐越西線経由)を併結していたが、単独運転に改める ⑤北海道線：函館－札幌間急行3・4列車を網走へ延長、(函館－旭川間急行、以遠各駅停車、和食堂車連結)。函館－札幌間不定期急行1001・1002列車(和食堂車連結)を設定。函館－網走・稚内間501・502列車と小樽－根室間401・402列車を振替え、函館－根室間401・402列車、小樽－網走・稚内間501・502列車とする
11.15	土讃線須崎－土佐久礼間開業
12.14	牟岐線阿波福井－日和佐間開業

1940(昭和15)年

1.29	西成線安治川口駅構内にてガソリンカー脱線転覆、3両焼失。死者81名、負傷者92名発生(戦前最大の鉄道事故)
2.11	3等客車の着色帯を廃止した客車の使用を開始
3.23	東海道本線東京－沼津間、東北本線上野－宇都宮間、常磐線上野－水戸間、上越線上野－渋川間、信越本線上野－軽井沢間急行列車に乗車制限ならびに関釜航路の船便指定を実施、4月25日まで
4. 1	通行税法施行
4. 1	旅客運賃計算上生じた端数を5銭または10銭とする端数の整理方法を実施
6. 1	大阪駅3階以上未完成のまま使用開始
6. 1	二俣東線遠江森－二俣西線金指間開業。二俣東線を改称、二俣西線を編入し二俣線掛川－新所原間全通
7. 3	スロ31120〔オロ40〕形2等客車落成
8. 1	列車寝台の貸浴衣を廃止
8. 8	紀勢西線江住－紀勢中線串本、および新宮－紀伊木本(現・熊野市)間開業。紀勢中線を編入、紀勢西線和歌山(現・紀和)－紀伊木本間全通
10.10	時刻改正。大陸往来旅客、軍需工場の工員客増加により急行列車、通勤列車を増発 ①東海道・山陽線：東京－下関間急行1035・1038列車(和食堂車、2・3等寝台車連結)、東京－名古屋間急行1041・1040列車(東京－米原間準急701・702列車を格上げ)増発。東京－大阪間急行102列車を神戸へ延長、東京－神戸間急行15列車を大阪打切り。下り夜行列車の東京始発時刻を15～30分繰り上げ運転時分延長。東京－大阪間39列車を広島へ延長(呉線経由)、東京－浜松間749列車を姫路行き717列車に延長。広島－東京間42列車を下関－東京間に延長、下関－京都間106列車を下関－東京間26列車として延長。東京－沼津間、東京－伊東間準急各1往復、名古屋－大垣間準急下り2本・上り3本を普通列車とする ②高山線：岐阜－富山間準急309・314列車新設、所要時間5時間24分 ③鹿児島線：門司－熊本間31列車、鹿児島－門司間14列車を門司－鳥栖間準急列車とする。門司－長崎間夜行不定期1107・1108列車を定期105・106列車として増発 ④東北線：上野－青森間(常磐線経由)不定期急行1201・1202列車を定期急行207・208列車(夜行、和食堂車、2・3等寝台車連結)として増発。上野－仙台間急行105・106列車、不定期夜行普通1205・1206列車増発。上野－青森間(奥羽本線経由)急行405・406列車を上野－秋田間急行401・402列車とする。上野－青森間(奥羽本線経由)普通403・406列車を増発。青森－函館間航路は7・8便1往復増発 ⑤上越線：上野－新潟・秋田間急行701・702列車の秋田編成の併結を廃止 ⑥北海道線：函館－根室間急行7・8列車を新設(函館－釧路間急行、以遠各駅停

	車、和食堂車、2・3等寝台車連結)。函館－根室間401・402列車を函館－釧路間とする。函館－札幌間不定期急行1001・1002列車廃止する
10.29	EF57形電気機関車配属
12.1	東京・上野その他主要駅の入場券発売を翌16年1月10日まで停止
12.24	年末・年始の多客のため東海道本線急行15・16列車等主要列車の食堂車および3等寝台車の連結を停止し3等車を連結(16年1月10日まで)

1941(昭和16)年

2.15	東海道・山陽線等急行列車を増発 ①東京－下関間急行1037・1036列車(和食堂車、2・3等寝台車連結)増発。急行列車の運転本数は戦前最高となる ②関西・参宮線：名古屋－湊町間準急107・108列車増発。鳥羽－湊町間準急303・310列車廃止。鳥羽－京都間不定期準急1147・1442列車設定。王寺－湊町間準急6往復を普通列車とする。全般に速度低下する ③九州線：門司－長崎間不定期急行1101・1104列車を設定。門司－宮崎間急行203・204列車を鹿児島へ延長
2.28	五日市鉄道は南武鉄道に合併
4.1	阪和電気鉄道は南海電気鉄道に合併
4.5	横浜線原町田(現・町田)－八王子間電化工事完成。桜木町－八王子間に電車の直通運転開始
5.1	借入中の富士身延鉄道富士－甲府間および白棚鉄道白河－磐城棚倉間鉄道を買収。身延線富士－甲府間、白棚線白河－磐城棚倉間とする
5.1	西成線大阪－桜島間電化工事完成。電車の運転開始
7.16	3等寝台車を廃止、食堂車の連結列車を削減。食堂車廃止列車は、東京－大阪・神戸間急行13・20、15・16、17・18、1023・1024、1033・1034列車、大阪－下関間1027・1028列車の夜行6往復
8.1	東京－下関間柳井線(現・山陽本線)経由急行5・8列車、1037・1036列車、不定期1005・1008列車を山陽本線(現・岩徳線)経由に変更
10.10	幌加内線朱鞠内－名雨線初茶志内間開業。幌加内線を改称、名雨線を編入し、深名線深川－名寄間全通
10.28	志布志線油津－北郷間開業。志布志線西都城－北郷間全通。油津線の運輸営業を廃止
－.－	C59形蒸気機関車落成

1942(昭和17)年

1.1	普通急行料金、特別急行料金ならびに寝台料金を値上げ
3.1	東京－下関間急行1005・1006列車を広島打切りとする(6月2日復活)

4. 1	旅客運賃を約28%値上げ、遠距離逓減制を簡略化する
6.11	下関－門司間海底トンネル工事並びに電化工事完成し、幡生－門司間に試運転列車1往復を運行
7. 1	牟岐線日和佐－牟岐間開業。牟岐線中田－牟岐間全通
9.26	鉄道省部内において業務上使用する時刻の呼称方に24時間制を制定、10月11日施行
9.27	下関－釜山間航路に天山丸(7906トン)就航
10.14	鉄道70周年記念式典挙行。「鉄道略年表」刊行
11.14	東京近郊および近県に旅行抑制をするため、乗車券発売と旅客取扱の制限を開始(29日までの指定期間)
11.15	関門トンネル開通(単線)と戦時陸運非常体制の実施に伴い列車時刻改正。旅客列車：2183km(0.55%増)、貨物列車：21972km(6.9%増)を増発。急行列車の運転速度を平均20%低下 ①東海道・山陽・九州線：本州から九州への直通列車としては、東京－長崎間各等特急1・2列車「富士」(洋食堂車、1・2等寝台車連結、所要時間23時間30分)、門司港－長崎間急行101・102列車を格上げ。東京－鹿児島間(呉線経由)各等急行3・4列車(旧7・8列車。洋食堂車、1・2等寝台車連結)、東京－博多間急行5・6列車(和食堂車、2等寝台車連結)、東京－鹿児島間急行7・8列車(特急3・4列車「櫻」の格下げ、和食堂車、2等寝台車連結、所要時間28時間5分)、東京－門司間急行11・12列車(和食堂車、2等寝台車連結)を運転。東京－下関間急行9・10列車、13・14列車、15・16列車(いずれも和食堂車、2等寝台車連結)、東京－神戸間特急101・102列車「燕」、特急103・104列車「鴎」(いずれも洋食堂車連結)、夜行1・2等急行113・114列車(洋食堂車、1・2等寝台車連結)、2・3等急行107・108、115・116列車(いずれも和食堂車、2等寝台車連結)、東京－大阪間昼行2・3等急行105・106列車(和食堂車連結)、夜行2・3等急行109・110、111・112列車(いずれも2等寝台車連結)、東京－名古屋間急行125・126列車を運転。大阪－下関間昼行急行202列車(和食堂車連結)、夜行急行205列車(2等寝台車連結)、203・204列車(和食堂車、2等寝台車連結)を運転。他に東京－八代間31・38列車、東京－久留米間33列車、鹿児島－東京間34列車、東京－長崎間35・36列車などの長距離普通列車を運転。門司港－鳥栖間の準急は232列車の鳥栖－折尾間を除き各駅停車とする ②紀勢西線紀伊木本－和歌山市間(上り新宮着)準急3・4列車は新宮－和歌山市間、白浜口－天王寺・難波間準急5・2列車は全区間準急であったが、紀伊木本－和歌山市間準急1・4列車、および新宮－和歌山市間準急3・2列車は準急区間を紀伊田辺－和歌山市間に短縮 ③東北線：青森－上野間(常磐線経由)急行202列車の青森発を5時間40分繰上げ。青森－函館間航路2便は浮遊機雷の危険を避け繰上げ運航 ④北海道線：函館－稚内桟橋間(上り稚内発)急行1・2列車は、下り31分、上り

	は稚内発を3時間27分繰上げ(青函2便繰上げのため)、1時間55分短縮。函館－網走間急行3・4列車を廃止

1943(昭和18)年

2.15	臨戦ダイヤ実施。陸運非常体制の確立により優等列車を大幅削減。急行列車9045km、準急列車4090km、普通列車8076kmを削減 ①東海道・山陽・九州線：東京－神戸間特急103・104列車「鴎」廃止。特急101・102列車「燕」を大阪打切りとする。東京－鹿児島間急行7・8列車を熊本打切りとする。東京－下関間急行16列車を大阪始発とする。東京－神戸間1・2等急行113・114列車、東京－名古屋間急行125・126列車、大阪－下関間急行205列車、大阪－大社間急行401・402列車、門司港－宮崎間急行205・206列車を廃止。他に不定期急行列車、準急列車を廃止 ②東北以北：上野－青森間急行103・104列車を仙台打切り、上野－大阪間急行601・602列車を金沢打切りとする。上野－仙台間急行105・106列車、上野－新潟間急行701・702列車、上野－金沢間不定期急行1601・1602列車を廃止 ③準急列車の廃止、大阪－東京間132列車の大阪－名古屋間準急を普通列車とする。高山本線岐阜－富山間309・314列車廃止。山陰本線京都－米子間807列車(京都－上井間準急)を普通列車とする。関西本線名古屋－湊町間305・307・313、302・304・308列車、名古屋－鳥羽間203・209、214・218列車、鳥羽－湊町間105・106列車、鳥羽－姫路間445・447、440・442列車、紀勢西線紀伊木本－和歌山市間1・4列車、新宮－和歌山市間3・2列車、中央本線新宿－塩尻間405・406列車。東北本線上野－日光間801・802列車、信越本線上野－長野間不定期1305・1306列車を廃止
3.29	小野田鉄道小野田－小野田港間鉄道を買収(4月1日営業開始)。小野田線小野田－小野田港間とする
4. 1	内外地行政一元化に基づき樺太庁鉄道634kmおよび庁営自動車178kmならびにその付帯事業の管理を鉄道大臣に移管し樺太鉄道管理局新設
4. 1	列車寝台の2等特別室を廃止(2等寝台として使用)
4.12	下関－釜山航路に崑崙丸(7908トン)就航
4.26	宇部鉄道小郡－宇部(現・宇部新川)－西宇部(現・宇部)間鉄道を買収(5月1日営業開始)。宇部東線小郡－宇部－西宇部間とする
4.26	小倉鉄道東小倉－添田間鉄道を買収(5月1日営業開始)。添田線東小倉－添田間とする
5.25	播但鉄道加古川－谷川間、加古川－高砂浦間、粟生－北条町間、野村－鍛治屋間および厄神－三木間鉄道を買収(6月1日営業開始)。加古川線加古川－谷川間、高砂線加古川－高砂間および貨物支線、北条線粟生－北条町間、鍛治屋線野村－鍛治屋間、三木線厄神－三木間とする

5.25	富山地方鉄道富山－岩瀬浜間、日満工場前－岩瀬埠頭間および富山－日曹工場前間鉄道を買収(6月1日営業開始)。富山港線富山－岩瀬浜間および貨物支線とする
6.28	産業セメント鉄道金田－宮床(糸田に統合)間、赤坂(現・下鴨生)－起行間、赤坂－赤坂炭坑間鉄道を買収(7月1日営業開始)。田川線の一部を編入、後藤寺線新飯塚－後藤寺(現・田川後藤寺)間、上三緒－筑前山野間および貨物支線とする。宮床線を編入、糸田線金田－糸田－後藤寺間および貨物支線とする
6.28	鶴見臨港鉄道鶴見－扇町間、鶴見小野－鶴見川口間、浅野－海芝浦間、安善－浜安善間、武蔵白石－大川間鉄道を買収(7月1日営業開始)。鶴見線鶴見－扇町間、浅野－海芝浦間、武蔵白石－大川間および貨物支線とする
7. 1	有馬線三田－有馬間、牟岐線羽ノ浦－古庄間、田川線西添田－庄間営業休止
7. 1	急行制度を改正。普通急行と特別急行の別を廃止、急行列車を第1種急行、第2種急行とする。第1種急行は特急「燕」「富士」および東京－熊本間急行7・8列車(旧特急「櫻」を格下げ)に適用する
7.15	博多港－釜山間航路を開設、1日1往復運航
7.26	豊川鉄道、鳳来寺鉄道、三信鉄道、伊那電気鉄道を買収(8月1日営業開始)。飯田線豊橋－辰野間および豊川－西豊川間とする
7.26	北海道鉄道苗穂－沼ノ端－辺富内間鉄道を買収(8月1日営業開始)。千歳線苗穂－沼ノ端間および富内線沼ノ端－富内(辺富内を改称)間とする
8.30	松浦線相浦－左石－柚木間改軌(762mm→1067mm)、左石－上佐世保間廃止。松浦線佐世保－相浦間、左石－柚木間などとする
9. 1	川俣線松川－岩代川俣間、宮原線恵良－宝泉寺間営業休止
10. 1	列車時刻大改正。決戦ダイヤ実施。急行旅客列車削減および速度低下し、貨物列車を増発 ①東海道・山陽線・九州線：第1種急行では東京－大阪間101・102列車「燕」を廃止、東京－大阪間の所要時間は最速8時間から9時間1分となる。東京－博多間第1種急行1・2列車「富士」(洋食堂車、1・2等寝台車連結)のみとなる。東京－長崎間急行1・2列車「富士」を短縮。所要時間は21時間30分で、1時間27分延長。以下は第2種急行：東京－鹿児島間3・4列車(和食堂車、2等寝台車連結、所要時間は30時間50分)、東京－長崎間(呉・柳井・大村線経由)5・6列車(和食堂車、2等寝台車連結、所要時間は29時間20分)、東京－門司間(下り柳井線経由)7・8列車(和食堂車、2等寝台車連結)、東京－下関間11～16列車、不定期1007・1008、1011・1012列車(いずれも和食堂車、2等寝台車連結)、東京－大阪間昼行101・102列車(和食堂車連結)、夜行105～110列車、不定期1105・1108列車を運転。長距離普通列車：東京－熊本間31・40列車、東京－博多間33列車、東京－長崎間35・38列車、東京－門司間37・36列車、東京－広島間39・41、30・32列車(39列車のみ岩国行き)などを運転 ②日本海縦貫線：上野－大阪間急行601・602列車(2等寝台車連結)、大阪－青森

	間501・502、505・504列車(いずれも2等寝台車連結)、507・506列車の3往復運転 ③東北・常磐線：上野－青森間急行101・102列車(和食堂車連結)、所要時間は14時間47分で1時7分延長。上野－青森間(常磐線経由)急行203・204列車(和食堂車、2等寝台車連結)、所要時間は14時間00分で1時間14分延長。他に上野－青森間103・108列車(2等寝台車連結)、105・104列車、107・106列車の3往復、常磐線経由203・204列車を運転 ④北海道線：函館－網走間急行1・2列車(函館－旭川間急行、和食堂車連結)、函館－稚内桟橋間急行3・4列車(2等寝台車連結)、函館－稚内桟橋間307・306列車(2等寝台車連結)を運転。函館－根室間急行7・8列車を廃止、代わりに405・408列車(2等寝台車連結)を運転
11. 1	運輸逓信省官制を公布
11. 1	鍛冶屋原線板西(現・板野)－鍛冶屋原間営業休止。富内線鵡川－豊城間開業、沼ノ端－豊城間営業休止
－.－	D52形蒸気機関車落成

1944(昭和19)年

4. 1	時刻改正。決戦非常措置要綱実施。1等車、寝台車、食堂車の全廃と急行列車の削減を実施。第1種急行：東京－博多間急行1・2列車「富士」廃止(特急列車全廃)、第2種急行：東京－長崎間(呉・柳井・大村線経由)5・6列車、東京－下関間15・16、1007・1008、1011・1012列車、東京－大阪間105・106、107・108、1105・1108列車、上野－青森間101・102列車、上野－大阪間601・602列車、函館－網走間1・2列車を廃止。残存の急行列車は、東京－大阪間昼行101・102列車、夜行109・110列車、東京－下関間11・14、13・12列車、東京－門司間7・8列車、東京－鹿児島間3・4列車、上野－青森間(常磐線経由)203・204列車、函館－稚内桟橋間3・4列車の合計8往復となる
4. 1	「旅客及荷物運送戦時特例」を施行する。横須賀線・湘南区間列車の2等車連結廃止。100キロ以上の旅行には「旅行証明書」を必要とする。戦時特別賃率を設定、3等5厘、2等1銭、1等1銭5厘を加算、旅客運賃を引上げ
4. 1	横須賀線横須賀－久里浜間開業
4. 1	南武鉄道、青梅電気鉄道所属の鉄道を買収。南武線川崎－立川間、尻手－浜川崎間および貨物支線、青梅線立川－御獄間および貨物支線、五日市線立川－武蔵岩井間および貨物支線とする
5. 1	南海鉄道山手線、宮城電気鉄道ならびに西日本鉄道所属の鉄道を買収。阪和線天王寺－東和歌山(現・和歌山)および鳳－東羽衣間、仙石線仙台－石巻間および貨物支線、香椎線西戸崎－宇美間および貨物支線、勝田線吉塚－筑前勝田間とする
5.10	名古屋鉄道局管内に女性車掌登場(女性車掌の最初)

6. 1	相模鉄道、中国鉄道および飯山鉄道所属の鉄道を買収。相模線茅ヶ崎－橋本間および寒川－西寒川間とする。姫新線の一部を編入、津山線岡山－津山間、吉備線岡山－西総社(現・総社)間とする
6.15	奥多摩電気鉄道を買収。7月1日、御獄－氷川(現・奥多摩)間電化開業。青梅線立川－氷川間とする
7. 1	稚内大泊間航路、青森函館間航路、下関釜山間航路および博多港釜山間航路の旅客名簿取扱方制定
8.－	関西本線奈良－王寺間、および参宮線松阪－徳和間、阿漕－高茶屋間、相可口－宮川間、山田上口－山田間複線区間の1線撤去
9. 9	山陽本線下関－門司間関門海底トンネル複線運転を開始
10.11	時刻改正。戦時陸運非常体制実施。貨物列車通勤列車を増発、急行列車削減と速度低下を図る ①東海道・山陽・九州線：東京－下関間急行1・2列車、東京－鹿児島間急行3・4列車(東京－熊本間急行、所要時間34時間5分)、東京－門司間急行5・8列車、7・6列車(大阪－門司間運休)を運転。東京－大阪間昼行急行101・102列車、夜行急行103・104列車を運転 ②日本海縦貫線：大阪－青森間501・502列車、507・506列車(下り上郡発)の2往復を運転 ③東北・常磐線：上野－青森間(常磐線経由)急行203・204列車(所要時間14時間30分)を運転。他に上野－青森間103～108列車の3往復、常磐線経由201・202列車、奥羽本線経由403・402列車、上野－秋田間401・402列車を運転 ④北海道線：函館－稚内桟橋間急行3・4列車、函館－稚内桟橋間307・306列車、函館－根室間405・408列車を運転
10.11	東海道本線南荒尾信号場－新垂井－関ヶ原間下り線開業
10.11	柳井線岩国－柳井－櫛ヶ浜間全線複線化、この区間を山陽本線と改称し、従来の本線を岩徳線と改称
11.15	東北本線岩切－陸前山王－品井沼間別線(通称海線)開業、同時に岩切－陸前山王間複線化
12. 1	東海道本線膳所－京都間3線として使用開始
12.15	上野－青森間(常磐線経由)急行203・204列車運休
－.－	御殿場線、複線の1線を撤去

1945(昭和20)年

1. 2	長野原線(現：吾妻線)渋川－長野原間開業、貨物運輸営業開始
1. 5	東北線時刻改正。上野－青森間(常磐線経由)急行203・204列車、青森－上野間104列車の青森－盛岡間および上野－青森間(奥羽本線経由)403・402列車の大館－青森間を運転休止。上野－青森間105・108列車は2時間以上速度低下し、108列

	車は126列車とする
1.25	山陽線時刻改正。陸運転嫁および施設衰損により列車の削減、速度低下を実施。東京－鹿児島間急行1・4列車(東京－熊本間急行、所要時間36時間5分、2時間延長)、東京－門司間急行3・2、5・8列車(2列車下関始発)、東京－広島間急行7・6列車(呉線経由)を運転。東京－大阪間夜行急行103・104列車を運転。昼行急行101・102列車は廃止。他に東京－博多間33・30列車、東京－門司間31・32列車、東京－広島間41～44列車の2往復などの長距離普通列車を運転する
1.25	渡島海岸鉄道森－渡島砂原間を買収。函館本線に編入
2.16	空襲事態下における運送措置のため、軍公務を除き、京浜地帯着・通過乗車券の発売停止
3. 1	松浦線佐々－相浦間開業、実盛谷－四ツ井樋間廃止。全線を軌間1067mmに統一。伊万里線を改称、松浦線を編入し、世知原線、臼ノ浦線、柚木線を分離。松浦線有田－伊万里－佐世保間、世知原線肥前吉井－世知原間、臼ノ浦線佐々－臼ノ浦間、柚木線左石－柚木間とする
3. 8	戦時型小形機関車B20形を郡山工場にて新造、落成式を挙行
3.20	空襲激化による輸送対策実施。急行列車は、東京－下関間急行1・2列車(所要時間24時間30分)のみとなる。東京－大阪間急行103・104列車廃止の代替に夜行145・146列車を運転(途中主要駅のみ停車)
4. 1	旅客及び手荷物運送規則を改正。戦時特別賃率を適用。旅客運賃を大幅引き上げる
6. 1	函館本線軍川(現・大沼)－渡島砂原間開業。函館本線(通称砂原線)軍川－渡島砂原－森間全通
6.18	四国鉄道局を設置
6.20	予讃本線八幡浜－宇和島線卯之町間開業。宇和島線の一部を編入し、予讃本線高松－宇和島間および貨物支線とする。高松桟橋－宇和島間に2往復の直通列車を運転。所要時間10時間11分
8. 5	長野原線(現・吾妻線)渋川－長野原間旅客運輸営業開始(従来貨物営業のみ)
8.15	第二次世界大戦終結、運輸省に復興運輸本部を設置
9. 1	運輸省渉外室設置
9. 8	米軍第3鉄道輸送司令部、連合軍輸送を担当
11.20	時刻改正。旅客列車の第1次復活(26%増)。昭和19年10月における列車運行程度に復する ①東海道・山陽・九州線：東京－博多間急行1・4列車(所要時間27時間)、東京－門司間急行3・2列車(運休)、急行5・8列車、東京－大阪間急行7・6列車(運休)、急行101・102列車(運休)、急行103・104列車を運転。他に東京－博多、門司、広島間各1往復などの長距離普通列車を運転(一部運休) ②東北・奥羽線：上野－青森間急行101・102列車(所要時間15時間30分)を運転。他に上野－青森間5往復(うち常磐線経由、奥羽本線経由各1往復)、上野－秋田

	間1往復などの普通列車を運転 ③上信越線：上野－新潟間急行709・710列車(所要時間7時間48分)を運転。上野－新潟間信越本線経由1往復、上越線経由4往復(うち1往復秋田行併結)などの普通列車を運転 ④日本海縦貫線：大阪－青森間2往復、大阪－新潟、直江津間各1往復、上野－大阪、米原間各1往復などの普通列車を運転 ⑤北海道線：函館－旭川間急行1・2列車(所要時間9時間55分)を運転。函館－稚内間2往復(うち1往復室蘭本線経由)、函館－根室、釧路間各1往復などの普通列車を運転
12.15	遠距離旅行者に旅行票制実施、列車指定制廃止
12.15	石炭不足により旅客列車50%、貨物列車31%削減、輸送力は戦時中最低の昭和20年6月以下に低下
12.20	第2次削減、旅客列車をさらに20%削減
12.24	第3次削減、旅客列車をさらに13%削減

〈コラム3〉

6.超特急「燕」デビュー

昭和のはじめ、第一次世界大戦後の大不況で世の中は不景気であった。このため鉄道の旅客は遠のき、貨物の動きは停滞した。

すでに外国では「ゴールデン・アロー」や「20世紀リミテッド」などのように名前の付いた特急列車が運転されており、好評であった。

そこで我が国でも外国の例にならって、1929(昭和4)年8月に列車名を公募することになった。その結果、応募総数は5,583票で、1位が富士、2位が燕、3位が櫻であった。1位の「富士」を東京－下関間1･2等特急1･2列車、3位の「櫻」を3等特急3･4列車に採用した。同年11月7日にはトレインマークが制定され、12月1日から列車の最後部に付けられるようになる。

1930(昭和5)年10月1日、東京－神戸間に超特急列車が誕生した。

機関車運用は、本務機関車が東京－名古屋間C51、名古屋－神戸間C51とし、補助機関車が国府津－御殿場間および沼津－御殿場間C53、大垣－柏原間C53である。

東京－名古屋間運転のC51形には水槽車を連結することにしたが、当初計画した走行中に補機を連結することは安全上とりやめた。このため下り列車で国府津・大垣、上り列車で沼津が停車駅として加わった。しかもこれらの駅での停車時間はわずか30秒である。これにより東京－大阪間は8時間20分で運転し、約1時間半の短縮となり、東京－下関間でも下り2時間55分、上り2時間半の短縮となる。

列車名については時刻改正の打ち合わせ会議では特に希望がなく、本省一任で前年の公募の際2位で

丹那トンネルに入る特別急行「つばめ」

スピード感溢れる「燕」に決まった。
超特急「燕」には展望車の替わりにとりあえず1等寝台車マイネフ37230形を使用することになったが、実はこの車は改正前の「富士」に使用していたものである。これは超特急「燕」の新設により、旅客が新しい列車に動くことを配慮して特急「富士」「櫻」の編成を減車した結果浮いたものである。
昭和5年10月1日改正における特急列車の編成は図のとおりである。
昭和6年8月にスイテ37020形が落成し、同年9月4日から「燕」に当初連結のマイネフ37230形に代わって展望車を連結した。
超特急「燕」は当初機関車の付け替えや給水の時間的ロスを省くため、C51形蒸気機関車が30トン容量の水槽車を連結して東京－名古屋間をロングランしていた。昭和7年3月15日から静岡に停車し、給水することになり、付属水槽車の連結を取りやめた。これにより3等車1両の増結が可能になる。

特急「燕」の編成

スハニ	スハ	スハ	スシ	スロ	スロ	マイネフ
35650	32600	32600	37740	30750	30750	37230

7.1945～1947年の鉄道事情

戦後第1回の時刻改正は、終戦から間もない1945(昭和20)年11月1日に行われた。急増する引揚者や復員者の輸送で、鉄道はいつもごったがえしていた。しかしこれらの旅客輸送の要請に対し、終戦までは削減していた旅客列車の復活と貨物列車の削減で急場をしのいだ。
この改正も束の間、同年12月15日より年末にかけて、石炭不足によって三次に渡る列車削減が行われた。運転する列車は朝・夕の通勤通学列車が主体で、輸送力は終戦当時を下回るありさまであった。翌1946年には石炭事情の好転により、列車の復活や運転休止などでダイヤは複雑となった。「時刻表」にも運転休止を示す▲印が登場する。
1946年後半から再び石炭事情が悪化して、列車の削減を余儀なくされたのである。
東京発着の急行列車はわずか3往復であった。さらに石炭事情の悪化により、1947(昭和22)年1月4日、国鉄始まって以来の急行列車全廃、2等車連結の全廃の措置が実行された。
この時、わずかに快速のような列車が東京－博多間1･4列車、東京－門司間5･8列車の各1往復が運転される。東京－大阪間の所要時間は14時間35分を要した。
1947年の春先になり、石炭事情が徐々に好転して4月24日には急行列車2往復と2等車の連結が復活した。

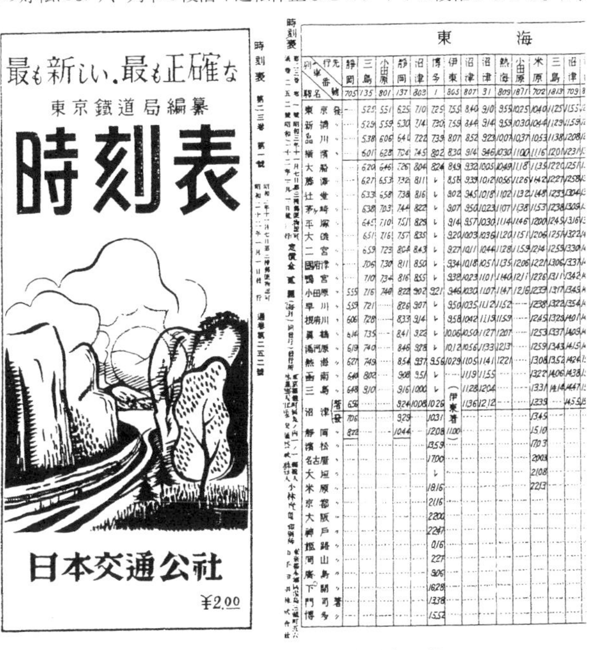

1947年1月発行の時刻表･東海道線の一部。

昭和後期(戦後)の動き

1946(昭和21)年

1.11	石炭事情の好転により東海道・山陽本線を中心に14本の旅客列車復活、貨物列車増発
1.31	連合軍専用列車東京－門司間1005・1006列車"Allied Limited"運転開始
2.1	通勤列車を中心に運転休止列車の一部復活
2.25	旅客列車の第2次復活実施。昭和20年11月の列車運行程度に復する。以下逐次復活
3.1	鉄道客貨運賃値上げ実施(旅客約1.5倍、貨物約3倍)、旅客基本賃率および特別賃率の2本建制を廃止し、基本賃率1本建に改正
3.13	連合軍専用列車東京－博多間1001・1002列車"Dixie Limited"運転開始
4.22	連合軍専用列車東京－札幌間1201・1202列車"Yankie Limited"運転開始
4.25	大島航路大畠－小松港間航路開設
5.1	仁堀航路仁方－堀江間航路開設
5.1	時刻改正。旅客列車、貨物列車の一部復活
6.20	門司港－鹿児島間臨時急行1011・1012列車(所要時間9時間20分)を設定。8月18日から博多まで1・4列車に併結、11・12列車とする
11.1	東海道本線南荒尾信号場－関ヶ原間を3線として使用開始
11.10	時刻改正。石炭事情悪化により旅客列車約4万5000km(16%)削減。準急行列車運転開始(準急行券発売の最初) ①東海道・山陽・九州線：東京－博多間急行1・4列車(所要時間26時間55分)、東京－広島間急行3・6列車(運休)、東京－門司間急行5・8列車(広島－門司間運休)、東京－大阪間急行103・104列車、大阪－門司間急行201・202列車(運休)、門司港－鹿児島間急行11・12列車(運休)、門司港－鹿児島間(日豊本線経由)準急501・502列車(門司港－宮崎間準急、運休) ②東北・奥羽・上信越線：上野－青森間(常磐線経由)急行207・208列車(運休)、上野－仙台間急行109・110列車設定。上野－秋田間準急405・406列車、上野－金沢間準急605・606列車設定
－.－	EF58形電気機関車落成

1947(昭和22)年

1. 4	旅客列車を大幅に削減し1日の運転キロを15万kmとする。急行列車を全廃、2等車の連結停止。東京－博多間1・4列車(所要時間32時間27分)、東京－門司間5・8列車(所要時間31時間40分)などの長距離普通列車を運転
2.25	八高線東飯能－高麗川間で旅客列車転覆事故発生(死者184名、負傷者497名)
3. 1	運賃値上げ(旅客25%、貨物100%)
3. 1	第1次復活(通勤列車の一部復活)
4. 1	上越線高崎－水上間電気列車の運転を開始
4.24	急行列車および2等車復活。東京－門司間急行1・4列車(所要時間26時間)、急行5・8列車(所要時間25時間40分)などを運転。東京(品川または上野)－早岐間(上りは南風崎発)3往復(うち不定期1往復)、東京－大阪間、上野－青森間2往復(うち不定期1往復)、大阪－富山間、新津－青森間(不定期)、函館－旭川間各1往復の復員臨時列車設定
5. 5	中央線急行電車に婦人子供専用車を設置
6.29	第3次復活(1部は6月21日より)。各幹線に急行、準急行列車を復活。東京－大阪間急行103・104列車(6月21日)、門司港－鹿児島間急行11・12列車(東京－博多間急行1・4列車を門司－博多間併結)、上野－仙台間急行109・110列車、上野－秋田間急行405・406列車、上野－青森間(常磐線経由)急行207・208列車、上野－金沢・新潟間(上越線経由)急行605・606列車、函館－旭川間急行7・8列車を運転開始。門司港－宮崎間準急501・502列車、大阪－大社間準急409・410列車、名古屋－長野間準急803・802列車(6月21日)、高松桟橋－松山・高知間準急29・26列車を運転開始
7. 5	大阪－青森間急行507・508列車(所要時間25時間50分)運転開始
7. 6	宇高航路に紫雲丸(1,449トン)就航
7. 7	旅客運賃値上げ(3.5倍)
10. 1	上越線石打－長岡間電化開通(上越線全線電化完成)
10.14	鉄道75周年記念祝典を開催
11.21	青函航路に洞爺丸(3,898トン)就航
11.30	C61形蒸気機関車落成

1948(昭和23)年

1. 1	連合軍旅客列車および専用客車取扱手続を制定、施行
1.17	C62形蒸気機関車落成
6.28	福井大地震により北陸本線約2ヶ月不通
7. 1	全国時刻改正。急行列車の速度低下、準急列車増発を図る ①東海道・山陽・九州線：東京－鹿児島間急行1・2列車(所要時間37時間3分)、東京－長崎間準急2023・2024列車(大村線経由、所要時間38時間19分、8月2日運

	転開始)、東京－門司間急行5・6列車、不定期準急2021・2022列車、東京－広島間(呉線経由)不定期急行2003・2004列車、東京－大阪間急行11・12列車、不定期急行2017・2018列車、不定期2033・2034列車、東京－名古屋間準急2035・2036列車、大阪－門司間準急2031・2032列車、門司港－都城間準急501・502列車を運転
	②山陰線：大阪－大社間準急701・702列車、京都－米子間不定期準急2801・2802列車を運転
	③紀勢線：新宮－天王寺・和歌山市間準急2011・2010列車を運転
	④四国線：高松桟橋－松山・影野間不定期準急2003・2004列車、高松桟橋－宇和島・高知間準急1・2列車(高松桟橋－松山・高知間準急)を運転
	⑤中央線：新宿－松本間不定期準急2403・2402列車、名古屋－長野間準急801・802列車を運転
	⑥東北・奥羽線：上野－青森間急行201・202列車(常磐線経由、所要時間17時間15分)、急行103・104列車(仙台－青森間不定期、所要時間17時間7分)、不定期準急2207・2208列車、上野－秋田間急行401・402列車を運転
	⑦上信越線：上野－新潟・秋田間急行701・702列車(新津－秋田間不定期)、上野－直江津間不定期準急2309・2310列車を運転
	⑧日本海縦貫線：大阪－青森間急行501・502列車(所要時間26時間22分)、上野－金沢間(所要時間13時間42分)を運転
	⑨北海道線：函館－旭川間急行1・2列車(所要時間10時間50分)、函館－岩見沢間不定期急行2003・2004列車を運転
7.18	運賃値上げ実施(旅客2.55倍、貨物3.5倍)
9.16	アイオン台風により山田線不通(昭和29年11月21日復旧)
11.10	東京－大阪間急行11・12列車に特別寝台車連結(24年5月1日、1等寝台車と改称)
12.15	東京－鹿児島間急行1・2列車の東京－博多間および上野－青森間急行201・202列車、函館－旭川間急行1・2列車の函館－札幌間に特別寝台車連結、青函航路航送開始

1949(昭和24)年

2.1	東海道本線沼津－静岡間電化完成
4.24	奥羽本線福島－米沢間電化完成
5.1	運賃(旅客60%、貨物据置)、急行料金、寝台料金等値上げ実施、特別急行料金設定
5.20	東海道本線静岡－浜松間電化完成
6.1	関西本線名古屋－湊町間臨時準急3往復運転
6.1	常磐線松戸－取手間電化完成、電車運転を開始
6.1	マイネ40形1等寝台車配属
9.15	時刻改正。東海道・奥羽線の電化、大形機関車の増備により、特急列車復活、急行列車増発、速度向上

	①東海道・山陽・九州線：東京－大阪間各等特急11・12列車「へいわ」(食堂車連結、所要時間9時間)を運転。東京－鹿児島間各等急行1・2列車(1等寝台車、食堂車連結、2時間半短縮、所要時間33時間30分)、京都－門司間急行3・4列車、東京－門司間急行5・6列車、東京－大阪間急行15・16列車(1・2等、9月24日より各等、1等寝台車連結)、急行13・14、急行17・18列車、東京－長崎間(大村線経由)急行41・44列車、東京－姫路間急行43・42列車を運転。東京－名古屋間夜行準急31・32列車、東京－広島間不定期2021・2022列車、京都－博多・都城間準急211・212列車を運転 ②関西線：名古屋－湊町間準急201～206列車3往復運転を定期列車化 ③山陰線：大阪－大社間準急701・702列車を運転 ④紀勢線：新宮－天王寺・和歌山市間夜行準急9・10列車を運転 ⑤四国線：高松桟橋－宇和島・須崎間夜行準急3・4列車(高松桟橋－松山・高知間準急)を運転 ⑥中央線：新宿－長野間夜行準急403・402列車(新宿－松本間準急)、名古屋－長野間夜行準急801・802列車を運転 ⑦東北・奥羽線：上野－青森間急行101・102列車(約2時間短縮、所要時間15時間10分)、各等急行203・204列車(常磐線経由、1等寝台車を札幌まで直通、2時間40分短縮、所要時間14時間35分)を運転、上野－青森間(常磐線経由)不定期準急2207・2208列車、上野－仙台間準急105・106列車(運休)を設定。上野－秋田間急行401・402列車を運転 ⑧上信越線：上野－新潟間不定期急行2701・2702列車、夜行準急703・704列車、上野－長野間準急301・302列車(長野－直江津間不定期準急2301・2302列車)運転 ⑨日本海縦貫線：大阪－青森間急行501・502列車(2時間短縮、所要時間24時間30分)、上野－金沢間(上越線経由)急行601・602列車を運転 ⑩北海道線：函館－網走間急行1・2列車(函館－旭川間急行、所要時間16時間58分)、函館－釧路間各等急行3・4列車(札幌まで1等寝台車連結、札幌－釧路間準急)、小樽－旭川間不定期準急2005・2006列車、函館－網走・稚内間503・504列車(旭川－網走間準急)を運転
10.22	上野－金沢間急行601・602列車を大阪まで延長、所要時間19時間28分
12. 1	京都－門司間急行3・4列車を東京－長崎間に延長し(所要時間30時間8分)、東京－長崎間急行41・44列車を博多打切りとする
12. 1	運休中の上野－仙台間準急105・106列車運転開始
12.10	東京－姫路間急行43・42列車を岡山へ臨時延長
12.17	東京－大阪間急行17・18列車に2等寝台車を連結

1950(昭和25)年

1. 1	東京－大阪間特急「へいわ」を「つばめ」と改称

1.30	モハ80系湘南電車落成
3. 1	東海道線東京－沼津間、湘南電車運転開始
3. 6	マイネ41形1等寝台車配属
3.14	国鉄最初の民衆駅豊橋駅竣工
4. 1	旅客運賃改正。キロ別賃率2地帯制を4地帯制とし遠距離運賃を低減および優等旅客運賃低減。3等旅客運賃、急行料金の通行税廃止
4. 1	新宮－天王寺・和歌山市間準急3401・3400列車運転開始
4.10	特急「つばめ」の1・2等に座席指定を実施、特別2等車連結開始
4.15	上野－青森間急行101・102列車に食堂車連結開始
5.11	東京－大阪間各等特急11・12列車「はと」(食堂車連結)増発、「つばめ」は9・10列車に変更。東京－岡山間急行を広島へ延長、呉線経由急行23・24列車とする
6. 1	特急「つばめ」「はと」に女子職員(ミスつばめ、ミスはと)乗務開始
7.15	東海道線沼津－静岡間電車運転開始
8. 1	国鉄地方組織を改正。運輸支配人、営業支配人を設置、従来の鉄道局、管理部を廃止、釧路など27管理局を設置
10. 1	時刻大改正。急行列車を増発、速度向上。寝台車、食堂車、特別2等車の増備により輸送サービスを向上 ①東海道・山陽・九州線：東京－大阪間各等特急1・2列車「つばめ」、3・4列車「はと」(いずれも食堂車・展望車連結)を1時間短縮、所要時間8時間とする。東京－大阪間急行11・12列車、各等急行15・16列車「流星」(1・2等寝台車連結)、東京－神戸間各等急行13・14列車「銀河」(1・2等寝台車連結)、東京－熊本間急行31・32列車、東京－鹿児島間各等急行33・34列車(1等寝台車、食堂車連結、1時間30分短縮、所要時間32時間)、東京－長崎間急行35・36列車(大村線経由、2時間短縮、所要時間28時間5分)、東京－博多間各等急行37・38列車(1等寝台車連結、所要時間24時間5分)、東京－広島(呉線経由)・宇野間急行39・40列車「ひばり」、東京－湊町間急行201・202列車、京都－博多・都城間準急205・206列車、大阪－広島(呉線経由)・宇野間準急307・308列車(客車の一部は宇高航路航送により宇和島・須崎まで直通)を運転。九州内では、門司港－熊本間準急107・108列車、門司港－大分間準急507・508列車を運転 ②関西線：名古屋－湊町間準急205～210列車の3往復運転 ③山陰線：大阪－大社間準急705・706列車を運転 ④紀勢線：新宮－天王寺間準急105・106列車を運転 ⑤四国線：高松桟橋－松山・須崎間準急5・6列車(高松桟橋－松山・高知間準急)を運転 ⑥中央線：新宿－長野間夜行準急407・408列車(新宿－松本間準急)、名古屋－長野間夜行準急805・806列車を運転 ⑦東北・奥羽線：上野－青森間各等急行201・202列車(常磐線経由、1等寝台車

	は札幌直通、食堂車連結、所要時間14時間15分)、各等急行203・204列車(常磐線経由、1等寝台車連結、所要時間14時間12分)、準急205・206列車(常磐線経由)、上野－仙台間急行101・102列車(食堂車連結、客車の一部は上野－青森間急行201・202列車に併結)、準急105・106列車を運転。上野－秋田間急行401・402列車を運転
	⑧上信越線：上野－新潟間701・702列車(所要時間6時間50分)、上野－直江津間準急305・306列車、上野－新潟(上越線経由)・直江津間準急705・706列車(上野－新潟・長野間準急)を運転
	⑨日本海縦貫線：大阪－青森間急行501・502列車(所要時間23時間54分)、上野－金沢－大阪間急行601・602列車(所要時間18時間45分)を運転
	⑩北海道線：函館－網走間各等急行1・2列車(函館－旭川間急行、1等寝台車上野－札幌間直通、所要時間16時間35分)、準急505・506列車(札幌－北見間準急)、函館－釧路間急行3・4列車、準急405・406列車(函館－小樽間準急)、小樽－名寄間準急5・6列車(小樽－旭川間準急)、室蘭－札幌間準急205・206列車を運転
10. 1	特別2等車指定券発売
10. 7	東京－伊東・修善寺間電車準急「あまぎ」運転
10.10	釜石西線足ヶ瀬－陸中大橋間開業、同時に遠野－足ヶ瀬間の軌間を762mmから1067mmに改軌。釜石西線を改称、釜石東線を編入し釜石線花巻－釜石間全通。4往復の直通列車を運転
11. 1	東京－伊東間電車準急「はつしま」、下りのみ毎土曜運転
11. 2	国鉄本庁で急行列車に「明星」「彗星」「阿蘇」「霧島」「雲仙」「筑紫」「安芸」「みちのく」「北斗」「青葉」「日本海」「北陸」の愛称を付ける。「鉄道公報」には11月7日付で11月8日に愛称名を付ける旨を掲載。「流星」は「明星」に、「ひばり」は「安芸」に改称
11.19	新宿－甲府間電車運転開始
12.26	片町線四條畷－長尾間電化完成し、電車の運転を開始

1951(昭和26)年

2. 1	博多－別府間(久大本線経由)臨時快速3601・3602列車「ゆのか」設定、下り土曜、上り日曜日運転
2. 5	モハ70形・クハ76形横須賀線用新型電車落成
2.15	東海道線東京－浜松間湘南形電車直通運転開始
3. 3	大阪－城崎間(播但線経由)臨時快速3601・3602列車「ゆあみ」設定、下り土曜、上り日曜日運転
3.31	東京－伊東・修善寺間準急「いでゆ」を電車化し、週末運転を毎日運転に変更
4. 1	東海道線東京－大阪間臨時3等特急3001・3004列車「さくら」(食堂車連結、5月10日まで)、大阪－博多間急行3033・3034列車運転開始
4.11	予讃線高松桟橋－松山間準急5・6列車「せと」を宇和島へ延長

4.15	中央線新宿－松本間に準急405・406列車運転開始
4.24	桜木町駅構内で京浜東北線電車2両焼失、死者106名、重軽傷者92名(桜木町事件)
5.9	津軽海峡に浮遊機雷出現し、青函航路の夜間運航を中止
6.20	青函航路1・2便が夜明に出航のため、これに接続して、函館－網走間急行1列車の時刻を繰下げる。2便に接続する急行列車はない
9.12	D60形蒸気機関車落成
9.15	東京－広島間急行「安芸」に併結の宇野行を分離、東京－宇野間急行3039・3040列車として運転
10.1	鹿児島本線門司港－鹿児島間夜行準急3109・3110列車運転開始
10.31	特別2等車の客車指定券を廃止し、地帯別特別2等車料金を新設
11.1	鉄道運賃値上げ(旅客26%、貨物30%)
11.12	土讃線影野－窪川間開業、多度津－窪川間全通
11.25	①京都－博多・都城間準急列車の都城行を急行に格上げ、東京－熊本間急行31・32列車「阿蘇」に併結、東京－都城間急行31～501・502～32列車として直通運転する ②大阪－大社間準急を急行701・702列車「出雲」に格上げ、東京－宇野間急行3039・3040列車「せと」に併結、東京－大社間急行3039～701・702～3040列車として直通運転。「出雲」に接続する出雲今市(現・出雲市)－浜田間快速列車を運転。大阪－城崎間(播但線経由)臨時快速3601・3602列車「ゆあみ」設定、下り土曜、上り日曜日運転

1952(昭和27)年

2.10	改造EF58形電気機関車落成
3.10	青函航路運航時刻変更により北海道各線の時刻変更
4.1	RTO廃止、進駐軍輸送方式を改正。駐留軍専用列車を「特殊列車」とし、東京(上り上野終着)－佐世保間各等急行1001・1002列車(呉線経由、1・2等寝台車、食堂車連結)、1・2等急行1005・1006列車(呉線経由、1・2等寝台車、食堂車連結)、横浜－札幌間1・2等急行1201・1202列車(常磐線経由、1・2等寝台車、食堂車連結、1等寝台車は青函航路航送、室蘭・千歳線経由)の1・2等急行券の発売駅、発売枚数を限定し、一般旅客に発売
4.1	高崎線大宮－高崎間電化完成、上野－高崎間電気運転開始
4.1	西鹿児島駅改良工事完成し、日豊本線旅客列車下り5本、上り7本乗入れ
4.20	宇部線宇部(現・宇部新川)－小野田線居能間短絡線開業。居能－岩鼻間旅客営業開始、宇部線に編入。宇部線宇部－藤曲－岩鼻間廃止。小野田線西沖の山－居能間、港町－沖の山新鉱間の旅客営業廃止
5.20	京都駅駅舎(3代)落成式挙行
8.5	運輸総局廃止、総支配人制度強化

9.1	時刻改正 ①東海道・山陽・九州線：臨時急行東京－宇野間および大阪－博多間各1往復をそれぞれ急行23・24列車「せと」、急行39・40列車「げんかい」とする。名古屋－大阪間準急3405・3406列車を運転。特殊列車1001・1002列車の呉線経由を山陽線経由に変更。岡山－松江間快速3915・3914列車「ちどり」新設 ②東京以北：上野－青森間急行3205・3202列車(下り「きたかみ」、上り「みちのく」)運転開始(急行202列車を「きたかみ」に変更。横浜－札幌間特殊列車1201・1202列車を東京始発とし従来の2夜行を1夜行に速度向上する
10.1	上信越線時刻改正。上野－新潟・直江津間準急1往復の直江津行を個別運転。上野－新潟間急行701・702列車「越路」を約1時間短縮、所要時間6時間とする。上野－熊谷間の電車運転を開始。北陸本線大阪－金沢間準急3505・3506列車「ゆのくに」を下り土曜、上り日曜日運転
10.12	列車電話の公開テストを下り「つばめ」で実施
10.14	鉄道80周年記念式典を挙行
11.21	炭労ストの影響により列車削減(第1次、11月28日第2次、12月11日第3次)
12.15	キハ44000形気動車落成
12.18	炭労スト解決、第2次削減まで復活

1953(昭和28)年

1.15	旅客運賃改正(約10%値上げ)
2. 1	東北本線上野－白河間スピードアップ
3.15	東海道・山陽・九州線時刻改正。特急、急行列車新設、速度向上 ①京都－博多間特急5・6列車「かもめ」(食堂車連結、所要時間10時間40分)を新設 ②大阪－博多間急行「げんかい」を東京－博多間急行33・34列車に、東京－博多間急行「筑紫」を東京－鹿児島間急行39・40列車に、東京－鹿児島間急行「きりしま」は35・36列車に変更、2時間20分短縮、所要時間29時間40分となる ③九州線：門司港－熊本間準急107・108「有明」に長崎行(大村線経由)併結。門司港－大分間準急3507・3506列車増発
3.21	鳥羽－姫路間臨時快速3445・3440列車運転開始
3.31	DD50形ディーゼル電気機関車落成。北陸本線米原－福井間で使用
4. 5	東京以北時刻改正。青函航路夜間運航再開 ①東北・常磐線：上野－青森間(常磐線経由)急行3203・3206列車「きたかみ」増発 ②北海道線：函館－札幌間急行3003・3006列車増発
5. 1	鹿児島本線門司港－久留米間に気動車運転開始。一部の列車は折尾－博多間快速運転、門司港－博多間最速1時間37分
7.21	東海道線浜松－名古屋間電化完成、電気運転開始
7.27	青函航路機雷発見により夜間運航再中止(9月20日再開)

10.10	キハ45000〔キハ17〕形気動車落成
11. 6	C60形蒸気機関車落成
11.11	時刻改正。東海道線稲沢まで電化完成 ①東海道・山陽線：東京－大阪間各等急行17・18列車「月光」(1・2等寝台車連結)を運転。東京－湊町・鳥羽間急行201・202列車「大和」の鳥羽行を分離、東京－鳥羽間急行2203・2204列車「伊勢」とする。大阪－広島・宇和島・窪川間準急の広島行を分離。大阪－広島間(呉線経由)準急305・306列車、大阪－宇和島・窪川間準急307・308列車とする ②紀勢線：白浜口(現・白浜)－天王寺間準急3501・3500列車「南紀」運転開始 ③中央線：名古屋－長野間不定期準急2805・2806列車「しなの」運転開始 ④山陰線：米子－広島間臨時快速3831・3830列車「ちどり」設定

1954(昭和29)年

3.30	可部線布－加計間開業。これにより国鉄の営業キロは2万kmを突破
4. 1	城東線(現・大阪環状線)全線複線化完成
4. 1	旅客運賃改正。1・2等運賃に対し2割の通行税外枠制実施
4.15	東北本線東京－秋葉原間を5線、秋葉原－上野間を4線として使用開始。同区間の2線において新たに電車運転を開始。東京－有楽町間に1線を増設、常磐線電車の有楽町乗り入れ開始
4.15	上野－青森間(上越・羽越線経由)臨時急行3703・3704列車運転開始
5. 1	東海道線特急「つばめ」「はと」の牽引定数を500トンより550トンに向上、多客期は3等車2両を増結する
5. 1	北海道線時刻改正。函館－札幌間急行「あかしや」を旭川へ延長、函館－小樽間急行2003・2006列車、小樽－旭川間準急3・6列車とする。急行・準急区間をまたがって乗車する場合、300kmまでは急行券、300km以上は〈普通・準急行券〉発売
5. 1	関西本線の急行・準急行列車の速度向上。名古屋－湊町間準急の所要時間は最速3時間28分が3時間15分となる
5.21	東京－大阪－大社間急行701・702列車「いずも」の客車の一部は、出雲今市(現・出雲市)－浜田間快速列車を延長運転、大阪より直通
7.21	EH10形電気機関車落成
8. 1	東京－佐世保間1・2等特殊列車1005・1006列車の博多－佐世保間運転休止
8.24	DD11形ディーゼル機関車落成
8.26	キハ10000〔キハ01〕形気動車落成、木原線で使用
9.26	台風15号により、青函航路の洞爺丸、日高丸、第11青函丸、北見丸、十勝丸遭難沈没。死亡・行方不明1430名、客車4両、貨車177両沈没。青函航路の客車航送中止
10. 1	時刻改正。東日本主要線区の輸送力増強

	①東北線：上野－仙台間急行103・104列車「松島」(所要時間6時間40分)新設、準急109・110列車増発。上野－仙台・横手(上りは秋田発)間急行101・102列車「青葉」を秋田へ延長、福島－新庄間は快速列車とする ②上信越線：上野－金沢間急行603・604列車「白山」(所要時間9時間57分)新設、上野－長野間臨時準急「白樺」を定期307・306列車に格上げ。上野－青森間上越・羽越線経由臨時急行を不定期急行2801・2802列車「津軽」に格上げ ③中央線：新宿－松本間準急2407・2406列車「白馬」増発 ④紀勢線：白浜口(現・白浜)－天王寺・難波間快速「黒潮」を準急3109・3110列車「黒潮」に格上げ、上り土曜、下り日曜日運転 ⑤九州線：門司港－熊本・長崎間準急「有明」の長崎編成を分離、門司港－長崎間準急407・408列車とする。東京－長崎間急行37・38列車「雲仙」は従来の大村線経由を長崎本線経由に変更、佐世保行併結を廃止(客車の一部諫早経由早岐行併結) ⑥房総東線、西線(現・外房線、内房線)は全面気動車化(通勤列車を除く) ⑦特殊列車に愛称命名。東京－佐世保間急行1001・1002列車「西海」、東京－博多間急行1005・1006列車「早鞆」、東京－青森間急行1201・1202列車「十和田」、函館－札幌間急行1201・1202列車「洞爺」

1955(昭和30)年

2. 1	周遊券発売開始
2.16	上野－水戸間快速気動車「つくばね」「ときわ」運転開始
3.18	上野－黒磯・日光間快速気動車2往復運転開始
3.19	東京－大阪間臨時特急3001・3004列車「さくら」運転開始(食堂車連結、所要時間8時間5分)
3.22	名古屋－湊町間準急3往復中209・208列車1往復を気動車化(気動車準急の最初)
3.25	門司港－大分間準急505・508列車1往復を宮崎へ臨時延長(7月20日より定期)。東京－鳥羽間急行2203・2204列車「伊勢」を203・204列車、函館－旭川間急行2003・2006列車「あかしや」(小樽－旭川間準急)を3・6列車とそれぞれ改称
5.11	宇高連絡船紫雲丸は濃霧のため第3宇高丸と衝突し沈没、死者156名、行方不明13名発生
6. 1	北海道線時刻改正。函館－網走間急行1・2列車「大雪」を旭川打切り。函館－網走・稚内間準急505・506列車(札幌－北見間準急)を小樽始発とする。函館－網走・釧路間準急509・510列車(函館－北見・釧路間準急)新設。既設函館－釧路間準急409・410列車(函館－小樽間準急)は全区間普通列車化
7. 1	1等寝台車を廃止、2等寝台(A・B室)とし、従来の2等寝台車をC室とする
7. 7	東海道線豊橋－大垣間に湘南形電車運転開始
7.20	東海道線稲沢－米原間電化完成し、名古屋－米原間に電気運転開始。東京－名古

	屋間準急305・306列車「東海」1往復新設。大阪－金沢間臨時準急「ゆのくに」を定期505・506列車に格上げ、毎日運転
10. 1	小田急電鉄新宿－御殿場間に小田急電鉄の気動車による準急905・906列車「銀嶺」、準急907・908列車「芙蓉」直通運転開始(定員制)。連絡準急行券を発売
11. 1	山陰線時刻改正。米子－博多間臨時快速3819～3137・906～3820列車「八雲」、米子－広島間臨時快速3833・3832列車「夜行ちどり」設定
12.21	特急「つばめ」「はと」の3等座席指定開始
－.－	我が国最初の交流電気機関車ED44〔ED90〕、ED45〔ED91〕形試作落成

1956(昭和31)年

1.－	「陸運20年史」刊行
2.15	キハ55形準急行形気動車落成
3.15	田川線彦山－彦山線大行司間開業。添田線を改称、田川線の一部と彦山線を編入し日田線東小倉－夜明間全通。東小倉－日田間に4往復運転
3.20	東京－大阪－神戸間急行「明星」「銀河」「彗星」「月光」の4往復に3等寝台車ナハネ10形各2両を連結開始、3等寝台車復活、5月末までに100両新製
4.10	3等寝台車連結開始。急行「げんかい」「雲仙」「筑紫」「北陸」「北斗」、上野－青森間準急209・210列車の上野－盛岡間
4.15	白新線葛塚－信越本線沼垂間開業。白新線新発田－沼垂間全通
4.25	3等寝台車連結開始。急行「安芸」「瀬戸」「阿蘇」「北上」「鳥海」「大和」「伊勢」、上野－直江津間準急309・310列車に各1両連結
5.10	3等寝台車連結開始。急行「きりしま」「日本海」(大阪－富山間)、京都－博多間準急205・206列車、上野－新潟間準急709・710列車、新宿－長野間準急409・410列車、名古屋－長野間準急807・810列車に各1両連結
5.20	3等寝台車連結開始。急行「大和」「伊勢」「鳥海」「北陸」「まりも」(函館－釧路間)、上野－直江津間準急309・310列車、函館－網走間準急509・510列車、小樽－網走間準急505・506列車に各1両連結
6. 1	青函航路1等船室を廃止、2等A室寝台に変更。1・2・3等制を2・3等制に改正
6. 1	京都－熊本間臨時急行3033・3034列車「天草」を当分の間毎日運転
7.15	名古屋－湊町間準急を3往復とも気動車化
10.10	上野－日光間気動車準急3505・3506列車「日光」運転開始(11月19日から505・506列車に改める)
11.16	札沼線雨龍－留萠本線石狩沼田間の運輸営業復活。札沼線桑園－石狩沼田間全線復活
11.19	白紙改正。東海道線全線電化完成。特急・急行列車および中距離通勤電車の増発、速度向上(戦前の黄金時代昭和16年頃の水準に復する) ①東海道・山陽・九州線：東京－博多間特急7・8列車「あさかぜ」(2・3等寝台車、

	食堂車付、所要時間17時間25分)、東京－大阪間急行11・12列車「なにわ」(食堂車連結)、不定期急行1015・1016列車「彗星」(2等寝台車連結)、京都－熊本間急行201・202列車「天草」(定期列車化、3等寝台車連結)、京都－長崎間急行203・204列車「玄海」(大村線経由、3等寝台車連結)新設。京都－広島(呉線経由)・宇野間準急305・306列車、大阪－広島(呉線経由)準急307・308列車、広島－長崎間準急405・406列車(大村線経由)運転。東京－博多・都城間急行「げんかい」「たかちほ」の都城行を単独運転、西鹿児島へ延長、東京－西鹿児島間急行35・36列車「高千穂」とする(日豊本線経由、2・3等寝台車、食堂車連結)。東京－宇野・大社間急行「せと」「いずも」は分離、東京－宇野間急行23・24列車「瀬戸」、東京－大社間急行25・26列車「出雲」(福知山線経由、2・3等寝台車連結)として個別運転する。東京－佐世保間臨時急行「西海」、東京－博多間臨時急行「早鞆」を定期化(いずれも2・3等寝台車、食堂車連結、「早鞆」は急行41・42列車「筑紫」と改称、呉線経由を山陽本線経由に変更)。東京－鹿児島間急行「筑紫」は急行43・44列車「さつま」と改称。東京－大阪間特急「つばめ」「はと」は30分短縮、所要時間を7時間30分とする。東京－大船間ラッシュ時の通勤電車増強、京都－神戸間急行電車の1部を米原始発としローカル客車列車を電車化する ②山陰線：京都－松江間準急805・806列車「白兎」を新設。下りは「つばめ」から接続、上りは「はと」に接続 ③紀勢線：新宮－天王寺間準急1023列車、上りは夜行普通列車増発 ④予讃線：高松－宇和島間不定期準急1005・1006列車増発 ⑤東北・奥羽線：上野－青森間急行209・210列車「おいらせ」(準急格上げ、2・3等寝台車連結)、上野－盛岡間不定期急行1209・1210列車「いわて」、上野－秋田間急行101～403・404～102列車「鳥海」(上野－福島間は「青葉」に併結)を新設。東京－青森間臨時急行「十和田」を上野始発の定期列車化、上野－青森間急行205・206列車「十和田」(2・3等寝台車連結)とする。上野－秋田間急行「鳥海」を青森に延長、上野－青森間急行401・402列車「津軽」(2・3等寝台車連結)とする ⑥上越・羽越線：上野－新潟間急行701・702列車「佐渡」増発。上野－青森間不定期急行「津軽」を秋田打切り、上野－秋田間急行801・802列車「羽黒」(3等寝台車連結)とする。高崎線上野－高崎間通勤列車を主体に電車化 ⑦日本海縦貫線：大阪－富山間急行503・504列車「立山」(準急を格上げ、富山延長)、大阪－金沢間準急505・506列車新設。上野－大阪間急行601・602列車「北陸」を福井打切りとする ⑧北海道線：函館－札幌間臨時急行「洞爺」を定期列車化、急行107・108列車「すずらん」と改称
11.19	東海道本線東京－浜松町間を6線、浜松町－田町間を7線、東北本線東京－上野間を6線、上野－日暮里間を10線、日暮里－田端間を4線として使用開始。これにより山手・京浜東北線電車の分離運転開始

11.19	東海道本線関ヶ原－京都間で電車運転開始、米原－大阪間、大阪－宮原操車場間回送線(塚口経由を含む)および大阪－鷹取間で電気機関車による運転を開始
11.19	高崎線熊谷－高崎間、上越線高崎－水上間に電車運転を開始
11.19	日豊本線城野－日田線石田間短絡線開業。日田線城野－夜明間および貨物支線に変更、東小倉－石田間の旅客営業を廃止

1957(昭和32)年

3. 9	特急「あさかぜ」の東京－広島間に3等寝台車、3等車各1両増結
3.－	DF50形電気式ディーゼル機関車落成
4. 1	旅客・貨物運賃値上げ(13%)
4. 1	東海道本線浜松－豊橋間において電車による運転開始
5.25	東京－大阪間3時間の超特急列車構想を発表
6.20	中央線、京浜東北線電車の2等車廃止、老幼優先車に切替える
7.20	東京－博多間臨時特急3009・3010列車「さちかぜ」(2・3等寝台車、食堂車連結)、8月30日まで運転
8.15	大糸南線中土－大糸北線小滝間開業。大糸南線を改称、大糸北線を編入し大糸線松本－糸魚川間全通
9. 5	仙山線仙台－作並間交流電気機関車による営業運転開始(交流電化の最初)
10. 1	時刻改正。北陸線田村－敦賀間交流電化。九州特急増発、寝台列車新設、東海道線準急列車の電車化を図る ①東海道・山陽・九州線：東京－長崎間特急9・10列車「さちかぜ」(2・3等寝台車、食堂車連結、所要時間20時間40分)新設。東京－大阪間臨時特急「さくら」は不定期特急1001・1004列車に格上げ。東京－大阪間急行17・18列車「彗星」(2等寝台車A・B・C、3等寝台車連結)を新設、寝台列車の最初。東京－長崎間急行33・34列車「雲仙」と東京－佐世保間急行39・40列車「西海」を振替える。京都－長崎間急行「玄海」を京都－鹿児島間急行203・204列車「桜島」に変更し、博多にて特急「あさかぜ」に接続、〈特別急行・普通急行券〉を発売。東京－名古屋間準急「東海」1往復を電車化、東京－名古屋(大垣)間準急電車2往復を増発、305T～310T。名古屋－大阪間準急「比叡」1往復を電車化、名古屋－大阪(神戸)間に準急電車2往復増発、405T～410T。京都－西明石間電車を内側線に集中、急行電車を15分間隔に増発 ②北陸線：木ノ本－近江塩津－敦賀間新線開通(旧線を柳ヶ瀬線とする)。北陸本線の列車は新線に移行する。田村－敦賀間交流電化(米原－田村間蒸機牽引) ③中央線：名古屋－長野間不定期準急1809・1810列車を定期809・810列車に格上げ ④白浜口－天王寺間不定期準急3105・3102列車を定期105・102列車「しらはま」に格上げ

	⑤東北線：上野－盛岡間不定期急行1209・1210列車「いわて」を青森へ延長
10.1	日田線香春－田川線伊田間の短絡線開業。これにより日田線城野－夜明間の直通旅客列車は短絡線・田川線経由で運転
10.1	青函航路に十和田丸(6,148トン)就航
10.7	新製のナロ10形落成
10.15	上野－日光間気動車準急「日光」を東京へ延長
12.1	両毛線新前橋－前橋間電化完成、上野－前橋間電車運転開始
12.1	山陰本線京都－松江間準急805・806列車「白兎」を京都－米子間に変更

1958(昭和33)年

1.16	ナロハネ10形2・3等寝台車落成
2.1	新宿－長野間準急409・410列車「アルプス」、名古屋－長野間準急809・808列車にナロハネ10形連結開始
3.1	名古屋－富山間(高山本線経由)気動車準急705・706列車「ひだ」運転開始
3.1	各管理局ごとに乗車券センターを設置
3.1	鹿児島本線小倉駅移転
3.－	「鉄道技術発達史」刊行
3.－	DD13形液体式ディーゼル機関車落成
4.8	国鉄本社に新幹線建設基準調査委員会を設置
4.10	山陽本線鷹取－姫路間電気機関車、西明石－姫路間で電車による運転開始
4.14	東北本線大宮－宇都宮間で電気機関車および電車による運転開始。上野－黒磯・日光間準急807・808列車「二荒」、準急809・810列車「しもつけ」、上野－越後湯沢間電車準急905T・906T「奥利根」運転開始
4.25	博多－小倉－別府間に臨時気動車急行3905・3906列車「ひかり」運転開始(5月1日より豊肥本線経由熊本まで延長、博多－小倉－熊本間列車とする。所要時間5時間56分、気動車急行の最初)
4.29	新潟駅移転、亀田－沼垂間、沼垂－新潟港間の旅客営業、白新線大形－沼垂間を廃止。亀田－上沼垂信号場－新潟間、白新線大形－上沼垂信号場－新潟間開業
5.7	桜木町駅でエドモンド・モレル記念碑除幕式を挙行
6.1	常磐線上野－平(現・いわき)間気動車準急「ときわ」3往復運転開始、うち2往復は上野－水戸間快速「ときわ」「つくばね」を格上げ、延長
6.1	品川－京都間に修学旅行専用電車運転開始(所要時間7時間4分、電車の長距離運転の最初)
7.10	両国－銚子間気動車準急301・302列車「犬吠」運転開始
8.1	博多－小倉－熊本間臨時急行「ひかり」定期気動車準急とし、門司港発を小倉で併結
8.18	ED60形直流電気機関車落成
8.31	特急「あさかぜ」用20系固定編成客車落成

9. 5	真岡線(現・真岡鐵道)折本・寺内・西田井各駅の業務を地元通運業者に委託(民間委託の最初)
9.17	特急「こだま」用20系〔151系〕新型電車落成(こだま形)
9.20	名古屋－富山間(高山本線経由)気動車準急「ひだ」を高岡へ延長、名古屋－高山間気動車準急「ひだ」1往復増発
10. 1	時刻改正。こだま形特急用電車及び特急用固定編成客車(ブルートレイン)完成 ①東海道・山陽・九州線：東京－博多間特急7・8列車「あさかぜ」(2等寝台車個室登場、所要時間17時間10分)、東京－鹿児島間特急9・10列車「はやぶさ」(所要時間22時間50分)新設。東京－長崎間特急「さちかぜ」を特急5・6列車「平和」と改称(30分短縮、所要時間20時間10分)。東京－大阪間不定期特急「さくら」廃止。京都－広島(呉線経由)・大社(伯備線経由)急行301・302列車「宮島」「だいせん」新設。東京－鹿児島間急行「さつま」は東京－門司間廃止し門司港始発、門司港－鹿児島間急行101・102列車「さつま」とする。広島－門司間準急407・408列車「長門」、東京－大阪間不定期急行1015・1016列車「あかつき」新設。東京－鳥羽間急行「伊勢」を東京－湊町間急行「大和」に併結、東京－名古屋間は多客期のみ単独運転。東京－名古屋間電車準急「東海」1往復増発 ②東北線：上野－青森間急行「みちのく」の盛岡以遠を不定期とする。上野－仙台間急行103・104列車「吾妻」増発。上野－福島間準急109・110列車「あぶくま」新設 ③北海道線：函館－札幌間(室蘭・千歳線経由)不定期急行1101・1102列車「石狩」、札幌－稚内間準急307・308列車「利尻」新設
10. 1	普通急行列車の特別2等料金を廃止し、座席指定制にする
10.10	上野－青森間常磐線経由特急1・2列車「はつかり」新設(1時間20分短縮、所要時間12時間、食堂車連結、青森－鹿児島間が特急列車で結ばれる)
10.10	モハ91系〔153系〕中長距離用電車(東海形)落成
10.14	1号機関車、1号御料車、弁慶号機関車、旧長浜駅、0哩標識を鉄道記念物に指定
10.18	羽幌線初山別－天塩線遠別間開業。天塩線を編入し羽幌線留萠－幌延間全通
11. 1	東京－大阪・神戸間にビジネス電車特急101T～104T「こだま」2往復新設(ビュッフェ連結、所要時間大阪まで6時間50分、神戸まで7時間20分)。名古屋－大阪間電車準急「比叡」2往復増発。高松桟橋－松山間気動車準急9・10列車「やしま」新設
11.10	両国－館山・安房鴨川間気動車準急「房総」運転開始。両国－千葉間は「房総(犬吠)」に併結、房総西線では「房総(内房)」、房総東線では「房総(外房)」とする
12. 1	天王寺－白浜口(現・白浜)間気動車準急105・102列車「きのくに」運転開始
12.15	東北線宇都宮－宝積寺間電車運転延長

1959(昭和34)年

2. 1	横須賀線ダイヤ改正。日中30分間隔を15分間隔とし、川崎停車開始
2. 1	福島－盛岡間気動車準急505D・506D「やまびこ」新設
3.28	オロネ10形2等寝台車落成
4. 1	門司港－人吉間気動車準急809D・808D「ひとよし」新設。博多・門司港－熊本間気動車準急「ひかり」に博多－都城間の編成を併結
4. 1	湘南方面の電車準急「伊豆」「はつしま」「たちばな」「十国」「いでゆ」は列車指定制を座席指定制に切り替える
4. 6	ED71形交流電気機関車落成
4. 8	新潟・四国・中国支社を設置
4. 9	東京－大阪間臨時電車急行「ことぶき」運転(東京－大阪間電車急行の最初)
4.10	東京－伊東間に皇太子御成婚記念臨時電車準急「ちよだ号」運転(「こだま」形特急電車使用)、4月12日にも運転
4.10	東京－大阪間急行19・20列車「彗星」の3・4・5号車をマロネ41形からオロネ10形に置替え(オロネ10形使用の最初)
4.13	①東海道線：東京－伊東間電車準急「たちばな」は週末運転を毎日運転とする。さらに東京－伊東間に電車準急「おくいず」を週末運転 ②上越線：上野－長岡間電車準急905T・906T「ゆきぐに」新設。上野－新潟間急行703・704列車は下り1時間30分、上り2時間5分繰り下げ、15時00分相互発として短縮
4.20	米子－広島間(木次・芸備線経由)気動車準急605D・606D「ちどり」、607D・608D「夜行ちどり」新設
4.20	修学旅行用電車「きぼう」「ひので」運転開始
4.20	東海道新幹線起工式を熱海で挙行
5. 1	川湯－釧路間気動車準急507D・504D「第1摩周」、1505D・1506D「第2摩周」新設
5. 1	門司港－天ヶ瀬間(日田線経由)気動車準急705D・706D「あさぎり」、宮崎－熊本間(吉都・肥薩線経由)気動車準急607D・608D「えびの」各1往復新設
5.22	東北線宝積寺－黒磯間電化完成
7. 1	東北線黒磯－白河間交流電化完成。盛岡－大鰐間(青森経由)気動車準急507D・508D「八甲田」1往復、盛岡－釜石間花巻経由気動車準急405D～408D「はやちね」2往復運転開始
7. 1	新宿－銚子・安房鴨川(房総東・西線経由)間気動車準急「房総」2往復増発、新宿－千葉間は銚子・房総東・西線経由の3方向の「房総」を併結、循環準急として運転
7. 2	小田急電鉄新宿－御殿場間気動車準急「朝霧」「長尾」各1往復増発
7.15	紀勢東線三木里－紀勢西線新鹿間開業。両線を紀勢本線と改称、紀勢本線亀山－新宮－和歌山(現・紀和)間全通、多気(旧・相可口)－鳥羽間を参宮線とする。

東京－新宮間臨時急行「那智」を8月30日まで運転(多気まで「伊勢」に併結)。名古屋－天王寺間準急「くまの」新設。白浜口(現・白浜)－天王寺・南海難波間臨時気動車準急「きのくに」1往復増発(気動車準急南海電鉄直通の最初、10月20日定期化)

7.20 東京－長崎間特急「平和」を固定編成化し、「さくら」と改称

7.31 7月27日より東海道本線金谷－藤枝間でこだま形電車により高速度運転試験を実施、7月31日に時速163km/hを記録

8.17 ED46形交直流両用電気機関車落成

9.15 予讃本線高松駅移転、高松桟橋駅を廃止

9.22 時刻改正。山陽本線姫路－上郡間、日光線宇都宮－日光間電化完成。急行・準急列車を新設、速度向上を図る

①東海道・山陽・九州線：特急「こだま」を5～10分短縮し、東京－大阪間の所要時間を6時間40～45分とする。東京－大阪間不定期急行「あかつき」を寝台列車化。東京－金沢間急行901・902列車「能登」を新設、東京－鳥羽・新宮間急行「伊勢」「那智」に併結。上野－福井間急行「北陸」を金沢打切り。東京－名古屋間座席指定電車準急「新東海」、東京－浜松間電車準急「はまな」各1往復、名古屋－大阪・神戸間座席指定電車準急「伊吹」2往復新設。京都－大分間急行「くにさき」を新設、京都－門司間は京都－熊本間急行「天草」に併結。九州内の気動車準急、博多－佐世保間「弓張」、博多－西鹿児島間「有明」各1往復新設。博多・門司港－熊本・都城間「ひかり」を西鹿児島へ延長

②山陰線気動車準急：京都－天橋立・東舞鶴間「丹後」各1往復(上り1本、福知山始発)、米子－博多間「やくも」1往復新設

③四国線：高松－窪川間準急「土佐」(高知まで準急)、高松－徳島間気動車準急「阿波」各1往復新設。高松－松山間気動車準急「やしま」を八幡浜へ延長

④東北線：上野－青森間特急「はつかり」下り32分短縮、青函航路接続時分短縮により上野－札幌間の所要時間は48分短縮し22時間36分とする。上野－仙台間(常磐線経由)気動車急行2201D・2202D「みやぎの」新設。上野－青森間急行207・208列車「北斗」を寝台列車化。日光線関係の準急列車を全面電車化、新宿－日光間「中禅寺」1往復増発。東京－日光間「日光」、上野－黒磯間「なすの」、新宿－日光間「中禅寺」に157系日光形電車使用(全座席指定)。上野－福島間準急「あぶくま」に磐越西線喜多方行準急「ばんだい」併結。東北支社管内気動車準急、仙台－喜多方・水戸間(磐越西線・磐越東線経由)「あいづ」「いわき」、仙台－新潟間(磐越西線経由)「あがの」各1往復、上野－平(現・いわき)間「ときわ」2往復増発

⑤北海道線：気動車準急、虻田(現・洞爺)・室蘭－札幌間「ちとせ」2往復、小樽－旭川・上芦別間「かむい」、釧路－根室間「ノサップ」、旭川－網走間「オホーツク」各1往復新設

10.20 白浜口(現・白浜)－天王寺間準急「南紀」を新宮へ延長、気動車化

10.29	オロ61形改造客車落成
11.21	東京－大阪間臨時電車特急3101T・3102T「ひびき」運転開始
12. 1	気動車準急、仙台－秋田間(陸羽東線経由)「たざわ」、米沢－酒田間(陸羽西線経由)「もがみ」各1往復新設、新庄にて分割併合しそれぞれ酒田、秋田へ直通
12.13	電車特急「こだま」8両編成を12両編成に増強
12.13	名古屋－長野間気動車急行801D・802D「しなの」新設
12.15	室蘭・虻田(現・洞爺)－札幌間気動車準急「ちとせ」1往復増発

1960(昭和35)年

2. 5	博多－別府間快速「ゆのか」を気動車化格上げ、博多－別府－博多間(久大本線経由)を循環運転する気動車準急「ゆのか」1往復運転開始
2.15	気動車準急、高松－松山間「いよ」、高松－須崎間「土佐」(臨時、6月28日に定期列車化)各1往復増発
3. 1	東北本線白河－福島間交流電化完成
3. 1	高松－徳島間気動車準急「阿波」2往復増発
3. 1	上野－日立間気動車準急「ときわ」下り1本増発
3.10	門司港－大分間準急507・508列車、熊本－別府間快速「火の山」を結び気動車化し、大分－博多－熊本－別府間気動車準急「第2ひかり」1往復増発。京都－博多間特急5・6列車「かもめ」を小倉停車とする
3.15	上野－水上間電車準急「ゆのさと」、上野－前橋間電車準急「あかぎ」各1往復増発
3.15	岡山－出雲市間気動車準急「しんじ」1往復新設
3.20	山口－博多間気動車準急「あきよし」1往復新設
4. 1	金沢－輪島間気動車準急「のとじ」1往復新設
4. 1	水戸－仙台間臨時気動車準急「そうま」1往復新設、下り列車は水戸－平間「いわき」に併結。6月1日に定期列車化
4.22	札幌－様似間気動車準急「日高」1往復新設、札幌－苫小牧間は準急「ちとせ」に併結
4.25	中央線時刻改正。新宿－松本間気動車急行「アルプス」2往復新設(所要時間4時間25分、約1時間短縮)、一部は客車準急を格上げ。また気動車準急「白馬」2往復(うち1往復全座席指定)新設
5. 1	博多－長崎・佐世保間気動車準急「ながさき」「弓張」3往復新設。博多－長崎間(大村線経由)気動車準急「出島」1往復新設(博多－早岐間は「弓張」に併結)。広島－博多間準急「ふたば」を博多打切りとする
6. 1	時刻改正。東北線福島まで交流電化完成によりスピードアップ。奥羽本線米沢－秋田間ディーゼル機関車投入によりスピードアップ ①東海道・山陽・九州線：東京－大阪特急「つばめ」「はと」を電車化し、所要時間6時間30分に短縮。列車名を「第1・第2つばめ」とする(パーラーカー連結、1等展望車連結廃止)。東京－長崎間特急「さくら」を15分短縮、小田原停車とする。

	東京－大阪間臨時電車特急「ひびき」設定。東京－大阪間電車急行「せっつ」新設。東京－大阪間急行「なにわ」を約30分短縮、所要時間8時間45分とする。東京－姫路間不定期電車急行「はりま」、東京－西鹿児島間不定期急行「桜島」設定。岡山－博多間気動車急行「山陽」新設(準急「ふたば」格上げ、延長)。京都－大分間急行「くにさき」(京都－門司間急行「天草」に併結)を都城へ延長、「日向」と改称。沼津－名古屋間電車準急「するが」、名古屋－大阪間電車準急「比叡」、東京－大垣間不定期電車準急「長良」各1往復、伊東－東京間電車準急「いでゆ」上り1本増発。気動車準急、岡山－岩国間「にしき」、岡山－広島間(呉線経由)「吉備」、博多－山川・宮崎間「かいもん」「えびの」、別府－西鹿児島間「日南」各1往復増発 ②高山線：名古屋－高山間気動車準急「ひだ」1往復増発 ③山陰線：大阪－城崎間(山陰本線経由と宮津線経由を大阪－福知山間併結)気動車準急「丹波」1往復新設 ④東北・奥羽線：上野－山形間急行「蔵王」を増発、上野－仙台間急行「松島」に併結。上野－青森間(常磐線経由)不定期急行「いわて」を盛岡まで定期化。上野－福島・会津若松間準急「しのぶ」「ひばら」、上野－新庄・会津若松間不定期準急「出羽」「いなわしろ」各1往復新設。気動車準急、仙台－盛岡・盛間「くりこま」「むろね」新設。福島－盛岡間気動車準急「やまびこ」を郡山始発とする ⑤信越線：上野－長野間準急「とがくし」1往復増発
7. 1	列車等級の1等を廃止し、2・3等をそれぞれ1・2等に格上げし2等級とする。片道1000km以上の往復乗車に対し割引を限定。特急料金に特定区間料金制定
7. 1	北海道線時刻改正。函館－札幌間急行「すずらん」を気動車急行107D・108Dに置替え1時間13分短縮、所要時間5時間。気動車準急、札幌－網走・稚内間「オホーツク」「宗谷」、札幌－旭川間「かむい」各1往復増発
7.20	東京－鹿児島間特急「はやぶさ」を固定編成化し、西鹿児島打切りとする
8. 1	門司－天ヶ瀬線間気動車準急「あさぎり」の下りのみ由布院に延長、由布院－小倉－博多間(日田線経由)気動車準急「彦山」上り1本新設
8.10	東海道本線特急「つばめ」「こだま」のパーラーカーで茶菓のサービス開始
8.15	上野－宇都宮間電車準急「ふたあら」運転開始
8.20	東海道本線特急電車内で列車公衆電話の取扱い開始
9.10	米子－博多間(美祢線経由)気動車準急「やくも」増発(正明市〔現・長門市〕・下関で既設山陰本線経由と分割併合)
9.15	特急「はつかり」用キハ80系気動車落成
10. 1	時刻改正。山陽本線上郡－倉敷間、宇野線岡山－宇野間電化完成 ①東海道・山陽・九州線：東京－岡山間電気機関車ロングラン。京都・大阪－宇野間電車準急「鷲羽」3往復運転開始(うち1往復は快速の格上げ)。日豊本線にディーゼル機関車投入によりスピードアップ ②北陸・高山線：名古屋－高山－金沢－名古屋間循環気動車準急「しろがね」2本、

	名古屋－金沢－高山－名古屋間気動車準急「こがね」1本新設 ③山陰線：気動車準急、大阪－上井・中国勝山(上り月田発)間(姫新・因美線経由)「みささ」「みまさか」、大阪－鳥取間(播但線経由)「但馬」各1往復新設 ④四国線：気動車準急、高松－松山間「いよ」、高松－高知間「土佐」各1往復増発。高松－高知間「土佐」を気動車化し、須崎へ延長。宇高航路9往復より13往復へ増便 ⑤東北線：仙台－水戸間気動車準急「そうま」を約2時間繰り上げ、利用の向上を図る ⑥北海道線：函館－江差間気動車準急「えさし」1往復新設
10.28	新宮－天王寺間気動車準急「南紀」1往復増発
11. 1	仙山線仙台－作並間交流、作並－山形間直流で全線電化完成。気動車準急、仙台－新潟間(仙山・米坂線経由)「あさひ」、仙台－酒田間(陸羽西線経由)「月山」(仙台－山形間「あさひ」に併結)、仙台－新潟間(東北・磐越西線経由)「あがの」、仙台－水戸間(磐越東線経由)「いわき」(仙台－郡山間「あがの」、平－水戸間「ときわ」に併結)各1往復増発
11.21	両国－銚子・安房鴨川・館山間気動車準急「京葉」1往復増発
12. 1	博多－宮崎間気動車準急「えびの」1往復に吉松－西鹿児島間編成増結。西鹿児島－志布志間気動車準急「大隅」1往復新設
12.10	上野－青森間特急「はつかり」をキハ80系気動車に置替え(気動車特急の最初)
12.24	東京－熊本間臨時「臨時あさかぜ」を1961年1月14日まで運転
12.28	秋田－青森－鮫間気動車準急「白鳥」運転開始
12.29	東北本線黒磯－福島間に電車運転開始

1961(昭和36)年

1.14	札幌－夕張間気動車準急「夕張」2往復新設
1.15	札幌－築別間(羽幌線経由)気動車準急「るもい」1往復新設(札幌－深川間下り「かむい」、上り「オホーツク」に併結)
3. 1	時刻改正 ①東京以西：東京－大阪間急行「なにわ」を電車化(1時間短縮、所要時間7時間45分)。東京－大阪間電車急行「金星」新設。東京－大阪間下り急行「月光」と上り急行「明星」を寝台列車「明星」とする。東京－大社間急行「出雲」を浜田へ延長。電車準急、日光－伊東間「湘南日光」、名古屋－辰野間(飯田線経由)「伊那」、名古屋－大阪間「比叡」各1往復増発。大阪－金沢準急「加賀」(週末運転、座席指定)、金沢－西舞鶴間気動車準急「わかさ」各1往復、富山－名古屋間気動車準急「ひだ」上り1本、名古屋－長野間不定期準急「きそ」1往復増発 ②紀勢線ほか：名古屋－新宮－天王寺間準急「くまの」を気動車化し、急行「紀州」とする(1時間37分短縮、所要時間9時間13分)。東京発着の南紀めぐり観光団体専用列車新設。気動車準急、京都－紀伊勝浦・鳥羽間「勝浦」「鳥羽」、鳥羽－紀

	伊勝浦間「志摩」各1往復、鳥取－石見益田間「石見」1往復新設 ③東京以北：上野－青森間気動車特急「はつかり」を45分短縮、所要時間10時間45分とする。上野－青森間急行「みちのく」の盛岡以遠を定期化。長野－新潟間気動車準急「よねやま」「あさま」各1往復新設。福島－仙台間交流電気運転開始
3.17	中央本線東京－高尾間の「急行電車」を「快速電車」と改称
4. 1	網走本線の名称を廃止し、池北線池田－北見間、石北線を石北本線旭川－網走間とする。また北見線を天北線と改称
4. 6	運賃値上げ(旅客14.6%、貨物15%)
4.15	四国線時刻改正。気動車98両投入し近代化完成。高松－宇和島間気動車準急「いよ」を急行「四国」に格上げ(四国島内最初の急行列車、所要時間4時間57分)。気動車準急、高松－今治間、高松－松山間、松山－宇和島間に「いよ」各1往復増発。高松－宇和島間準急「せと」を気動車化。高松－窪川間気動車準急「足摺」1往復新設。高松－徳島間気動車準急「阿波」2往復増発
4.15	函館－網走・釧路間準急「はまなす」「狩勝」の釧路行を分離、札幌－釧路間気動車急行「狩勝」とする(2時間18分短縮、所要時間6時間25分)
4.17	五日市線拝島－武蔵岩井間電車運転開始
4.25	西成線西九条－関西本線天王寺間開業。城東線天王寺－大阪間、西成線大阪－西九条間を含めて大阪環状線大阪－大正－大阪間全通、西九条－桜島間を桜島線と改称。電車運転開始
4.25	宇高航路に讃岐丸(1,828トン)就航
5. 1	上野－長野間臨時気動車急行「志賀」1往復新設(所要時間4時間23分)
5.16	キハ28形気動車落成
6. 1	山陽本線小郡－下関間(直流)、鹿児島本線門司港－久留米間(交流)の電化完成。交直流電車運転開始
6. 1	常磐線上野－勝田間交直流電車運転開始
10. 1	時刻大改正。山陽本線倉敷－三原間電化完成。主要幹線の電化、線路増設、新性能車両投入。特急18本を52本、急行126本を226本、準急400本を448本に増発。優等列車合計726本設定。主要線区に特急列車を新設し、全国特急網を形成 ①東海道・山陽・九州線：客車特急、東京－熊本間「みずほ」(不定期、所要時間19時間)。電車特急、東京－大阪間「はと」1往復、東京－神戸・宇野間「富士」2往復(所要時間宇野まで9時間20分)、東京－名古屋間「おおとり」、大阪－宇野間「うずしお」各1往復新設、東京－大阪間「ひびき」2往復(不定期)設定。気動車特急、京都－長崎・宮崎間「かもめ」(所要時間長崎まで12時間5分、宮崎まで14時間)、大阪－博多間「みどり」(当初運休)、大阪－広島間「へいわ」、各1往復新設。寝台急行、東京－大阪・神戸間「銀河」「月光」「金星」増発(5往復となる。「あかつき」は不定期電車急行「六甲」とする)。大阪－広島間(呉線経由)「音戸」、大阪－熊本間「ひのくに」各1往復新設。急行列車、東京－大分間「ぶんご」、大阪－佐世保間

	「平戸」、名古屋－鹿児島間「さつま」1往復増発。東京－金沢間急行「能登」は「伊勢」「那智」との併結をやめ単独の列車とする。東京－熊本間急行「阿蘇」の東京－名古屋間廃止、東京－長崎間急行「雲仙」の東京－大阪間廃止。大阪－熊本・都城間急行「天草」「日向」の併結をやめ単独の列車とする。電車急行、東京－大阪・姫路間4往復(うち1往復不定期)を12往復(うち3往復不定期)に増発。気動車急行、大阪－広島間「宮島」、広島－別府間「べっぷ」各1往復増発 ②山陰線：京都－松江間(大阪、福知山線経由)「まつかぜ」(所要時間6時間35分)各1往復新設。大阪－浜田・大社間急行「三瓶」増発。京都・大阪－松江間気動車急行「白兎」1往復増発。東京－浜田間急行「出雲」は福知山線経由を京都から山陰本線経由に変更 ③四国線：気動車急行、高松－松山間「道後」、高松－高知間「浦戸」、高松－須崎間「黒潮」各1往復増発。高松－徳島間気動車準急「阿波」5往復中2往復を「眉山」「なると」と改称 ④中央・信越線：気動車急行、新宿－松本間「アルプス」は2往復を6往復に増発(うち3往復準急格上げ)、大阪－長野間「ちくま」(名古屋－長野間客車急行を気動車化、延長)、名古屋－長野間「信州」「あずみ」、上野－長野間「丸池」「とがくし」各1往復増発。気動車準急、新宿－甲府間「かいじ」、新宿－水上間(八高線経由)「奥利根」新設。新宿・長野－天竜峡間「天竜」(新宿－辰野間気動車急行に併結、長野－天竜峡間臨時)新設 ⑤北陸線：気動車特急、大阪－青森・上野間「白鳥」(所要時間青森まで15時間45分、上野まで12時間30分、食堂車2両連結)新設。大阪－富山間準急「つるぎ」新設。金沢－新潟間気動車急行「きたぐに」新設 ⑥東北・常磐・奥羽線：気動車特急、上野－仙台間「ひばり」(不定期、当初運休)、上野－秋田間「つばさ」(所要時間8時間30分)各1往復新設。寝台急行、上野－青森間常磐線経由「北上」1往復増発。急行列車、上野－仙台間「みやぎの」、上野－会津若松間「ばんだい」、上野－盛岡間「ひめかみ」(不定期)、上野－青森間「八甲田」「十和田」(不定期)、上野－新庄間「出羽」、上野－秋田間「男鹿」、上野－金沢間(信越本線経由)「黒部」各1往復増発。上野－仙台間「みやぎの」を延長、上野－盛岡間気動車急行「陸中」と改称。郡山－盛岡間気動車準急「やまびこ」を盛岡－青森間延長する。秋田－青森間準急2047・2048列車新設(荷物専用列車に客車を併結、この改正で唯一列車名のない定期の優等列車) ⑦北海道線：函館－旭川間気動車特急「おおぞら」(所要時間6時間30分)1往復新設。気動車急行、函館－網走・釧路・稚内間(天北線経由)「はまなす」「狩勝」「天北」各1往復増発。函館－旭川間(千歳線経由)準急「たるまえ」、旭川－稚内間気動車準急「礼文」新設
11.9	キハ35形気動車落成
12.10	伊豆急行伊東－伊豆急下田間開業。東京－伊豆急下田間電車準急2往復(うち1往

	復は週末運転)の乗入れ開始
12.15	大阪－博多間気動車特急「みどり」運転開始(所要時間8時間55分)。下り「第1こだま」接続で、東京－博多間所要時間15時間35分、日着可能となる
12.28	EF70形交流電気機関車落成

1962(昭和37)年

1.10	上諏訪－長野間気動車準急「諏訪」1往復新設、天竜峡－長野間臨時気動車準急「天竜」を定期化、上諏訪・天竜峡－長野間「天竜」とする
2.1	札幌－帯広間気動車急行「十勝」1往復新設、倶知安－札幌間気動車準急「らいでん」「ニセコ」新設
2.15	出水－宮崎間(山野・吉都線経由)気動車準急「からくに」1往復新設、吉松－宮崎間は「えびの」に併結
2.20	盛岡－秋田間(花輪・奥羽本線経由)気動車準急「よねしろ」1往復新設
3.1	①信越線：上野－長野間気動車急行「志賀」「丸池」各1往復を屋代から長野電鉄湯田中へ乗入れ開始 ②関西・紀勢線：新宮－名古屋間気動車準急「はやたま」新設。名古屋－紀伊勝浦間準急「うしお」を気動車化
3.10	①東京－湊町間急行「大和」に和歌山市行2等寝台車(スハネフ30)1両増結、東京－和歌山市間直通 ②新潟－秋田間気動車準急「羽越」1往復新設
3.15	米子－広島間(伯備・芸備線経由)気動車準急「しらぎり」、岡山－広島間(伯備・芸備線経由)気動車準急「たいしゃく」各1往復新設
4.1	1等旅客運賃、急行券(特急・急行・準急)、寝台券、特別座席券等の通行税を10%に引下げ
4.1	広島－下関間気動車準急「やしろ」1往復新設。広島－小郡間気動車準急「周防」1往復増発
4.7	新製気動車、キハ20・キハ27・キハ28・キハ35・キハ56・キハ57・キハ58・キロ26・キロ28形を配属
4.12	小松島港－多度津・高知間気動車準急「阿佐」2往復新設
4.14	新宿－河口湖間気動車準急「かわぐち」1往復新設、下りは急行
4.15	名古屋－京都間(関西・草津線経由)気動車準急「平安」2往復新設
4.20	東北本線松島－品井沼間(通称山線)廃止。岩切－塩釜－品井沼間を本線、岩切－松島間を支線とする
4.21	仙台－鳴子間気動車特急「鳴子いでゆ」運転開始。土日曜日運転
4.27	上野－仙台間不定期気動車特急「ひばり」運転開始。所要時間4時間53分
5.1	北海道時刻改正。札幌－網走・釧路(旭川行併結)間気動車急行「はまなす」「狩勝」、札幌－遠軽(名寄本線経由)・幌延(留萠・羽幌線経由)間気動車急行「紋別」「羽幌」

を新設。札幌・旭川－釧路間気動車急行「狩勝」1往復増発。これに伴い小樽－築別間気動車準急「るもい」は小樽－増毛間に変更。函館－旭川間準急「たるまえ」の札幌－旭川間廃止。札幌－網走・釧路・稚内間気動車急行を札幌－網走・稚内間「はまなす」「天北」と札幌－釧路間「狩勝」に分離。旭川－網走間気動車急行「はまなす」を札幌－網走間に延長。気動車準急、帯広－釧路間「ぬさまい」、旭川－名寄－遠軽－旭川間「旭川」(循環)、興部－網走間「天都」各1往復、根室標津－釧路間「らうす」2往復新設

5.3　常磐線三河島構内で下り貨物列車が脱線、下り電車がこれに衝突、さらに上り電車三重衝突脱線転落(死者160名、負傷296名、三河島事故)

5.12　上野－会津若松間臨時気動車急行「ばんだい」1往復増発(6月10日定期列車化)。郡山－会津若松間気動車準急「いわしろ」新設、上野－会津若松間準急「ひばら」1往復廃止

5.21　中央本線上諏訪－辰野間に電車運転開始。電車準急「伊那」下り2本・上り1本を延長

6.10　時刻改正。北陸本線敦賀－今庄間北陸トンネル開通(敦賀－杉津－今庄間廃止)、敦賀－福井間交流電化完成。信越本線高崎－横川間および長岡－新潟間、山陽本線三原－広島間電化完成

①東海道・山陽線：大阪－広島間気動車特急「へいわ」を電車化し、東京－大阪間電車特急(下り「第1つばめ」、上り「第2こだま」)と結び東京－広島間電車特急「つばめ」(所要時間11時間10分)1往復新設。大阪－広島間気動車急行「宮島」を電車化し、東京－大阪間電車急行(下り「やましろ」、上り「第1なにわ」)と結び東京－広島間電車急行「第1宮島」1往復新設。東京－大阪間夜行電車急行下り「第2せっつ」、上り「第2なにわ」を大阪－広島間延長し東京－広島間電車急行「第2宮島」とする。東京－大阪間不定期電車急行「六甲」を不定期急行「あかつき」に置替え。岡山－岩国間気動車準急「にしき」を呉線経由に変更

②北陸線：大阪－金沢間気動車急行「越前」1往復新設。特急「白鳥」等速度向上

③上信越線：上野－新潟間電車特急「とき」(所要時間4時間40分)1往復新設。上野－長岡間電車準急「ゆきぐに」を新潟へ延長、上野－新潟間電車急行下り「弥彦」上り「佐渡」新設。上野－長野原(現・長野原草津口)間電車準急「くさつ」「草津いでゆ」を気動車化、1往復増発し「草津」2往復、「草津いでゆ」1往復(全指定制)とする。上野－小山－高崎間(両毛線経由)気動車準急「わたらせ」1往復新設

7.1　鹿児島線博多－西鹿児島間気動車急行「フェニックス」1往復新設。盛岡－久慈間気動車準急「うみねこ」1往復新設、盛岡－尻内(現・八戸)間は準急「しもきた」に併結

7.1　東北本線利府－松島間運輸営業廃止

7.15　仙台－青森間(横黒線経由)気動車急行「あけぼの」1往復新設。仙台－上ノ山間(仙山線経由)気動車準急「仙山」1往復新設。上野－横川間電車準急「軽井沢」2往復新設、横川－軽井沢間は専用バスが接続

7.18	高松－牟岐間気動車準急「むろと」2往復新設。高松－徳島間気動車準急「眉山」「なると」を「阿波」と改称、同区間に準急は「阿波」5往復に統一
7.21	東北・常磐線用451系、北陸線用471系交直流用電車完成、試運転実施
8. 1	博多－佐世保間(筑肥・松浦線経由)気動車準急「九十九島」1往復新設
9. 1	赤穂線伊部－東岡山間開業、相生－東岡山間全通
9. 1	宇野－鳥取間(宇野・因美線経由)気動車準急「砂丘」1往復新設
10. 1	常磐線勝田－高萩間交流電化完成、電気運転開始。山陽本線広島－横川間電気運転開始
10. 1	時刻改正 ①東京以西：東京－熊本間不定期特急「みずほ」、東京－大阪間不定期急行「あかつき」を定期列車化。東京－広島間急行「安芸」を寝台列車化。大阪－広島間急行「音戸」を下関へ延長。名古屋－鹿児島間急行「さつま」に併結の京都－大社間急行「だいせん」を分離、気動車化。博多－西鹿児島間気動車急行「フェニックス」と門司港－宮崎間準急「青島」を結び、宮崎－小倉－西鹿児島間に延長する。博多・門司港－西鹿児島・熊本間気動車準急「ひかり」を急行に格上げ。三原－出雲市間(伯備線経由)気動車準急「皆生」1往復新設。総武・房総関係の気動車準急の列車名を見直し、線別に改称、総武本線は「犬吠」、房総東線は「外房」、房総西線は「内房」、成田線は「水郷」とする ②東京以北：上野－仙台間急行「みやぎの」を電車化。上野－秋田間急行「鳥海」に上野－喜多方間「ばんだい」を併結。上野－仙台間気動車特急「ひばり」定期列車化。上野－水戸・真岡間気動車準急「つくばね」1往復新設、上野－間々田間は準急「わたらせ」に併結 ③北海道線：函館－旭川間気動車特急「おおぞら」に釧路行併結。函館－札幌間気動車急行「アカシヤ」1往復新設。帯広－陸別・北見間気動車準急「池北」2往復新設
10. 6	札幌－倶知安－伊達紋別－札幌間臨時気動車準急「いぶり」運転開始。札幌－倶知安間は「ニセコ」、伊達紋別－札幌間は「ちとせ」に併結、土曜・日曜日に運転
10.27	モハ450・モハ470・クモハ451・クモハ471・サロ451・サハ451・サハシ451等の新製電車を配属
11. 1	十日町－新潟間気動車準急「うおの」1往復新設
12. 1	中央本線新宿－松本間準急「穂高」、信越本線上野－直江津間準急「妙高」を気動車急行とする。新宿－小諸間(小海線経由)気動車準急「八ヶ岳」1往復新設(新宿－小淵沢間急行に併結)。名古屋－長野間準急「きそ」と長野－新潟間気動車準急「あさま」を結び名古屋－長野－新潟間気動車急行「赤倉」1往復新設。鳥取－境港間気動車準急「美保」1往復新設

1963(昭和38)年

1.11	日本海側各地を襲った豪雪により、北陸・上信越線等不通。2月18日復旧
2.1	小松島港－松山間(徳島本線経由)気動車準急「いしづち」1往復新設。予讃本線の気動車準急の列車名を整理、高松－松山間に運転の列車は「いよ」、高松－宇和島間に運転の列車は「うわじま」(「せと」を除く)とする
3.25	①中央・篠ノ井・信越・小海・飯山線に気動車準急新設、長野－小諸－小淵沢－長野間「のべやま」(循環)、長野－小淵沢－小諸－長野間「すわ」(循環)、甲府－小淵沢－小諸－長野間「甲斐駒」、長野－越後川口間「野沢」 ②九州線：大分－門司港間気動車準急「つるみ」上り1本新設
3.30	新幹線試作電車時速256kmを記録
4.4	北陸本線福井－金沢間に電気運転開始
4.20	時刻改正。北陸本線福井－金沢間交流電化完成。大阪－金沢間電車急行「ゆのくに」「加賀」計4往復、敦賀－金沢間電車準急「越前」1往復新設。大阪－富山間準急「つるぎ」を寝台専用急行列車化。大阪－富山間急行「立山」と金沢－新潟間気動車急行「きたぐに」を結び、大阪－新潟間の列車とする。大阪－和倉(上り輪島)間気動車準急「奥能登」を併結。金沢－秋田間急行「しらゆき」1往復新設。車両の一部は秋田から気動車急行「あけぼの」に併結して青森へ直通。名古屋－金沢間(高山本線経由)気動車準急「ひだ」を急行「加越」とする。四日市－高山間、名古屋－高山間に気動車準急「ひだ」を各1往復増発。京都－大社間気動車急行「だいせん」を赤穂線経由に変更。東京－大阪間不定期特急「ひびき」2往復中1往復を定期列車化。岡山－広島間電車準急「とも」2往復新製
4.20	千葉駅付近工事完成
5.1	常磐線高萩－平間交流電化完成、電気運転開始
5.8	日南線南宮崎－北郷間開業、志布志線の一部を編入し、日南線南宮崎－志布志間全通。別府－鹿屋間(日南・大隅線経由)気動車準急「日南」1往復新設
6.1	時刻改正 ①東京以西：東京－熊本間特急「みずほ」を固定編成化し、東京－熊本・大分間とする。広島－長崎間急行「出島」1往復新設(小倉まで「べっぷ」に併結)。博多－佐世保間気動車準急「九十九島」を長崎へ延長、博多－長崎間(筑肥・松浦・大村線)の列車とする ②東京以北：上野－新潟間下り「佐渡」上り「弥彦」、「越路」1往復を電車化。上野－長岡間電車準急「ゆきぐに」を新潟へ延長、急行へ格上げ。上野－新潟間電車急行「越後」1往復増発。上野－新潟間準急「越後」を寝台専用急行「天の川」とする。上野－仙台間急行「青葉」を電車化 ③北海道線：函館－札幌間急行「大雪」を気動車急行「ライラック」に置替え。札幌－根室間気動車急行「阿寒」1往復新設。札幌－網走間気動車急行「はまなす」を

	小樽へ延長。札幌－様似間気動車準急「えりも」1往復新設(苫小牧－札幌間下り準急「ちとせ」、上り急行「すずらん」に併結)。札幌－伊達紋別－倶知安－札幌間気動車準急「いぶり」運転開始(時計回り)。札幌－伊達紋別間は「ちとせ」、倶知安－札幌間は「ニセコ」に併結。既設の反時計回りは臨時を定期列車とする札幌－遠軽間気動車急行「紋別」を紋別以遠普通列車化
7.15	①信越線時刻改正。軽井沢－長野間電化完成。横川－軽井沢間新線の一部開業。上野－横川間準急「軽井沢」2往復を長野へ延長 ②九州線：博多－小倉－大分間気動車準急「きじま」1往復新設、毎日運転の臨時列車
8.22	サロ165・サハシ165形の新製電車を配属
9.30	横川－軽井沢間全列車を新線上の粘着運転に切り替え、アプト式を廃止
10. 1	横川－軽井沢間新線開通およびアプト式運転の廃止および軽井沢－長野間工事完成に伴う時刻改正 ①東京以西：東京－大阪間電車急行「第2なにわ」を寝台急行「すばる」に置替え。大阪－西鹿児島間急行「しろやま」1往復新設 ②四国：気動車準急、高松－松山間「えひめ」下り1本新設(指定制)。徳島－高知間「よしの川」(阿波池田－高知間「足摺」に併結) ③東北・奥羽線：上野－仙台間不定期気動車特急「ひばり」を定期列車化。上野－秋田間急行「おが」1往復新設。上野－仙台・会津若松間準急「あぶくま」「ひばら」を盛岡まで延長、寝台急行「北星」とする。上野－仙台間電車急行「松島」1往復増発。郡山－青森間気動車準急「やまびこ」を仙台－青森間気動車急行「むつ」に格上げ。上野－山形・新潟(磐越西線経由)間気動車急行「ざおう」「いいで」1往復新設。上野－新庄間急行「出羽」を気動車化し、酒田へ延長。気動車準急、上野－平間「ひたち」(指定制)、盛岡－盛間「さかり」1往復(盛岡－一ノ関間「くりこま」に併結)、新庄－山形間「むらやま」上り1本新設。上野－平間準急「ときわ」は5往復が電車、2往復は気動車とする ④信越線：上野－長野間気動車急行3往復を電車化、電車準急「軽井沢」を急行に格上げ、ほか2往復増発により電車急行7往復とする。列車名を整理し昼行を「信州」、夜行「とがくし」、長野電鉄乗入れ編成を持つ列車を「志賀」とする。上野－直江津間準急「あさま」(長野まで準急)を急行「丸池」に格上げ(長野まで急行)。気動車準急、糸魚川－新潟間「ひめかわ」(直江津－新潟間「よねやま」に併結)下り1本、新井－新潟間「くびき」1往復新設 ⑤房総線：両国－安房鴨川・館山(上り千倉発)気動車準急「くろしお」「さざなみ」1往復新設。両国－千葉間併結、指定制 ⑥毎日運転臨時気動車準急、直方－由布院間「はんだ」、門司港－豊後中村間「日田」。いずれも日田彦山線経由、1964年3月20日改正で定期列車化
10.16	クモハ453形の新製電車を配属

11. 9	東海道線鶴見－横浜間で貨物列車脱線し、これに上下の横須賀線電車三重衝突、死者161名、負傷者120名(鶴見事故)
12. 1	気動車準急、旭川－留萠－幌延間「るもい」2往復新設(羽幌線内は普通列車)、小樽－増毛間気動車準急「るもい」は「かむい」に改称。函館－江差間「おくしり」「ひやま」、函館－松前間「松前」(函館－木古内間「えさし」に併結)各1往復新設
12. 5	上野－盛岡間気動車特急「つばさ」1往復新設(福島まで上野－秋田間特急「つばさ」に併結)
12.18	中村線窪川－土佐佐賀間開業。高松－土佐佐賀間気動車準急「足摺」1往復運転するほか「南風」「足摺」各1往復を普通列車で延長
12.30	ED75形交流電気機関車落成

1964(昭和39)年

3.20	時刻改正 ①東京以西：京都－松江間気動車特急「まつかぜ」を博多へ延長、京都－博多間列車とする。広島－別府・長崎間「べっぷ」「出島」を分離、呉－長崎間「出島」、広島－別府間「べっぷ」とする。富士－甲府間(身延線経由)電車準急「富士川」2往復新設 ②東京以北：上野－仙台間急行「吾妻」「まつしま」各1往復を電車化、「ざおう」「ばんだい」を気動車化し、上野－山形・会津若松間の気動車急行とする。上野－福島間準急「しのぶ」を電車急行とする。上野－山形・会津若松間不定期急行「ざおう」「ばんだい」1往復設定。気動車準急「そらち」、小樽－上芦別間下り2本・上り1本、小樽－富良野間1往復、落合－小樽間上り1本新設。うち1往復は小樽－滝川間「かむい」に併結。また1往復は根室線内普通列車
3.22	大阪環状線完全高架開通
4.10	別府－長崎・佐世保間(久大本線経由)気動車急行「西九州」1往復新設
5. 1	水郡線経由の臨時気動車準急、上野－水戸－福島間「久慈川」(上野－水戸間「ときわ」に併結)、水戸－福島間「スカイライン」各1往復新設、同年10月1日定期列車化
5.10	青森－函館間航路に新造第1船津軽丸就航
5.11	北陸本線新疋田－敦賀間複線化に伴い、柳ヶ瀬線木ノ本－敦賀間運輸営業廃止(疋田－敦賀間は1963年10月1日から営業休止)
5.19	根岸線桜木町－磯子間開業、東海道本線横浜－桜木町間を加え、根岸線は横浜－磯子間とする
7. 7	東海道新幹線の列車名を特急「こだま」、超特急「ひかり」と決定
7.25	山陽本線広島－小郡(現・新山口)間に電気運転を開始。これにより山陽本線全線電化完成
8. 7	クハ103、サハ103、モハ103、クモハ102形の新製電車を配属
8.12	青森－函館間航路に新造第2船八甲田丸(8,313トン)就航

8.23	中央本線甲府－上諏訪間に電気運転を開始
9.28	東北本線安達－松川間複線化完成。これにより東京－福島間全線複線化なる
10. 1	全国時刻改正。東海道新幹線東京－新大阪間開通。山陽本線全線、北陸本線富山、中央本線上諏訪電化完成 ①東海道新幹線：東京－新大阪間超特急「ひかり」14往復(所要時間4時間)、特急「こだま」12往復(所要時間5時間)など新設 ②東海道・山陽・九州線：東京－熊本・大分間特急「みずほ」の大分行を単独運転、東京－大分間特急「富士」とする。新大阪－博多間電車特急「つばめ」「はと」(下関－博多間電気機関車牽引)、新大阪－下関間電車特急「しおじ」、新大阪－宇野間電車特急「ゆうなぎ」、新大阪－熊本・大分間気動車特急「みどり」各1往復新設。電車急行、東京－修善寺・伊豆急下田間「伊豆」2往復、大阪－下関間「関門」1往復新設。東京－宇野間寝台急行「さぬき」1往復新設。東海道在来線電車特急全廃、客車急行5往復、電車急行4往復、電車準急3往復廃止 ③中央線：新宿－上諏訪間電車急行「たてしな」1往復新設 ④北陸線：大阪－金沢間電車急行1往復を富山へ延長、大阪－富山間「越山」とする ⑤山陰線：大阪－大社間急行「しまね」新設。鳥取－広島間(木次・芸備線経由)気動車準急「いなば」新設。博多－東萩・山口間気動車準急「あきよし」を博多－浜田・石見益田(現・益田)間に延長 ⑥四国線：高松－高知間気動車準急「南国」2往復新設(うち1往復は団体用および多客期に運転) ⑦東京以北：上野－青森間(東北本線経由)寝台特急「はくつる」(急行「北上」格上げ)、上野－山形間気動車特急「やまばと」(急行「ざおう」格上げ)、上野－仙台間寝台急行「新星」1往復新設 ⑧北海道線：函館－網走・釧路間気動車特急「おおとり」新設(急行「オホーツク」「摩周」を格上げ)。函館－稚内間気動車急行「宗谷」は倶知安経由の単独運転とする。札幌－遠軽・幌延間気動車急行「紋別」「はぼろ」に網走行きを併結、札幌－遠軽・幌延・網走間気動車急行「紋別」「はぼろ」「オホーツク」とする。旭川－網走間気動車準急「あばしり」1往復新設(遠軽－網走間「天都」に併結)
10.31	関門航路下関－門司港間廃止
11. 1	宮崎－鹿屋間(日南・大隅線経由)気動車準急「佐多」2往復新設
12. 1	金沢－出雲市間(小浜・宮津線経由)気動車急行「あさしお」新設。下り米子－出雲市間は「皆生」に併結
12.25	大阪－富山間電車特急「雷鳥」、名古屋－富山間電車特急「しらさぎ」各1往復新設

1965(昭和40)年

1. 6	サヤ420、モハ480、モハ481、クハ481、サロ481、サシ481形の新製電車を配属
1.14	ED65形直流電気機関車落成

2.16	EF64形直流電気機関車を配属
3. 1	時刻改正。名古屋－天王寺間(紀勢本線経由)気動車特急「くろしお」、名古屋－東和歌山間(関西・阪和線経由)気動車特急「あすか」各1往復新設。大阪－天橋立間気動車準急「はしだて」1往復新設
3.18	大阪環状線全線複線化完成
3.20	上野－新潟間電車特急「とき」1往復増発。気動車準急(循環)、盛岡－花巻－釜石－宮古－盛岡間「五葉」および、この逆回りの「そとやま」新設。盛岡－釜石間(山田線経由)気動車準急「リアス」1往復新設
4. 1	モハ422、モハ423形を西部支社に、モハ472、クモハ473形を中部支社へ配属
5.16	青森－函館間航路に新造船大雪丸(8,298トン)就航
5.20	新幹線自由席特急券発売開始
5.20	中央本線辰野－塩尻間および篠ノ井線塩尻－南松本間に電気運転開始、新宿－松本間全線電化完成
6.16	EF65形、DD50形を配属
6.30	青森－函館間航路に新造船摩周丸(8,327トン)就航
7. 1	新宿－松本間電化完成に伴い気動車急行下り「第2アルプス」「第3アルプス」「第2上高地」・上り「第3アルプス」「第1上高地」「第2白馬」の3往復を電車化。新宿－飯田間気動車準急「赤石」(新宿－辰野間下り「第2アルプス」・上り「第1上高地」に併結)を電車化
8. 5	名古屋鉄道神宮前－鵜沼－高山間気動車準急「たかやま」1往復新設
9.30	北陸本線泊－糸魚川間に電気運転を開始
10. 1	全国時刻大改正。新幹線電車増備、鹿児島本線熊本、北陸本線糸魚川、東北本線盛岡電化、主要幹線の軌道強化(最高速度110km/hに向上)、青森－函館間航路新造船6隻就航によるスピードアップ ①東海道新幹線：東京－新大阪間「ひかり」6往復増発し20往復、「こだま」3往復増発し15往復とする。新幹線増発に伴い「銀河」「金星」「大和」(東京－名古屋間)、電車急行2往復、電車準急「東海」2往復、「比叡」3往復、「ながら」「はまな」2往復廃止 ②東海道・山陽・九州線：寝台特急、東京－長崎間「さくら」の博多転向車を佐世保へ延長し、東京－長崎間・佐世保間の列車とする。東京－大分間「富士」を西鹿児島間へ延長。新大阪－西鹿児島・長崎間「あかつき」1往復新設。電車特急、名古屋－熊本間「つばめ」1往復、新大阪－下関間「しおじ」、新大阪－広島間「しおかぜ」各2往復運転。気動車特急、大阪－宮崎間「いそかぜ」、京都－長崎・宮崎間「かもめ」を京都－長崎・西鹿児島間に変更。新大阪－熊本・大分間「みどり」を新大阪－佐世保(筑豊本線経由)・大分間に変更。寝台急行、新大阪－博多間「海星」、新大阪－宮崎間「夕月」各1往復新設。門司港－鹿児島間「はやと」新設。電車急行、(新)大阪－博多間「つくし」、(新)大阪－下関間「関門」各2往復、名古

屋－博多間「はやとも」、新大阪－広島間「みやじま」、岡山－熊本間「有明」、広島－博多間「山陽」、岡山－下関間「みずしま」各1往復新設。気動車急行、長崎・佐世保－熊本(上り三角発、日豊・豊肥本線経由)「九重」、米子－熊本間「やえがき」各1往復新設。電車準急、博多－熊本間「ぎんなん」1往復新設
③中央線：新宿－松本間の昼行急行の列車名は「アルプス」に統一、新設1往復、気動車急行の電車化2往復、「たてしな」の延長を含め電車急行6往復、気動車急行2往復とする
④山陰線：米子－博多間夜行急行「しまね」新設、大阪－大社間夜行急行「しまね」は「おき」と改称。大阪－浜田間急行「三瓶」は気動車化、大阪－石見益田(現・益田)間の列車とする。気動車準急、浜田－博多間「あきよし」は浜田－東唐津・天ヶ瀬間に延長する。宇野－博多間「しんじ」を宇野－小郡(現・新山口)間に短縮、米子－小倉間「なかうみ」新設。大阪－米子間(姫新・因美線経由)「かいけ」新設。既設の三原－出雲市間「かいけ」を宇野－出雲市間「たまつくり」に改称
⑤日本海縦貫線：大阪－青森・上野間気動車特急「白鳥」を新潟経由とし、上野行を独立、上野－金沢間気動車特急「はくたか」1往復新設。所要時間7時間50分。大阪－金沢間準急「つるぎ」を大阪－富山間急行「金星」、大阪－金沢間電車急行「加賀」を大阪－富山間「つるぎ」に改称
⑥東北・常磐・奥羽線：上野－青森間(常磐線経由)寝台特急「ゆうづる」1往復新設。上野－秋田・盛岡間気動車特急「つばさ」の盛岡行を分離、上野－盛岡間電車特急「やまびこ」とする。上野－仙台間電車特急「ひばり」2往復(うち1往復気動車特急「ひばり」の電車化)増発。上野－山形間気動車特急「やまばと」を延長、上野－秋田間「つばさ」と改称する。別に上野－山形・会津若松間気動車特急「やまばと」1往復新設(急行「ざおう」を格上げ)。上野－秋田間夜行急行「おが」2往復を青森へ延長、上野－青森間夜行急行「津軽」2往復と改称、上野－青森間「津軽」1往復は上野－秋田間「おが」1往復とそれぞれ改称する。上野－仙台間電車急行2往復を盛岡へ延長、上野－盛岡間電車急行昼行は「いわて」、夜行は「きたかみ」とする。上野－盛岡・宮古間気動車急行「陸中」の運転区間を上野－鳴子・盛・宮古・大鰐間の列車「陸中」「みちのく」とする。仙台－弘前間(釜石・山田・花輪線経由)気動車準急「さんりく」1往復新設
⑦上信越線：上野－福井間(信越本線経由)急行「越前」1往復増発。新潟－秋田間気動車準急「羽越」を上野－新潟－秋田間気動車急行「鳥海」とする
⑧北海道線：函館－旭川間(室蘭・千歳線経由)気動車特急「北斗」1往復新設。札幌－名寄間気動車急行「なよろ」1往復新設(札幌－旭川間「大雪」に併結)。函館－釧路間急行「まりも」を函館－札幌間「ていね」と札幌－釧路間「まりも」に立て替える
⑨青森－函館間航路の所要時間4時間30分を3時間50分に短縮

10. 1　全国主要152駅と交通公社83営業所に「みどりの窓口」を設置

10.28	モハ166・167・454・455・474・482・483形、クハ167・455形、クモハ455・475形、サロ455形、サハシ455形新製電車を配属
11.1	東海道新幹線時刻改正。東京－新大阪間の所要時間「ひかり」3時間10分、「こだま」4時間に短縮。東京－新大阪間「ひかり」定期5往復増発し25往復、不定期1往復設定。「こだま」定期2往復増発し18往復、不定期2往復設定
11.1	新大阪－浜田間気動車特急「やくも」1往復運転開始。阿蘇(上り熊本終着)－西鹿児島間(肥薩線経由)気動車準急「やたけ」1往復新設
－.－	ED76形交流電気機関車落成

1966(昭和41)年

3.1	宇野－高松間航路に伊予丸(3,083トン)就航
3.5	運賃改定、旅客31.2%、貨物12.3%値上げ。100km以上走行する準急列車は急行列車に格上げ、準急行券は100km未満のみ発売
3.10	東海道新幹線東京－名古屋間「ひかり」1往復、「こだま」定期・不定期各1往復増発。名古屋－新大阪間「こだま」1往復廃止。東京－新大阪間不定期「ひかり」「こだま」各1往復廃止
3.25	気動車急行新設または改廃、呉－長崎間「出島」は呉－長崎・佐世保間列車とする。岐阜－名古屋－鳥羽間「いすず」2往復新設。宮崎－鹿屋間「佐多」2往復中1往復を博多－宮崎－鹿屋間の列車とし、他の1往復は宮崎－鹿屋間「都井」と改称。博多－佐世保間(筑肥・松浦・佐世保線経由)「からつ」1往復新設(博多－伊万里間「九十九島」併結)、西鹿児島－指宿間準急「そてつ」下り1本新設
3.31	ED93、キハ91、サハ164形の新製車両を配属
4.1	京浜東北線で103系10両編成による運転開始
4.16	宇野－高松間航路に土佐丸(3,083トン)就航
4.20	国鉄全線のATS装置を完了、全列車がATSによる運転となる
4.28	中央本線中野－荻窪間4線高架完成により中央本線荻窪－営団東西線竹橋間直通運転開始。快速電車の休日運転開始
5.14	中央本線瑞浪－名古屋間電気運転開始
6.13	DE10形ディーゼル機関車落成
6.20	DD54形ディーゼル機関車落成
7.20	柏崎－新潟間(越後線経由)気動車準急「かくだ」1往復新設
7.27	集中豪雨により東北線浅虫－野内間不通、8月22日復旧までの間はバス等による代行輸送を実施
8.24	信越本線長野－直江津間電気運転開始
9.6	EF90〔EF66〕形機関車落成
9.30	新狩勝トンネル開通により根室本線落合から新狩勝(信号場)を経て新得に至る新線で運輸営業開始、旧線廃止

10. 1	日豊本線小倉－新田原間交流電化完成
10. 1	時刻改正 ①東海道新幹線：東京－新大阪間「ひかり」不定期3往復増発、定期1往復廃止。「こだま」定期1往復増発、不定期1往復廃止 ②東海道・山陽・九州線：東京－長崎・佐世保間寝台特急「さくら」は編成を振替え ③北陸線：大阪－富山間電車特急「雷鳥」1往復増発。名古屋－金沢間電車急行「兼六」1往復新設。名古屋－大社(上り出雲市発)間(小浜・宮津線経由)気動車急行「大社」新設(「あさしお」に併結) ④東京以北：上野－新潟間電車特急「とき」1往復増発。上野－長野間電車特急「あさま」2往復新設。所要時間3時間30分。電車急行、上野－直江津間「妙高」2往復、上野－長野間「信州」4往復、上野－長野・湯田中間「志賀」2往復とする。上野－鳴子・盛・宮古・大鰐間気動車急行「陸中」「みちのく」を上野－盛・久慈・青森間(東北本線経由)「三陸」と、上野－鳴子・宮古・弘前間(常磐・東北・花輪線経由)「みちのく」に分割する
10.20	田沢湖線赤渕－田沢湖間開業、橋場線・生保内線編入し田沢湖線盛岡－大曲間全通。盛岡－秋田間(田沢湖線経由)気動車急行「南八幡平」2往復新設
11.30	北陸本線沓掛信号場－新疋田間複線開通、これにより米原－富山間複線化
12. 1	北陸本線米原－金沢間電車準急「くずりゅう」2往復新設
12.12	中央本線新宿－松本間電車特急「あずさ」2往復新設、所要時間3時間57分。新宿－甲府間電車急行「かいじ」新設

1967(昭和42)年

1.27	立席承知特急券の通年発売範囲を拡大し、新幹線「ひかり」、在来線の全車指定制の特急、寝台特急の2等座席車について定員の10%以内の枚数に限り通年発売実施
2. 1	水戸線小山－友部間に電気運転開始
2.14	クモハ711形交流電車が落成
2.28	ED94〔ED78〕形機関車落成
3. 1	函館－旭川・釧路間気動車特急「おおぞら」の旭川編成を分離、小樽経由とし、函館－旭川気動車特急「北海」新設
3.10	東京駅の新幹線用16番ホーム完成、「ひかり」「こだま」の発着分離実現
3.20	水戸線小山－友部間に電車運転開始
6. 1	青森－函館間航路で乗用車航送開始
6.10	長野原(現・吾妻)線渋川－長野原(現・長野原草津口)間電化完成
6.15	磐越西線郡山－喜多方間電気運転開始
7. 1	磐越西線および長野原線電化完成に伴い、上野－喜多方間2往復、上野－会津若松間1往復の電車急行「ばんだい」を運転(上野－郡山間は既設の急行に併結)。上

	野－秋田間急行「たざわ」、上野－山形間急行「ざおう」を単独運転。上野－長野原間電車急行「草津」定期3往復・不定期2往復運転
7. 3	中央線東京－高尾間に特別快速電車運転開始
8.20	常磐線全線電化完成
9.28	新清水トンネル開通により上越線湯檜曽－土樽間複線開通、これにより上越線全線複線電化完成
10. 1	時刻改正。日豊本線小倉－幸崎間交流電化完成 ①東海道新幹線：「ひかり」「こだま」とも朝夕混雑時の運転間隔を30分を20分とし、週末または季節列車を主体に「ひかり」5往復、「こだま」下り8本・上り7本増発 ②東京以西：新大阪－博多間急行「海星」を電車特急「月光」に格上げ、昼・夜行兼用特急形寝台電車581系の使用開始。新大阪－佐世保・大分間気動車特急「みどり」の大分編成を分離、新大阪－大分間電車特急「みどり」に変更。佐世保編成は大阪－宮崎間気動車特急「いそかぜ」に併結。門司港－西鹿児島間気動車特急「有明」1往復新設。新宮－天王寺間気動車特急「くろしお」各1往復増発。名古屋－東和歌山間「あすか」廃止。新見－広島間気動車急行「ひば」新設 ③東京以北：東北・上信越線電車特急・急行の一部を東京に乗り入れ。上野－新潟間電車特急「とき」は下り15分短縮、所要時間4時間30分とする
10. 1	宇野－高松間航路に新造第3船阿波丸(3,082トン)就航
10.14	新宿－京都間に旅客付随自動車料金切符を発売開始(オート・エクスプレス)
12.20	大糸線信濃森上－南小谷間電化完成。新宿から電車急行が延長、直通

1968(昭和43)年

3.28	総武本線千葉－成田線成田間に電気運転開始
4. 1	定期旅客運賃改定(通勤37.2%、通学40.9%値上げ)
4.27	御殿場線国府津－御殿場間に電気運転開始。東京－御殿場間に電車急行「ごてんば」下り4本・上り3本運転(東京－国府津間は既設列車に併結)
5.25	篠栗線篠栗－筑豊本線桂川間開業、篠栗線吉塚－桂川間全通
5.－	ED78形機関車落成
6.－	583系交直流寝台電車が落成
7. 1	御殿場線御殿場－沼津間に電気運転開始、これにより御殿場線国府津－沼津間の全線電化完成
7.13	房総西(現・内房)線千葉－木更津間電車運転開始
7.20	東京－中軽井沢間臨時電車特急「そよかぜ」2往復運転開始
7.21	東北本線野内－青森間線路変更、新線に東青森駅を設置し、同線浪打および浦町駅を廃止
7.－	EF71形交流電気機関車落成
7.－	東海道・山陽線高速列車用EF66形直流電気機関車落成

7.−	485系交直流特急形電車が落成
8. 5	東北本線乙供−東京起点694.97km間複線開通、これにより東北本線全線複線化完成
8.16	中央本線中津川−瑞浪間に電車運転を開始
8.22	東北本線盛岡−青森間に電気運転開始、これにより東北本線全線電化完成
8.28	函館本線小樽−滝川間に電気運転開始
8.−	169系交直流急行形電車が落成
8.−	キハ181系特急形ディーゼル動車が落成
8.−	DE11形ディーゼル機関車落成
9. 1	東北本線全線複線化により営業キロを740.4kmから739.2kmに改正
9. 1	両毛線小山−前橋間に電気運転開始
9. 8	仙山線作並−山形間直流電化を交流へ切り替え、仙山線全線の交流電化完成
9. 9	上野−青森間(常磐線経由)気動車特急「はつかり」は583系寝台電車に置替え
9.22	奥羽本線福島−米沢間直流電化を交流へ切り替え
9.23	奥羽本線米沢−山形間交流電化完成、電気運転開始
10. 1	白紙時刻改正。東北線全線複線電化完成等主要幹線の複線および電化進捗。軌道強化、貨物列車のスピードアップ ①東海道新幹線:「ひかり」5往復、「こだま」下り10本・上り11本他増発 ②東海道・山陽・九州線:寝台特急、東京−博多間「あさかぜ」、新大阪−宮崎間「彗星」、新大阪−西鹿児島・佐世保間「あかつき」各1往復増発。東京−西鹿児島間「はやぶさ」に長崎行併結。東京−西鹿児島間「富士」の下関回転車を大分に延長。寝台電車特急、名古屋−博多間「金星」、新大阪−博多間「月光」(季節)、新大阪−熊本間「明星」各1往復増発。電車特急、新大阪−博多間「はと」(季節)、新大阪−宇野間「うずしお」各1往復増発。気動車特急、博多−西鹿児島間(日豊本線経由)「にちりん」1往復増発。関西−九州間気動車特急の運転系統の立替えを実施、大阪−西鹿児島・宮崎間「なは」「日向」、「かもめ」を京都−長崎・佐世保(佐世保行は筑豊本線経由)間運転とする。東京−大阪間電車急行「なにわ」2往復廃止。急行「雲仙」「西海」の東京−新大阪間廃止、急行「高千穂」の東京−門司間廃止。電車急行「東海」2往復を静岡打切り ③北陸・日本海縦貫線:寝台特急、大阪−青森間「日本海」新設。大阪−青森間急行「日本海」は「きたぐに」と改称。電車特急、大阪−富山間「雷鳥」、名古屋−富山間「しらさぎ」各1往復増発。気動車特急、名古屋−金沢間(高山本線経由)「ひだ」1往復新設 ④中央線:電車特急、新宿−松本間「あずさ」1往復(季節)増発。気動車特急、名古屋−長野間「しなの」1往復新設 ⑤関西・紀勢線:気動車特急、白浜−天王寺間「くろしお」定期1往復・季節上り2本、新宮−天王寺間「くろしお」季節下り1本、白浜−新宮間上り1本増発 ⑥東北・常磐・奥羽線:寝台特急、上野−青森間「ゆうづる」1往復増発。上野−

	青森間「ゆうづる」「はくつる」各1往復寝台特急電車化。電車特急、上野－青森間「はつかり」2往復(うち1往復は常磐線経由気動車特急を置替え)、上野－仙台間「ひばり」4往復(うち季節1往復)、上野－山形間「やまばと」、上野－会津若松間「あいづ」(上野－山形・会津若松間気動車特急「やまばと」を置替え、個別運転)各1往復増発 ⑦上信越線：電車特急、上野－新潟間「とき」2往復、東京－直江津間「あさま」1往復増発 ⑧北海道線：気動車特急、函館－札幌間「北斗」1往復増発。気動車急行、函館－札幌間「すずらん」(季節)、「ニセコ」(季節、夜行)各1往復、函館－旭川間「すずらん」1往復増発
10. 1	「不定期列車」の名称を「季節列車」と改称。準急行列車全廃
10. 1	結婚記念日を記念して旅行する旅客およびこれと同行する旅客を対象として「シルバー周遊乗車券」を発売
12.－	北陸・信越本線を通し運転するEF81形交流電気機関車落成

1969(昭和44)年

1.11	東京－石打間臨時電車特急「新雪」運転開始
3.29	帝都高速度交通営団東西線東陽町－西船橋間開業、中野－西船橋間全通。相互乗入れ区間は荻窪－西船橋間となる
3.31	「日本国有鉄道百年史」第1巻を刊行
4. 1	東京鉄道管理局を東京北・東京南・東京西鉄道管理局とし所管区域を定める
4. 8	中央線荻窪－三鷹間複々線化完成に伴い東西線との相互乗入れ区間を三鷹－津田沼間に延長
4.25	時刻改正。新幹線三島駅開業、「こだま」全列車停車、東京－新大阪間「こだま」の所要時間4時間10分とする。東京－新大阪間「ひかり」2往復(季節)、「こだま」3往復(季節)増発。東京－伊豆急下田間電車特急「あまぎ」4往復(うち季節・臨時各1往復)新設
5.10	運賃改定(旅客13.3%値上げ)。1等を廃止して旅客運賃を1本化し、旧1等車・旧1等船室を利用する場合には特別車両・船室料金(グリーン料金)を収受する。1等寝台はA寝台、2等寝台はB寝台とする
6.－	オハ12・スハフ12・キハ65形落成
7.11	房総西線(現・内房線)木更津－千倉間電化完成
8.20	両国駅で両国－勝浦間旅客列車を牽引のC57105号蒸気機関車による「さよなら出発式」を行う
8.24	赤穂線播州赤穂－東岡山間電気運転開始、これにより赤穂線相生－東岡山間全線電化完成
8.24	信越本線直江津－宮内間電気運転を開始、これにより信越本線高崎－新潟間全線

	電化完成
9.29	北陸本線浦本－有間川間および谷浜－直江津間複線開通。また糸魚川－直江津間に電気運転開始。これにより北陸本線米原－直江津間全線複線・交流電化完成
9.30	函館本線小樽－旭川間全線複線、交流電化完成
9.－	457系交直流急行電車が落成
10.1	時刻改正 ①東海道新幹線：ダイヤ規格を1時間当たり6本(「ひかり」「こだま」各3本)から9本(「ひかり」3本・「こだま」6本)に改正。東京－新大阪間「ひかり」1往復、「こだま」定期4往復、季節2往復増発 ②東京以西：新大阪－下関間電車特急「しおじ」1往復増発、新大阪－博多間季節電車特急「はと」1往復定期化。赤穂線全線電化完成に伴い電車急行「わしう」「とも」各1往復を赤穂線経由とし、赤穂線経由の気動車急行「おき」を山陽本線経由とする ③日本海縦貫線・上信越線：大阪－金沢間電車特急「雷鳥」1往復増発。上野－金沢間気動車特急「はくたか」を電車化、上越線経由に変更(所要時間6時間35分)。上野－秋田間(上越・羽越線経由)気動車特急「いなほ」1往復新設(所要時間8時間10分)。上野－新潟間特急「とき」2往復の季節列車を定期列車化 ④東北・常磐・奥羽線：上野－平間気動車特急「ひたち」(季節)1往復新設。「ひばり」1往復増発 ⑤北海道線：函館－旭川間気動車特急「北斗」1往復増発。函館－札幌間気動車特急「北斗」1往復を「エルム」と改称。札幌－旭川間電車急行「かむい」7往復運転(気動車急行1往復存置) ⑥房総西・総武線：新宿、両国－千倉間電車急行「うち房」下り11本・上り10本運転
10.4	東京－黒磯間臨時電車特急「くろいそ」2往復運転開始
10.9	大阪－新潟間季節電車特急「北越」1往復運転開始
12.－	オハフ13形が落成

1970(昭和45)年

2.4	新幹線「ひかり」編成の16両化は20編成すべて完了
2.17	上野－秋田間気動車特急「つばさ」はキハ181系の置替え完了
3.1	時刻改正。万国博覧会に備え輸送力増強、「ひかり」全編成16両化。東京－新大阪間に「ひかり」1往復、「こだま」5往復、名古屋－新大阪間に「こだま」2往復増発。新大阪－熊本間寝台電車特急「明星」1往復増発、大阪－新潟間電車特急「北越」1往復定期化
3.20	大島航路に大島丸(267トン)就航
7.1	上野－秋田間臨時特急「あけぼの」運転開始

7.31	山手線で103系冷房電車1編成(10両)の運転開始
8. 2	仙台－青森間臨時電車特急「とうほく」運転開始
8.20	鹿島線香取－鹿島神宮間開業
9. 1	鹿児島線門司港－鹿児島間全線交流電化完成
9.15	呉線三原－海田市間に電気運転開始
10. 1	時刻改正 ①東海道新幹線：東京－新大阪間「こだま」5往復(季節)、東京－名古屋間「こだま」1往復増発 ②東京以西：東京－下関間寝台特急「あさかぜ」(急行「安芸」を格上げ)、京都－西鹿児島寝台電車特急「きりしま」各1往復増発、新大阪－宮崎間寝台特急「彗星」を都城へ延長。門司港－博多－西鹿児島間電車特急「有明」2往復(うち1往復は気動車特急を電車化)新設、熊本－西鹿児島間急行「そてつ」2往復中1往復電車化。電車急行、新大阪－呉－広島間「宮島」、(新)大阪－呉間「安芸」、岡山－呉－広島間「吉備」各1往復電車化。電車特急、新大阪－広島間「しおじ」、大阪－富山間「雷鳥」、新宿－松本間「あずさ」(季節)各1往復増発。白浜－天王寺間気動車特急「くろしお」下り1本(季節)増発。大阪－富山間電車急行「立山」2往復、名古屋－金沢間および神宮前－飛騨古川間気動車急行を富山地方鉄道立山へ直通運転(季節)。京都－西明石間新快速電車をデータイム1時間1本を運転開始 ③東京以北：上野－青森間電車特急「はつかり」「ゆうづる」(常磐線経由)各1往復増発。上野－青森間(奥羽本線経由)寝台特急「あけぼの」1往復新設。上野－仙台間電車特急「ひばり」(臨時列車の定期化)、上野－新潟間電車特急「とき」各1往復増発。「ひばり」「やまびこ」「やまばと」の編成を9両編成から12両編成に増強。上野－平間気動車特急「ひたち」定期化。長野－新潟間急行「よねやま」2往復は電車化 ④北海道線：函館－釧路・網走間気動車特急「おおとり」1往復の釧路行を分離、函館－釧路間特急「おおぞら」と函館－網走間特急「おおとり」とする
10. 1	中村線土佐佐賀－中村間開業し、窪川－中村間全通。高松－中村間に気動車急行「あしずり」2往復運転
10. 1	足尾・八高・高島線の蒸気機関車が引退し関東地方から蒸気機関車は姿を消す
10. 1	旅客誘致策として「DISCOVER JAPAN」のキャンペーン開始
10.15	因美線の無人化された国英・土師駅業務を地元の農協職員が代行、全国初の農協駅誕生
12.20	上野駅に全ホームを結ぶ連絡橋完成し使用開始

1971(昭和46)年

2. 1	五日市線武蔵五日市－武蔵岩井間の旅客運輸営業廃止
3. 7	吾妻線長野原(現・長野原草津口)－大前間電化開業。長野原線を吾妻線に改称
3.20	仙台－秋田間(北上線経由)臨時気動車特急「あおば」1往復運転開始

4.20	常磐線綾瀬－我孫子間4線化完成。快速線は中長距離旅客列車・貨物列車および快速電車用、緩行線は国鉄近郊電車と営団の電車により地下鉄千代田線と相互乗入れ開始
4.20	山手・中央・総武・京浜東北・常磐線は103系電車となる。また山手線はオール10両編成とする
4.24	上野－長野原間臨時電車特急「白根」運転開始
4.26	時刻改正。新大阪－出雲市間気動車特急「おき」(急行「おき」の格上げ)新設、名古屋－長野間および大阪－長野間気動車特急「しなの」(急行「ちくま」の格上げ)各1往復増発、3往復となる。名古屋－金沢間電車特急「しらさぎ」1往復増発、新宿－松本間電車特急「あずさ」1往復を信濃大町へ季節延長
5. 1	吾妻線長野原－太子間の旅客運輸営業廃止
7. 1	房総西線(現・内房線)千倉－安房鴨川間に電気運転開始。これにより房総西線全線電化完成
7. 1	函館－旭川間気動車特急「北斗」1往復の札幌以遠廃止。「エルム」は「北斗」と改称。札幌－旭川間電車急行「さちかぜ」(途中ノンストップ)1往復新設
8. 3	函館本線美唄－南美唄間の旅客運輸営業廃止
8.20	唐津線山本－岸嶽間の旅客運輸営業廃止
8.25	奥羽本線秋田－青森間に電気運転開始
8.29	只見線只見－大白川間開業。只見線は会津若松－小出間、会津線は西若松－会津滝ノ原間と改める
9.30	東京－宇野間急行「瀬戸」に14系寝台車使用開始
10. 1	奥羽本線秋田－青森間電化完成、到達時分の短縮、牽引定数を向上
10. 9	新大阪－鳥取間(播但線経由)臨時気動車特急「ゆあみ」1往復運転開始
10.16	修学旅行電車「きぼう」廃止(10月25日「ひので」廃止)
11. 2	紀伊勝浦－天王寺間臨時気動車特急「ブルースカイ」1往復運転開始
11.14	青函トンネル本工事起工式を北海道渡島支庁福島町で挙行
11.28	東北・上越新幹線起工式を東京など8都県で挙行
12.15	宇野－高松間航路の別れのテープ廃止
12.26	世知原線肥前吉井－世知原間、臼ノ浦線佐々－臼ノ浦間の旅客運輸営業廃止

1972(昭和47)年

1.16	鍛冶屋原線板野－鍛冶屋原間の運輸営業廃止
1.28	札幌オリンピック開催のため、上野－青森間臨時電車特急「オリンピア1号」、函館－札幌間臨時気動車特急「オリンピア2号」各1往復運転
2. 1	細島線日向市－細島間の旅客運輸営業廃止
3. 1	三国線金津－三国港間(芦原－三国港間営業休止)の運輸営業廃止
3. 1	篠山線篠山口－福住間の運輸営業廃止

3.6 オロネ14、オハネ14形他14系特急形客車落成

3.15 時刻改正。山陽新幹線新大阪－岡山間開業

①新幹線：従来の1時間当たり「ひかり」3本、「こだま」6本を、「ひかり」4本、「こだま」4本の規格に変更、東京－岡山間「ひかり」26往復運転(所要時間4時間10分)

②東海道・山陽・九州線：山陽線昼行特急および急行は一部を除き大阪(名古屋)－岡山間廃止。岡山以西はおおむね昼行1時間ヘッド、夜行30分ヘッドの特急網を整備。電車特急、岡山－博多間「つばめ」2往復、岡山－下関間「はと」3往復、博多－鹿児島間「有明」、博多－大分間「にちりん」各1往復増発。寝台特急、東京－宇野間「瀬戸」、東京－浜田間「出雲」各1往復新設。新大阪－熊本・長崎間「あかつき」、新大阪－大分間「彗星」各1往復増発。「さくら」「みずほ」「あさかぜ」に14系寝台車使用開始。寝台電車特急、新大阪(上りは京都着)－熊本間「明星」、岡山－西鹿児島間「月光」各1往復増発

③宇野線・四国線：新大阪・大阪－宇野間特急「うずしお」3往復、および急行「鷲羽」9往復廃止。宇野線は新幹線に接続して1時間ヘッドの快速電車運転。急行「鷲羽」は夜行定期・季節計2往復存置。四国は気動車特急、高松－松山・宇和島間「しおかぜ」3往復、高松－中村間「南風」1往復新設

④播但・伯備・山陰線：気動車特急、大阪－鳥取および新大阪－倉吉間(播但線経由)「はまかぜ」各1往復、岡山－出雲市・益田間「やくも」4往復、新大阪－浜田間「やくも」を「まつかぜ」と改称。岡山－鳥取間気動車急行「砂丘」1往復増発

⑤北陸線：電車特急、大阪－富山間「雷鳥」3往復、名古屋－富山間「しらさぎ」1往復増発

⑥中央線：新宿－信濃大町間「あずさ」を白馬へ延長(季節)

⑦紀勢線：気動車特急、白浜－天王寺間「くろしお」2往復を新宮へ延長

⑧東北・奥羽・常磐線：電車特急、上野－青森間(常磐線経由)特急「みちのく」1往復新設、上野－盛岡間「やまびこ」、上野－仙台間特急「ひばり」各2往復増発。仙台－秋田間(北上線経由)気動車特急「あおば」を定期化。上野－青森間(常磐線経由)寝台電車特急「ゆうづる」各1往復増発

⑨上信越線：電車特急、上野－長野間「あさま」2往復、上野－新潟間「とき」1往復増発。上野－金沢間(信越本線経由)「白山」1往復新設。上野発の特急列車は一部を除き東北関係は16・17番線、上信越線関係は5～8番線のホームから発車とする

⑩北海道線：函館－旭川間気動車特急「北斗」1往復に函館－釧路間列車を併結、「おおぞら」と改称

⑪主要都市間にスピードアップとフリークエントサービスを目的に快速列車網を整備

3.15 新幹線の運転管理にコムトラックシステムを導入、一部使用開始

4.1 宇品線広島－上大河間の旅客運輸営業廃止

5.14	川俣線松川－岩代川俣間の運輸営業廃止
7.15	総武線時刻改正。東京－津田沼間線路増設。東京地下駅開業、内房線・外房線蘇我－安房鴨川間全線電化完成。東京－館山・千倉間電車特急「さざなみ」8往復(うち季節3往復)、東京・新宿－安房鴨川間電車特急「わかしお」8往復(うち季節3往復)運転、東京－津田沼間を主体に快速電車運転
8. 5	羽越本線新津－秋田間、白新線新発田－新潟間電気運転開始
10. 2	浦上線(工事線名)喜々津－浦上間新線開業、長崎本線に編入。特急・急行列車を同線経由とし約10分短縮
10. 2	時刻改正 ①新幹線：東京－岡山間「ひかり」1往復、新大阪－岡山間「こだま」2往復増発。「ひかり」3往復を米原停車とする ②山陽・九州線：寝台特急、新大阪－熊本間「あかつき」1往復増発。電車特急、「つばめ」1往復を熊本へ延長、「はと」1往復を博多へ延長「つばめ」と改称 ③山陰・紀勢線：気動車特急、京都－城崎・倉吉・米子間「あさしお」4往復(うち1往復宮津線経由)新設、白浜－天王寺間「くろしお」1往復増発 ④中央線：電車特急、新宿－甲府・松本間「あずさ」2往復増発 ⑤東北・常磐線：寝台特急、上野－青森間(常磐線経由)特急「ゆうづる」1往復増発。電車特急、上野－盛岡間「やまびこ」、上野－仙台間「ひばり」各2往復、上野－平・原ノ町・仙台間「ひたち」5往復(うち1往復気動車を置替え) ⑥日本海縦貫線：上野－秋田・青森間(上越線経由)電車特急「いなほ」2往復(うち1往復気動車を置替え、約30分短縮)、上野－新潟間「とき」、大阪－青森間「白鳥」(気動車を置替え、約1時間短縮))各1往復増発。大阪－金沢・富山間「雷鳥」2往復増発(急行「ゆのくに」「立山」格上げ)。大阪－新潟間「つるぎ」新設(急行「つるぎ」格上げ)。北陸線快速電車増発 ⑦北海道線：札幌－網走間気動車特急「オホーツク」各1往復増発 ⑧「ひばり」「とき」などをエル特急とする
11. 8	宇野－高松間航路にホバークラフト船(かもめ、22.8トン)就航(宇野－高松間所要時間23分)、連絡船急行料金設定
11.18	大阪－下関間電車特急「しおじ」1往復増発
11.24	上野－金沢間(信越本線経由)電車特急「白山」1往復増発
12. 1	上野－新潟間電車特急「とき」2往復増発

1973(昭和48)年

1.31	上野－仙台間電車特急「ひばり」3往復にグリーン車2両連結の13両編成登場
2. 1	東北新幹線建設に伴う仙台駅改良工事を夜間に行うため23：50～6：00まで仙台駅経由の旅客列車を宮城野貨物線経由に変更
3. 1	時刻改正

	①新幹線：東京－岡山間「ひかり」(季節)、新大阪－岡山間「こだま」各2往復増発、東京－新大阪間「ひかり」5往復を岡山へ延長
	②在来線電車特急：岡山－下関間「はと」3往復増発(季節)。岡山－下関間「はと」1往復を大分へ延長「みどり」と改称、岡山－熊本間「つばめ」、大阪－新潟、金沢－新潟間「北越」、上野－青森間「はつかり」各1往復増発(季節)
4. 1	武蔵野線府中本町－新松戸間電車開業
4. 1	東京駅新幹線ホーム増設のため、東京駅乗入れの東北・常磐・上信越線の電車特急・急行31本を上野発着に変更
4. 1	篠ノ井線塩尻－篠ノ井間全線電化完成
4. 9	根岸線磯子－大船間開業、横浜－大船間全通
5.27	中央西線塩尻－中津川間電気運転開始。これにより中央本線東京－塩尻－名古屋間全線電化完成
7.10	時刻改正。名古屋－長野間電車特急「しなの」6往復新設(381系振子型特急電車使用、所要時間3時間20分)。気動車特急2往復存続
9. 1	伊勢線南四日市－津間開業
9.11	新大阪－大分間寝台特急「彗星」は24系寝台車に置替え
9.20	関西本線奈良－湊町間電車運転開始
9.26	東金線大網－成東間電化完成
9.28	成田線成田－我孫子間電化完成
10. 1	時刻改正
	①新幹線：東京－新大阪間「ひかり」2往復(うち季節1往復)ほか増発
	②山陽・九州線：寝台特急、新大阪－長崎間「あかつき」、新大阪－大分間「彗星」、新大阪－佐世保・大分間「あかつき」「彗星」各1往復増発、新大阪－熊本間「あかつき」を西鹿児島へ延長。電車特急、新大阪－下関間「しおじ」1往復増発、岡山－博多間「つばめ」1往復を西鹿児島へ延長、大阪－西鹿児島間「なは」(「日向」を分離、気動車を置替え)。岡山－下関間「はと」2往復、岡山－熊本・博多間「つばめ」、岡山－大分間「みどり」増発
	③伯備線：気動車特急、岡山－松江、岡山－米子(上り出雲市始発)間「やくも」各1往復増発
	④中央線：新宿－松本間電車特急「あずさ」4往復(うち季節1往復)増発
	⑤北陸線：電車特急、大阪－新潟間「北越」、大阪－富山間「雷鳥」、金沢－新潟間「北越」各1往復の季節電車特急を定期化
	⑥東北・奥羽・常磐線：寝台特急、上野－秋田間「あけぼの」1往復増発。電車特急、上野－青森間「はつかり」、上野－仙台間「ひばり」各2往復、上野－平間「ひたち」1往復増発
	⑦上信越線：電車特急、上野－新潟間「とき」3往復、上野－長野間「あさま」、上野－金沢間(信越本線経由)「白山」各1往復増発

	⑧北海道線：函館－札幌間気動車特急「北斗」1往復増発。札幌－室蘭間気動車急行「ちとせ」4往復増発
10. 1	上野－我孫子－成田間快速電車運転。関西本線奈良－湊町間快速電車運転。休日は快速が大阪環状線直通

1974(昭和49)年

3. 1	予土線若井－江川崎間開業。宇和島線を編入、北宇和島－若井間全通
3.13	日豊本線幸崎－南宮崎間交流電化完成
4.25	時刻改正。新大阪－宮崎間寝台特急「彗星」2往復(うち1往復大分－宮崎間延長)、岡山－宮崎間電車特急「みどり」、大阪－宮崎間気動車特急「日向」の電車化、博多－宮崎間電車特急「にちりん」、博多－宮崎間(肥薩・吉都線経由)気動車特急「おおよど」各1往復新設。新大阪－熊本間特急「あかつき」、「明星」1往復を不定期化
7.20	湖西線山科－近江塩津間電化開業。新快速電車を京都－近江今津間延長。関西本線奈良－天王寺－大阪間快速電車を毎日運転とする。新大阪－熊本・長崎間「あかつき」、新大阪－大分間「彗星」計3往復に2段式B寝台車24系25形の使用開始(一部は4月9日より)
7.20	宇野－高松間航路に讃岐丸(3,088トン)就航
9. 5	新幹線の食堂車営業開始
9.15	山手線電車にシルバーシート設置
10. 1	運賃改定(旅客23.2%、貨物24.1%値上げ)
10.26	総武本線東京－銚子間、成田線成田－松岸間、鹿島線香取－鹿島神宮間全線電化完成
12.11	新幹線第1回臨時総点検実施のため運転休止
12.28	上野－新潟間電車特急「とき」13往復のうち3往復を181系から183系電車に置替え

1975(昭和50)年

2.21	大阪・名古屋－長野間気動車特急「しなの」2往復電車化
3.10	時刻改正。新幹線岡山－博多間開業。湖西・総武・成田・鹿島各線の電化区間の全面使用 ①新幹線：1時間当たり「ひかり」4本、「こだま」4本規格とし、東京－博多間「ひかり」下り23本・上り22本(所要時間6時間56分)等運転 ②東海道・山陽・九州線：寝台特急、東京－博多間「あさかぜ」1往復廃止、東京－熊本間「みずほ」を東京－熊本・長崎間列車とする。東京－西鹿児島・長崎間「はやぶさ」の長崎編成を熊本編成に変更。東京－米子・紀伊勝浦間「いなば」「紀伊」、新大阪－下関間(呉線経由)「安芸」新設。関西－山陽、九州方面昼行特急22往復、急行14往復、夜行特急5往復、急行8往復廃止。電車特急、博多および小倉で新幹線に接続する「有明」10往復、「にちりん」8往復(うち1往復気動車)設定

	③山陰・伯備・山口線：気動車特急、小郡－米子・鳥取間「おき」3往復新設、「やくも」「はまかぜ」「あさしお」の運転区間延長、両数増結
	④四国線：高松－高知・中村間「南風」2往復増発
	⑤日本海縦貫線：大阪発着北陸方面列車は急行3往復を除いて湖西線経由に変更。電車特急、大阪－金沢間「雷鳥」、名古屋－金沢・富山間「しらさぎ」各2往復増発、米原－金沢・富山間「加越」6往復新設。大阪－青森間「日本海」1往復(季節)増発
	⑥東京以北：特急列車、上野－青森間「ゆうづる」2往復増発。上野－盛岡間「北星」、上野－金沢間「北陸」各1往復新設。急行「北陸」は「能登」に改称。電車特急、上野－長野間「あさま」、上野－平・原ノ町間「ひたち」各2往復増発
	⑦総武・房総線：電車特急、東京－銚子間「しおさい」5往復、東京－鹿島神宮間「あやめ」4往復新設。東京－館山間「さざなみ」、東京－安房鴨川間「わかしお」各1往復増発
4.14	上越線湯檜曽－土合間土砂崩壊で不通(上り線復旧5月26日)
6.24	上野－長野間電車特急「あさま」5往復を181系8両編成から189系10両編成に置替え(7月1日完了)
7.18	北海道線時刻改正。札幌－旭川間電車特急「いしかり」7往復新設
10.13	奥羽本線羽前千歳－秋田間交流電化完成(奥羽本線全線電化完成)
11.20	特急、急行、グリーン、寝台等の料金改定(平均32.2%値上げ)
11.25	奥羽本線時刻改正。上野－秋田間気動車特急「つばさ」2往復電車化(所要時間7時間35分、最大20分短縮)、仙台－秋田間気動車特急「あおば」1往復廃止
12.14	国鉄最後の蒸気機関車C57135号牽引旅客列車(225列車)、室蘭－岩見沢間運転
12.24	国鉄最後の蒸気機関車D51241号牽引の貨物列車、夕張－追分－室蘭間に運転

1976(昭和51)年

2.20	大阪－新潟間特急「つるぎ」を20系客車から24系25形客車に置替え。東京－大阪間急行「銀河」を一般客車から20系客車に置替え(急行列車初の20系客車使用)
3. 1	大阪－青森間季節特急「日本海」を14系座席車から24系25形客車に置替え
3. 2	北海道の追分機関区所属の9600形3両は使命を終え、国鉄営業用蒸気機関車は完全に消える
6. 6	長崎本線鳥栖－長崎間、佐世保線肥前山口－佐世保間交流電化完成
7. 1	長崎・佐世保線時刻改正。小倉・博多－長崎・佐世保間電車特急「かもめ」7往復、「みどり」6往復運転開始。新幹線東京－岡山間「ひかり」13往復を広島へ延長。東京－新大阪間「ひかり」1往復を新横浜・静岡へ停車
7. 5	大島航路大畠－小松港間廃止
9.25	特急「富士」はA寝台をA寝台全車個室の寝台車オロネ25形に置替え使用開始
10. 1	時刻改正
	①東海道・東北・常磐線の特急・急行列車の車両取替え、特急「はやぶさ」「富士」

	「出雲」にA寝台全車個室の寝台車オロネ25形に置替え。上野－青森間特急「ゆうづる」4往復を20系客車から24系客車に置替え(一部は9月25日から実施)。上野－仙台間急行「新星」、上野－秋田間急行「天の川」を一般客車から20系客車に置替え ②昼行気動車特急の増発および車両取替え、小郡(現・新山口)－米子・鳥取間気動車特急「おき」3往復をキハ80系からキハ181系に置替え。名古屋－高山間気動車特急「ひだ」2往復増発(うち1往復高山－飛騨古川間季節延長)。名古屋鉄道神宮前－富山地方鉄道立山間気動車特急「北アルプス」1往復新設(急行「北アルプス」格上げ、高山本線経由、飛騨古川－立山間季節列車)
10. 1	総武線快速電車を品川へ延長
11. 6	運賃改定(旅客50.4%、貨物53.9%値上げ)

1977(昭和52)年

1. 6	「一枚のきっぷから」のキャンペーン開始
3.15	時刻改正 ①山陰線：山陰本線竹野－佐津間に行き違い設備(相谷信号場)完成により、東京－米子間特急「いなば」は到達時分を25分短縮 ②四国線：高松－宇和島間気動車特急「しおかぜ」1往復増発(急行「うわじま」格上げ)
9. 1	新大阪－下関間寝台特急「安芸」は24系25形寝台車に置替え
9.20	国鉄特急・急行列車のグリーン料金、A寝台料金約30%値上げ
9.25	東京－下関間寝台特急「あさかぜ」は24系25形寝台車に置替え
10. 1	上野－青森間急行「十和田」は20系寝台車に置替え。A寝台車改造のナハ21形3両連結
12. 9	国鉄運賃法および国鉄法の一部改正法案成立(1978年3月31日施行)
12.11	柳津－本吉間開業。柳津線を編入し気仙沼線前谷地－気仙沼間全通

1978(昭和53)年

1.20	東京－出雲市間寝台特急「出雲」の食堂車を基本編成の5号車から付属編成の8号車に移す。以後1月25日までに「はやぶさ」「あさかぜ」「富士」の食堂車を基本編成から付属編成に移す
2. 1	東京－博多間寝台特急「あさかぜ」は24系25形寝台車に置替え。これにより東京発着の寝台特急はすべて新型客車に置替えが完了
3. 1	総武・成田・常磐線時刻改正。新東京国際空港の開設に備え、東京－成田間および上野－我孫子－成田間に快速電車を大増発
3.15	門司港－西鹿児島間急行「かいもん」、門司港－西鹿児島間(宮崎－西鹿児島間普通)急行「日南」を20系寝台車＋12系座席車に置替え(「日南」は3月16日から)
5.18	信越線妙高高原－関山間地滑りのため不通
5.21	上野－金沢間電車特急「白山」3往復のうち1往復を上越線経由、1往復を長野打切

	り、1往復運休および上野－直江津間「あさま」ほか運転休止など臨時ダイヤ設定(9月6日復旧)
7. 8	運賃改定(旅客19.2%値上げ)
10. 1	国鉄特急・急行・B寝台料金平均12%値上げ(グリーン、A寝台、各種料金据置き)
10. 2	時刻改正、紀勢本線和歌山－新宮間電化完成。武蔵野線新松戸－西船橋間開業 ①東京以西：寝台特急、東京－米子間「いなば」を出雲市へ延長、「出雲」と改称。新大阪－広島間「安芸」1往復、新大阪－熊本・西鹿児島間「明星」3往復廃止。「あかつき」を新大阪・大阪－長崎・佐世保間2往復。大阪－青森間季節「日本海」を定期とする。急行「阿蘇」「くにさき」は新大阪－門司間併結運転。電車特急、名古屋－長野間「しなの」、名古屋－富山間「しらさぎ」各1往復、大阪－富山間「雷鳥」各2往復増発のほか、既設大阪－新潟間「北越」2往復を「雷鳥」と改称。名古屋－高山間気動車特急「ひだ」1往復増発。大阪－出雲市間急行「だいせん」を20系客車、米子－博多間急行「さんべ」を20系寝台車＋12系座席車に置替え ②紀勢線：381系振子型特急電車により、天王寺－白浜・新宮間「くろしお」9往復設定。既設名古屋－天王寺間気動車特急「くろしお」、気動車急行「きのくに」「紀州」各2往復廃止。名古屋－紀伊勝浦間「南紀」3往復新設。気動車急行「きそ」「ちくま」を電車化 ③東京以北：電車特急、東北・高崎線の規格ダイヤを速度低下により列車増発。上野－青森間「はつかり」、上野－秋田間「つばさ」各1往復、上野－仙台間「ひばり」2往復、上野－平間「ひたち」3往復、上野－新潟間「とき」、上野－秋田間(上越線経由)「いなほ」、上野－金沢間(上越線経由)「はくたか」各1往復、上野－長野間「あさま」2往復増発。寝台特急「北星」「北陸」を20系客車から14系寝台客車に置替え。気動車急行「仙山」「そうま」を電車化。上野－盛岡間「やまびこ」1往復廃止 ④列車愛称番号を下り奇数、上り偶数とする
10.20	国鉄運賃法改正(11月1日施行)
11. 3	「いい日旅立ち」のキャンペーン開始
12.25	士幌線糠平－十勝三股間代行バス輸送開始

1979(昭和54)年

3.19	札幌－旭川間電車特急「いしかり」に781系特急形交流電車を使用開始
3.20	佐世保線西有田信号場完成し、小倉－佐世保間(上り佐世保－博多間)電車特急「みどり」1往復増発
4.20	上野－金沢間(上越線経由)「はくたか」1往復増発
5. 7	田沢湖線電化工事のため、赤渕－田沢湖間代行バス連絡(12月1日復旧)
5.20	旅客運賃改定(旅客8.9%、貨物9.0%値上げ)
7. 1	上野－長野間電車特急「あさま」、上野－秋田間(羽越線経由)「いなほ」各1往復増発
7.26	日豊本線南宮崎－鹿児島間交流電化完成

10. 1	東海道貨物新線鶴見－大船間、平塚－小田原間開通
10. 1	日豊本線時刻改正。博多－宮崎間電車特急「にちりん」1往復を西鹿児島(現・鹿児島中央)へ延長。寝台特急東京－西鹿児島間「富士」、新大阪－都城間「彗星」の運転時分を18～34分短縮
11. 3	特急「有明」「にちりん」にクハ481形から改造のビデオカー営業運転開始

1980(昭和55)年

1.22	京都－姫路間「新快速」電車に新形電車117系「シティライナー」を使用開始
2.10	函館－釧路間気動車特急「おおぞら」にキハ183系特急形気動車を使用開始
3. 3	草津・桜井線および和歌山線王寺－五条間電化完成
3.15	「いい旅チャレンジ20000km」キャンペーン開始
4.20	運賃改定(旅客4.5%、貨物5.1%値上げ)
4.22	宇野－高松間航路にホバークラフト船「とびうお」(28.8トン)就航
5.26	越美南線深戸－郡上八幡間水害により不通(1981年3月16日復旧)
7.16	千歳線、室蘭線室蘭－沼ノ端間交流電化完成
8.17	武蔵野線西浦和付近の火災で北朝霞－西浦和間不通(9月16日復旧)
8.26	久慈線久慈－陸中野田間、岩泉線茂市－岩手和井内間水害により不通(前者11月28日、後者11月4日復旧)
8.30	豊肥本線宮地－波野間水害により不通(10月15日復旧)
8.31	山陰本線奈古－長門大井間水害により不通(10月9日復旧)
9. 2	宮古・山田線田老－宮古－津軽石間水害により不通(1981年1月30日復旧)
10. 1	時刻大改正。客貨輸送需要減少に対応し、寝台特急列車、貨物列車の削減など、戦中戦後の混乱期を除き、初の減量ダイヤを実施 ①新幹線：「こだま」26本削減、「ひかり」6本増発。東京－名古屋間「東海道ビジネスひかり」(静岡、浜松、豊橋停車)、東京－広島間「速達ひかり」各1往復増発。三原－博多間の速度制限を解除し東京－博多間「ひかり」の所要時間6時間40分(16分短縮)とする ②東京以西：寝台特急、東京－西鹿児島間「富士」を宮崎打切り。新大阪－熊本間「明星」、新大阪－大分間「彗星」各1往復廃止。電車特急、天王寺－白浜・新宮間「くろしお」9往復を12往復、門司港・博多－熊本・西鹿児島間「有明」10往復を18往復、博多・小倉－大分・宮崎・西鹿児島間「にちりん」8往復を12往復、博多－長崎・佐世保間「かもめ」「みどり」7往復を10往復に増発。博多－宮崎間(肥薩・吉都線経由)気動車特急「おおよど」を廃止。急行「阿蘇・くにさき」「雲仙・西海」の廃止により関西－九州間の夜行急行全廃。急行「銀河」「東海」「ごてんば」「比叡」「だいせん」「鷲羽」「ちどり」などの一部を廃止。横須賀線電車を品川－横浜間新線経由とし、総武線快速電車と直通運転開始 ③東京以北：上野－青森間寝台特急「ゆうづる」は電車・客車各1往復を季節列車

	に格下げ。上野－仙台間電車特急「ひばり」1往復廃止。上野－秋田－青森間寝台特急「あけぼの」2往復を20系客車から24系客車に置替え(9月28日から)。これで20系客車による定期の特急列車はなくなる。急行「まつしま」「ざおう」などの一部を廃止 ④ローカル急行列車および貨物列車を削減、通勤列車を増発 ⑤北海道線：ダイヤの中心を函館から札幌へ移し、対本州連絡は航空機との協調を図る。札幌－旭川間特急「いしかり」を室蘭－札幌－旭川間「ライラック」9往復とする。函館－旭川・釧路間気動車特急「おおぞら」3往復の函館－札幌間、滝川－旭川間各1往復を廃止し、函館－釧路間2往復、札幌－釧路間1往復とする。急行「すずらん」(夜行)、「ニセコ」各1往復廃止。残りの「ニセコ」は14系座席車に置替え ⑥青函航路：下り10便を9便、上り11便を8便、宇高航路上下各18便を下り16便、上り15便に減便する
10.24	山陰本線奈古－長門大井間再度土砂崩壊により不通。奈古－東萩間バス代行輸送開始。京都－博多間特急「まつかぜ」の出雲市以西運休(1981年10月9日復旧)
12.28	越美北線越前大野－九頭竜湖間豪雪のため不通(1981年2月7日復旧)

1981(昭和56)年

1. 5	只見線会津若松－只見間豪雪のため不通(2月4日復旧)
4. 1	福知山線大阪－宝塚間電車運転開始。塚口－尼崎港間旅客運輸営業廃止
4.20	運賃改定(9.5%値上げ)
5. 1	「レール&ドライブ」発売開始
5.20	訪日観光旅客用「ジャパン・レール・パス」発売開始
7. 1	夕張線紅葉山－登川間廃止
8. 1	「レールゴー・サービス」開始
8. 3	富内線振内－日高町水害により不通(11月10日復旧)
8.23	山田線区界－川内間水害により不通(10月中旬復旧)
10. 1	時刻改正。石勝線千歳空港－追分－新得間開業。総武本線津田沼－千葉間複々線化完成。電車特急、東京－伊豆急下田間「あまぎ」4往復廃止し、東京－伊東・伊豆急下田・修善寺間「踊り子」下り11本・上り12本(うち季節4、臨時1往復)設定。急行「伊豆」全廃。上野－仙台間電車特急「ひばり」5往復の食堂車を廃止。気動車特急、函館－釧路間「おおぞら」2往復を1往復、札幌－釧路間1往復を2往復として3往復を石勝線経由(札幌－釧路間最短4時間59分、68分短縮)、函館－札幌間1往復は「北斗」とする。札幌－網走間「オホーツク」1往復増発(急行「大雪」格上げ)。函館－旭川間「北海」1往復を函館－札幌間とし、別に1往復増発(急行「宗谷」格上げ)合計2往復とする。急行「宗谷」は札幌－稚内間に短縮。急行「狩勝」2往復は石勝線経由「まりも」に改称。「おおぞら」2往復、「北海」1往復にキハ183系特急形気

	動車を投入。総武本線津田沼－千葉間複々線化完成に伴い快速電車9本増発
10. 1	「フルムーン夫婦グリーンパス」発売開始

1982(昭和57)年

3. 1	「青春18のびのびきっぷ」発売開始
3. 4	青函航路の津軽丸終航
4.20	運賃改定(旅客6.7%、特急料金3.6%、貨物6.3%値上げ)
5.17	関西本線名古屋－亀山間電車運転開始。気動車急行、名古屋－新宮間「紀州」、名古屋－奈良間「かすが」下り1本・上り3本廃止。名古屋－紀伊勝浦間「紀州」は伊勢線経由を亀山経由に変更、「かすが」「平安」と併結。中央本線塩尻駅移転に伴う時刻改正
6.23	時刻改正。東北新幹線大宮－盛岡間先行開業。大宮－盛岡間「やまびこ」4往復(所要時間3時間17分)、大宮－仙台間「あおば」6往復新設。在来線:上野－盛岡間「やまびこ」4往復、上野－仙台間「ひばり」6往復廃止。上野－大宮間「新幹線リレー号」運転
7. 1	時刻改正。伯備線倉敷－伯耆大山間、山陰本線伯耆大山－知井宮間電化完成。岡山－出雲市間電車特急「やくも」8往復(うち季節1往復)運転(所要時間3時間17分、381系振子型電車使用)、大阪－鳥取間気動車特急「まつかぜ」1往復を米子へ延長。名古屋・福井－出雲市間気動車急行「大社」の天橋立－出雲市間廃止。急行「美保」廃止
7. 1	仁堀航路仁方－堀江間廃止
7.23	東北新幹線大宮－盛岡間、大宮－仙台間「やまびこ」各2往復増発
8. 2	東海道線富士川橋梁下り線水害により流失(10月15日復旧)
8.30	石勝線沼ノ沢－夕張間水害により不通(11月1日復旧)
10. 2	青函航路貨車航送船檜山丸を客載渡船に改造
11.15	時刻大改正。上越新幹線大宮－新潟間暫定開業。田沢湖線電化完成。常磐線我孫子－取手間複々線化完成 ①東北・上越新幹線:大宮－仙台・盛岡間「やまびこ」18往復、「あおば」12往復、大宮－新潟間「あさひ」11往復(所要時間1時間45分)、「とき」10往復運転 ②東北・常磐・奥羽線:在来線電車特急、盛岡－青森間「はつかり」11往復(所要時間2時間35分)、盛岡－秋田間「たざわ」6往復(所要時間1時間58分)、「つばさ」上野－秋田間下り1本・上り2本、福島－秋田間3往復、山形－秋田間下り1本、上野－山形間「やまばと」下り2本・上り1本、上野－会津若松間「あいづ」1往復、上野－平・原ノ町・相馬・仙台間「ひたち」12往復設定。寝台特急、上野－青森間「ゆうづる」4往復、「はくつる」2往復、奥羽本線経由「あけぼの」3往復設定。特急「ひばり」「北星」「みちのく」全廃。急行「いいで」「きたかみ」「むろね」「仙山」など廃止

	③上信越線：上野－秋田間(上越線経由)「鳥海」1往復、上野－水上(越後湯沢)間「谷川」下り4本・上り5本、上野－前橋間「あかぎ」下り2本・上り1本、上野－万座・鹿沢口間「白根」4往復、上野－長野・直江津間「あさま」13往復、金沢－新潟間「北越」3往復設定。寝台特急、上野－秋田間(羽越線経由)「出羽」、上野－金沢間(上越線経由)「北陸」各1往復設定。「とき」「はくたか」全廃 ④総武・房総線：電車特急、東京(新宿)－銚子間「しおさい」7往復、東京(両国)－銚子間(成田線経由)「すいごう」2往復、東京・新宿・両国－鹿島神宮間「あやめ」5往復、東京・新宿・両国－館山・千倉間「さざなみ」、東京・新宿－安房鴨川間「わかしお」各12往復設定 ⑤中央線：電車特急、新宿－甲府・松本(南小谷)間「あずさ」12往復、名古屋－長野間「しなの」10往復設定 ⑥日本海縦貫線：大阪－金沢・富山・新潟間「雷鳥」18往復、米原－金沢間「加越」7往復、名古屋－金沢間「しらさぎ」7往復、大阪・福井－青森間「白鳥」2往復、「いなほ」新潟－青森間1往復、新潟－秋田間4往復設定 ⑦東京以西：寝台特急、新大阪－西鹿児島間「明星」「なは」各1往復、新大阪－宮崎・都城間「彗星」、新大阪(大阪)－長崎・佐世保間「あかつき」各2往復設定。電車特急、名古屋－博多間「金星」、新大阪－西鹿児島間「明星」各1往復廃止。門司港・博多－熊本・西鹿児島間「有明」17往復、博多・小倉－大分・宮崎・西鹿児島間「にちりん」下り18本・上り17本、博多－長崎・佐世保間「かもめ」「みどり」13往復設定 ⑧首都圏、中京圏、関西圏および地方主要都市圏(広島・新潟・仙台など)における通勤・通学輸送改善、データイムの高頻度輸送実施

1983(昭和58)年

1.31	新幹線定期券「フレックス」発売開始
3.20	30歳以上の女性向け「ナイスミディパス」発売開始
3.22	筑肥線虹ノ松原－唐津間新線開業(虹ノ松原－東唐津－山本間旧線、博多－姪浜間廃止)および姪浜－西唐津間電化完成。福岡市営地下鉄博多－姪浜間開業に伴い筑肥線と福岡市営地下鉄と相互乗り入れ開始。博多－長崎間気動車急行「平戸」は唐津－長崎間に短縮
5.20	「日本国有鉄道の経営する事業の再建の推進に関する臨時措置法」公布
6.10	総理府に「国鉄再建管理委員会」を設置
7. 5	中央線岡谷－塩尻間塩嶺ルート新線電化開業(辰野経由にくらべ16km短縮)。特急「あずさ」11往復は新線経由とし、約20分短縮。急行「アルプス」6往復中2往復は新線経由とし、飯田線併結列車および夜行は旧線経由とする
7.20	「青春18きっぷ」発売開始
10.23	白糠線白糠－北進間廃止(第1次特定地方交通線バス転換第1号)

1984(昭和59)年

2. 1	時刻改正 ①東京以西：寝台特急、新大阪－宮崎間「彗星」、新大阪－西鹿児島(現・鹿児島中央)間「なは」各1往復廃止。新大阪－西鹿児島間「明星」を「なは」と改称。新大阪(大阪)－長崎・佐世保間「あかつき」2往復中1往復の佐世保編成を西鹿児島編成「明星」とする。東京－紀伊勝浦間「紀伊」廃止。昼行特急、「有明」17往復中博多－熊本間9往復を6往復に、博多－西鹿児島間8往復を9往復とし、2往復廃止。「にちりん」大分－宮崎間、宮崎－西鹿児島間各1往復の一部区間廃止。急行「比叡」「アルプス」「のりくら」「きのくに」「さんべ」などの一部列車を廃止 ②北海道：札幌－旭川間特急電車「ライラック」3往復増発(急行「かむい」「なよろ」格上げ)、10往復とする。札幌－釧路間特急気動車「おおぞら」1往復増発、4往復とする ③首都圏、中京圏、関西圏および地方主要都市圏(札幌、静岡、浜松、岡山、広島、北九州、博多)において短編成列車により等時隔・高頻度の列車体系を整備する
2. 1	「エキゾチックジャパン」キャンペーン開始
4. 1	相模線寒川－西寒川間、清水港線清水－三保間、日中線喜多方－熱塩間、赤谷線新発田－東赤谷間、魚沼線来迎寺－西小千谷間廃止。盛線盛－吉浜間、宮古線宮古－田老間、久慈線久慈－普代間廃止。第三セクター・三陸鉄道南リアス線盛－釜石間、北リアス線宮古－久慈間開業(第1次特定地方交通線第三セクター化第1号)
4. 8	越後線柏崎－新潟間および弥彦線弥彦－東三条間電化完成
4.20	運賃改訂(旅客8.2%、貨物4.2%値上げ)
6. 1	上野－大宮間で回送特急電車を乗車整理券で乗客に開放。7月5日、「ホームライナー大宮」と命名
7.20	東京－熊本間「みずほ」および東京－長崎間「さくら」に4人用個室B寝台「カルテット」使用開始
7.26	国鉄再建管理委員会、「国鉄改革に関する意見」を総理大臣に提出
8.20	東京南鉄道管理局の欧風客車「サロンエクスプレス東京」営業開始
9.24	大阪鉄道管理局の欧風客車「サロンカーなにわ」営業開始
9.30	奈良線木津－京都間、関西線木津－奈良間、和歌山線五条－和歌山間電化完成
10. 1	神岡線猪谷－神岡間廃止。第三セクター・神岡鉄道猪谷－奥飛騨温泉口間開業
10. 6	樽見線大垣－美濃神海間廃止。第三セクター・樽見鉄道大垣－神海間開業
11. 1	黒石線川部－黒石間廃止。弘南鉄道川部－弘南黒石間開業(民営化)
12. 1	高砂線加古川－高砂間、宮原線恵良－肥後小国間、妻線佐土原－杉安間廃止

1985(昭和60)年	
3.14	時刻大改正。東北・上越新幹線上野開業 ①新幹線：東海道・山陽新幹線、1時間当たり「ひかり」6本、「こだま」4本規格とし、「ひかり」11本増発。「こだま」は一部の列車を除き編成を12両とする。東京－新大阪間3時間8分、東京－博多間6時間26分に短縮。東北・上越新幹線、「やまびこ」22本、「あおば」12本、「あさひ」12本、「とき」7本を増発。上野－盛岡間2時間45分、上野－新潟間1時間53分運転とする ②東海道・山陽・九州線：寝台特急東京－西鹿児島間「はやぶさ」にロビーカーを連結。特急「踊り子」を185系電車に統一。東京－御殿場間急行「ごてんば」廃止。東京－大阪間急行「銀河」は20系客車より14系寝台客車に置替え。新大阪－長崎・佐世保間「あかつき」の佐世保編成を筑豊本線経由から鹿児島本線経由に変更。博多－長崎・佐世保間「かもめ・みどり」13往復中5往復を分離運転 ③日本海縦貫・高山線：特急電車、大阪－金沢－富山間「雷鳥」に和風電車「だんらん」連結。米原－金沢間「加越」1往復増発、名古屋－金沢間「しらさぎ」1往復廃止。福井－青森間「白鳥」を新潟で「北越」「いなほ」に系統分割。大阪－金沢間「雷鳥」は所要時間2時間59分に短縮。特急気動車、名古屋－高山－金沢間「ひだ」の運転区間を名古屋－高山－飛騨古川間とする。「北アルプス」の運転区間を新名古屋－高山－富山間とする ④紀勢線：新宮－白浜－天王寺間特急「くろしお」4往復増発、16往復とする。名古屋－紀伊勝浦間「南紀」1往復増発 ⑤中央線：新宿－松本間特急「あずさ」2時間59分に短縮。急行「アルプス」はすべて新線経由とし、「こまがね」との分割併合は岡谷に変更 ⑥山陰線：京都－東舞鶴間特急「あさしお」1往復新設。新大阪(大阪)－博多間「まつかぜ」を米子で系統分割し、米子－博多間「いそかぜ」1往復新設。「はまかぜ」の運転区間を新大阪(大阪)－鳥取間に、「おき」の運転区間を小郡－米子間に統一 ⑦東北・常磐・奥羽線：寝台特急、「ゆうづる」2往復廃止。「はくつる」1往復季節列車化。特急電車、盛岡－青森間「はつかり」1往復増発。秋田－青森間「むつ」1往復新設。「たざわ」2往復を青森へ延長。「やまばと」下り2本・上り1本廃止。「つばさ」8往復に増発(上野－秋田間1往復存置)。「ひたち」23往復に増発(7往復は上野－水戸間ノンストップ)。首都圏内の急行を廃止し、「新特急」を設定。上野－宇都宮－黒磯間「新特急なすの」9往復新設。上野－大宮間「新幹線リレー号」、急行「わたらせ」「おが」「ときわ」「十和田」「あがの」廃止 ⑧上信越線：特急「白山」1往復を「北越」と「あさま」に系統立替え。上野－水上間「新特急谷川」5往復、上野－万座・鹿沢口間「新特急草津」4往復、上野－前橋間「新特急あかぎ」2往復新設。「あさま」15往復に増発。特急「鳥海」、急行「信州」「軽井沢」「佐渡」「よねやま」「ゆけむり」「草津」「はるな」「天の川」廃止

	⑨総武・房総線：特急電車、「あやめ」「すいごう」全列車の佐原以東を普通列車に格下げ。「さざなみ」「わかしお」の始発着駅を東京駅に統一 ⑩北海道線：特急気動車、函館－札幌間「北斗」1往復、札幌－帯広－釧路間2往復、札幌－網走間「オホーツク」1往復増発 ⑪首都圏、中京圏、関西圏および地方主要都市圏(仙台、新潟、長野、富山、金沢、静岡、浜松、岡山、広島、高松、北九州、博多)では、データイム短編成化による等時隔で頻度を増した列車体系を整備する。試行列車(α列車)設定
3.14	小松島線中田－小松島間廃止
3.14	「オレンジカード」を首都圏で発売開始
3.17	「国際科学技術博覧会」(科学万博)開催。9月15日まで。会期中、常磐線牛久－荒川沖間に臨時乗降場・万博中央設置。「エキスポライナー」運転
4. 1	三木線厄神－三木間廃止、第三セクター・三木鉄道厄神－三木間開業。北条線粟生－北条町間廃止、第三セクター・北条鉄道粟生－北条町間開業。倉吉線倉吉－山守間、室木線遠賀川－室木間、勝田線吉塚－筑前勝田間、矢部線羽犬塚－黒木間、添田線香春－添田間、香月線中間－香月間、万字線志文－万字炭山間、渚滑線渚滑－北見滝ノ上間、相生線美幌－北見相生間、弥彦線東三条－越後長沢間廃止
4.20	運賃改訂(旅客4.3%、貨物3.1%値上げ)
5.30	「ジパング倶楽部」会員募集開始
6. 1	時刻改正。石勝線110km/h運転により札幌－釧路間「おおぞら」スピードアップ
6.24	6両編成新幹線小倉－博多間で営業運転開始
7. 1	大畑線下北－大畑間、岩内線小沢－岩内間、興浜北線浜頓別－北見枝幸間廃止。下北交通下北－大畑間開業(民営化)
7.15	興浜南線興部－雄武間廃止
7.27	汐留－東小倉間に「カートレイン」運転開始
9.17	美幸線美深－仁宇布間廃止
9.30	時刻改正。東北線赤羽－武蔵浦和－大宮間電化開業(通勤別線線増)および川越線大宮－高麗川間電化完成。埼京線(池袋－大宮)および川越線に快速電車運転
10. 1	東海道・山陽新幹線東京－博多間、一部2階建て100系電車1往復の営業運転開始
10. 1	矢島線羽後本荘－羽後矢島間廃止。第三セクター・由利高原鉄道羽後本荘－矢島間開業
11.16	明知線恵那－明知間廃止。第三セクター・明知鉄道恵那－明智間開業

1986(昭和61)年

1. 9	スキー専用列車「シュプール号」運転開始
3. 3	時刻改正。予讃線向井原－内子－伊予大洲間新線開業(内子線五郎－新谷間廃止)。京葉線西船橋－千葉港間暫定開業。埼京線新宿乗り入れ

	①予讃線：特急・急行列車は新線経由とし、高松－宇和島間「しおかぜ」4時間38分運転(11分短縮) ②中央線：特急電車、新宿－松本間「あずさ」は下り2時間49分・上り2時間46分に短縮 ③北海道線：特急電車、千歳空港－札幌－旭川「ホワイトアロー」3往復新設(札幌－旭川間1時間33分運転) ④京葉線は西船橋－千葉港間142本運転。埼京線は141本新宿乗り入れ。地方主要都市圏(札幌、仙台、長野・松本、岡山、広島、高松、松山など)でデータイムを主体に等時隔・高頻度の深度化を図る。試行列車352本を定期列車化
3. 3	政府、国鉄改革関連の「日本国有鉄道改革法案」など5法案を国会へ提出(3月18日までに8法案すべて国会へ提出)
4. 1	甘木線基山－甘木間廃止、第三セクター・甘木鉄道基山－甘木間開業。高森線立野－高森間廃止、第三セクター・南阿蘇鉄道立野－高森間開業。漆生線下鴨生－下山田間廃止
4. 1	学生用新幹線定期券「フレックス・パル」発売開始
5.30	「国鉄経営改善緊急措置法」公布
7. 1	丸森線槻木－丸森間廃止、第三セクター・阿武隈急行槻木－丸森間開業
7.28	上野－函館間に「MOTOトレイン」運転開始
9. 1	運賃改定(旅客4.8%値上げ)
10. 9	第三セクター・野岩鉄道会津鬼怒川線新藤原－会津高原間電化開業
11. 1	時刻大改正。福知山・山陰線宝塚－城崎間電化完成 ①新幹線：東海道・山陽新幹線「ひかり」163本(14本増)、「こだま」147本(31本増)に増発。最高速度を220km/hに向上。東京－新大阪間2時間52分、東京－博多間5時間57分運転 ②東海道・山陽・九州線：寝台特急、新大阪－西鹿児島・長崎間「明星・あかつき」1往復廃止。博多－熊本－西鹿児島間「有明」15往復→25往復に増発。博多－長崎・佐世保間「かもめ・みどり」13往復すべて分離運転。「にちりん」は下関発着2往復新設。急行「銀河」は24系25形に置替え ③山陰・福知山線：特急電車、大阪－福知山－城崎間「北近畿」10往復新設。岡山－出雲市間「やくも」8往復→9往復に増発。気動車特急、京都－鳥取－米子間「あさしお」5往復→6往復、新大阪－鳥取－米子間「はまかぜ」2往復→3往復に増発。大阪(新大阪)－米子間「まつかぜ」2往復廃止 ④中央線：新宿－甲府－松本間など「あずさ」12往復→下り22本・上り23本に増発。「あずさ」は東京発1本・着2本、千葉発着2往復のように始終着駅の多様化を図る ⑤日本海縦貫線：大阪－金沢－新潟間「雷鳥」18往復→19往復、新潟－秋田－青森間「いなほ」6往復→7往復、金沢－新潟間「北越」5往復→6往復に増発

	⑥紀勢線：白浜－天王寺間「くろしお」1往復廃止 ⑦四国線：特急気動車、高松－松山－宇和島間「しおかぜ」4往復→13往復、高松－高知－中村間「南風」3往復→4往復に増発 ⑧東北・常磐・奥羽線：寝台特急、上野－青森間「ゆうづる」1往復季節列車化。特急電車、秋田－青森間「むつ」1往復廃止。増発、盛岡－青森間「はつかり」12往復→14往復(弘前行季節延長廃止)、盛岡－秋田－青森間「たざわ」6往復→9往復、上野－福島－秋田間「つばさ」9往復→11往復、上野－水戸－仙台間「ひたち」23往復→26往復に増発 ⑨上信越線：上野－長野－直江津間「あさま」15往復→17往復、上野－前橋間「あかぎ」2往復→下り3本・上り2本に増発 ⑩北海道線：特急気動車、函館－札幌間「北海」2往復廃止。函館－札幌間「北斗」5往復→8往復に増発(「北斗」2往復廃止、函館－札幌間「おおぞら」1往復廃止による)。札幌－帯広－釧路間「おおぞら」6往復→7往復に増発。特急電車、室蘭－札幌－旭川間「ライラック」下り11本・上り12本→14往復、苫小牧－札幌－旭川間は「ホワイトアロー」を含め下り14本・上り15本→20往復に増発。急行「えりも」「はぼろ」「るもい」「しれとこ」廃止 ⑪首都圏、中京圏、関西圏の3大都市圏をはじめ、全国の主要都市圏において通勤・通学輸送の改善、デ－タイムの高頻度、等時隔輸送サービスを実施。東海道線東京－平塚－小田原間「湘南ライナー」下り4本、上り2本運転、和歌山－天王寺間「はんわライナー」下り4本、上り2本運転。中央線東京－高尾間に通勤快速新設
11. 1	播但線姫路－飾磨港間、胆振線倶知安－伊達紋別間、富内線鵡川－日高町間廃止
11. 1	角館線角館－松葉間、阿仁合線鷹ノ巣－比立内間廃止、第三セクター・秋田内陸縦貫鉄道北線鷹ノ巣－比立内間、南線角館－松葉間開業
11.28	参議院本会議で「国鉄改革関連8法案」可決、成立
12. 4	「国鉄改革関連8法案」公布
12.11	越美南線美濃太田－北濃間廃止、第三セクター・長良川鉄道美濃太田－北濃間開業

1987(昭和62)年

1.10	宮之城線川内－薩摩大口間廃止
2. 2	広尾線帯広－広尾間廃止
3.14	東京－博多間特急「あさかぜ1・4号」をグレードアップ、2人用個室B寝台“デュエット”連結開始
3.14	大隅線志布志－国分間廃止
3.15	二俣線掛川－新所原間廃止、第三セクター・天竜浜名湖鉄道掛川－新所原間開業
3.16	瀬棚線国縫－瀬棚間廃止
3.20	湧網線中湧別－網走間廃止

3.20	弘済出版社から「JNR編集時刻表」1987年4月号を発行、5月号から「JR編集時刻表」として発行
3.21	上野－青森間(常磐線経由)「ゆうづる」2往復に2人用個室A寝台“ツインデラックス”連結開始。博多－熊本間電車特急「有明」2往復はディーゼル機関車牽引で非電化の豊肥本線水前寺へ直通運転開始
3.23	時刻改正。予讃本線高松－坂出、多度津－観音寺間、土讃本線多度津－琴平間電化完成。四国の特急は最高速度110km/hに向上
3.23	士幌線帯広－十勝三股間廃止
3.27	伊勢線南四日市－津間廃止、第三セクター・伊勢鉄道河原田－津間開業
3.28	佐賀線佐賀－瀬高間廃止
3.28	志布志線西都城－志布志間廃止
3.30	羽幌線留萠－幌延間廃止
3.31	国鉄最後の日、「旅立ち北海道号」などJR各地で特別列車を運転
4. 1	国鉄分割・民営化。JR北海道、JR東日本、JR東海、JR西日本、JR四国、JR九州、JR貨物、新幹線保有機構、日本国有鉄道清算事業団発足
4. 1	JR東日本は特急「あさかぜ1号」にレトロ調の食堂車オシ24704を連結開始
6.17	JR東海が“シンデレラエクスプレス”キャンペーン開始
7. 1	JR東海はプロ野球開催日に名古屋－ナゴヤ球場前間に臨時列車を運転開始
7.13	信楽線貴生川－信楽間廃止。第三セクター・信楽高原鐵道貴生川－信楽間開業。幌内線岩見沢－幾春別間、三笠－幌内間廃止
7.16	会津線西若松－会津高原間廃止、第三セクター・会津鉄道西若松－会津高原間開業
7.21	JR東日本は東京駅丸の内北口ホールで“とうきょうエキコン”開催
7.25	岩日線川西－錦町間廃止、第三セクター・錦川鉄道川西－錦町間開業
10. 2	JR北海道時刻改正。特急「ホワイトアロー」は岩見沢・滝川に停車。特急「北斗」にハイデッカー・タイプのグリーン車連結開始
10. 2	JR四国時刻改正。予讃本線坂出－多度津間電化完成。宇多津駅付近は本四備讃線に接続する新線に切換え
10. 6	特急「はつかり」に半室グリーン車クロハ481形連結開始(10月9日からは特急「いなほ」に連結開始)
10.14	若桜線郡家－若桜間廃止、第三セクター・若桜鉄道郡家－若桜間開業
10.16	JR東海は東海道新幹線の「こだま」に“2&2シート”を導入開始
11.13	JR四国は半室グリーン車キロハ180形の連結開始
12.26	JR東日本は特急「あずさ」にグレードアップ車両を使用開始

1988(昭和63)年

1.31	岡多線岡崎－新豊田間廃止、第三セクター・愛知環状鉄道岡崎－新豊田開業。同時に新豊田－高蔵寺間電化開業し岡崎－高蔵寺間全通

2.1	山野線水俣－栗野間、松前線木古内－松前間廃止
3.13	JRグループ最初の時刻大改正。青函トンネルを含む海峡線中小国－木古内間電化開業(青森－函館間を津軽海峡線と称する)。津軽線青森－中小国間、海峡線中小国－木古内間、函館本線函館－五稜郭間、江差線五稜郭－木古内間および関西本線加茂－木津間電化完成 ①東海道・山陽新幹線：新富士・掛川・三河安城・新尾道・東広島の5駅開業。100系G編成投入、東京－新大阪間「ひかり」は所要時間2時間49分に短縮。JR西日本は“2&2シート”で、ラウンジ付きビュッフェ連結の「ウエストひかり」を新設 ②東北・上越新幹線：東北新幹線「やまびこ」58本から76本に増発。上野－盛岡間最速2時間32分にスピードアップ。上越新幹線「あさひ」は1往復増発、18往復体制とする。上野－新潟間最速1時間39分に短縮 ③北海道・津軽海峡線：上野－札幌間特急「北斗星」3往復(うち1往復季節)を新設。特急「ゆうづる」2往復、「あけぼの」1往復減。盛岡－青森間特急「はつかり」14往復中2往復を函館へ延長、うち1往復は「北斗」に接続、上野－札幌間は10時間52分で日着可能になる。大阪－青森間特急「日本海」1往復を函館へ延長。函館－札幌間特急「北斗」1往復廃止。函館－札幌－網走間特急「おおとり」を札幌で系統分割し、函館－札幌間「北斗」、札幌－網走間「オホーツク」各1往復増発(「北斗」は8往復堅持)。函館－札幌間は最高速度を120km/hに向上、3時間29分に短縮。千歳空港－札幌間特急「ホワイトアロー」下り1本増発、札幌－千歳空港間特急「ライラック」上り1本増発。青函航路青森－函館間定期便廃止 ④東北・上信越線：盛岡－秋田間特急「たざわ」3往復増発、9往復体制。会津若松－小出間(只見線経由)急行「奥只見」廃止 ⑤中央線：新宿－松本間1往復、新宿－甲府間4往復増発。東京・新宿－甲府間9往復は「かいじ」と改称、「あずさ」は18往復体制とする。特急「あずさ」にグレードアップ車両を投入。新宿－松本間最速2時間39分に短縮。名古屋－長野間特急「しなの」は6往復増発、16往復体制とする。グリーン車をパノラマカーに改造。名古屋－長野間最速3時間3分に短縮。茅野・天竜峡－長野間急行「かもしか」3往復は快速「みすず」に格下げ。急行「とがくし」「南越後」は「赤倉」に改称 ⑥日本海縦貫線：新幹線接続の長岡－金沢間特急「かがやき」2往復、米原－金沢間「きらめき」1往復新設。特急「かがやき」「きらめき」にグレードアップ車両を投入 ⑦九州線：特急「有明」に783系電車(ハイパーサルーン)29両投入、JR化後最初の特急電車。女性乗務員(ハイパーレディ)の乗務開始。「有明」は3往復増発、28往復体制、このうち15往復に783系を使用。博多－西鹿児島間「スーパー有明41・14号」は最速4時間5分で運転。博多－長崎間特急「かもめ」は1往復、14往復体制。小倉－大分間特急「にちりん」10往復増発
3.20	「瀬戸大橋博'88岡山」の観客輸送のため本四備讃線茶屋町－児島間先行開業。本四備讃線茶屋町－児島間電化開通

3.20	小倉－佐世保間に季節気動車特急「オランダ村特急」運転開始
3.24	木原線大原－上総中野間廃止、第三セクター・いすみ鉄道大原－上総中野間開業
3.25	能登線穴水－蛸島間廃止、第三セクター・のと鉄道のと穴水－蛸島間開業
4. 1	中村線窪川－中村間廃止、第三セクター・土佐くろしお鉄道窪川－中村間開業。松浦線有田－伊万里－佐世保間廃止、第三セクター・松浦鉄道有田－伊万里－佐世保間開業
4.10	時刻大改正。瀬戸大橋を含む本四備讃線児島－宇多津間開業(岡山－茶屋町－宇多津－高松間を瀬戸大橋線と称する)。本四備讃線児島－宇多津間電化開通。東京－宇野間特急「瀬戸」を高松へ延長、高松－宇和島間特急「しおかぜ」を岡山－宇和島、高松－中村間特急「南風」を岡山－中村間に延長。高松－宇和島間特急を「いしづち」、高松－中村間特急を「しまんと」と改称。岡山－高松－徳島間特急「うずしお」11往復新設。高連絡船高速艇運航開始(ホーバー・普通便廃止)
4.11	真岡線下館－茂木間廃止、第三セクター・真岡鐵道下館－茂木間開業
4.25	歌志内線砂川－歌志内間廃止
6. 3	JR北海道は「世界食の祭典」「青函トンネル開業記念博覧会」に協賛して青森函館間航路青森－函館間運航、9月18日まで
7.15	恵比寿－白石間に「カートレイン北海道」、上野－函館間に「MOTOトレイン」、大阪－函館間に「MOTOトレイン」を運転開始
7.16	JR西日本時刻改正。第三セクター・宮福鉄道宮福線福知山－宮津間開業。新大阪－天橋立に特急「エーデル丹後」運転開始(新大阪－福知山間「北近畿」に併結)
9. 1	上山田線飯塚－豊前川崎間廃止
9.19	青森函館間航路青森－函館間臨時便運行廃止
9.28	豊肥本線熊本－宮地間臨時快速「あそBOY」運転開始(SL58654号＋50系客車3両)
10.25	長井線赤湯－荒砥間廃止、第三セクター・山形鉄道赤湯－荒砥間開業
11. 3	JR東日本、上沼垂の485系電車の指定席車をグレードアップ。第1編成を金沢－新潟間特急「北越3・8号」に運用開始。12月27日からは第2編成を大阪－新潟間特急「雷鳥3・38号」にも運用
11. 3	JR北海道時刻改正。札幌駅高架化完成。特急「ホワイトアロー」は5往復が深川停車。「ライラック」は札幌－旭川間2分短縮、到達時分を1時間32分とする。札幌－稚内間急行「宗谷」「天北」にキハ40・48形改造のキハ400・480形を投入してスピードアップを図る
12. 1	JR東日本時刻改正。中央線の特急「あずさ」は上り列車のパターン改正により、新宿駅の発着ホームの効率化を図る。新宿－松本間2時間39分に短縮。特急「かいじ」は10往復に増発。京葉線新木場－南船橋、市川塩浜－西船橋間電化開業。東北新幹線「やまびこ」3往復にカフェテリア式ビュッフェ投入

8.国鉄の赤字ローカル線対策の歩み

(1)「国鉄財政再建計画」の中での赤字線対策

産業基盤の整備拡充を目的として、国鉄新線の建設を推進するため1964(昭和39)年、日本鉄道建設公団が設立された。赤字ローカル線の対策については、国鉄総裁の諮問機関である諮問委員会が、1968(昭和43)年9月に「ローカル線の輸送をいかにするか」の意見書を総裁に提出した。その中で、ローカル線83線区2,600kmを自動車輸送に切り替えるのが、国鉄財政再建や国民経済に有利であることが指摘された。国鉄ではこの意見書を元に83線区沿線の市町村と廃線交渉に入った。廃止に関する話し合いは進まず、各地に廃線反対同盟が結成された。

“赤字ローカル線83線”のうち実際廃止になったのは、1972(昭和47)年までに、根北線・川俣線・三国線・篠山線・宇品線・鍛冶屋原線・世知原線・臼ノ浦線・幸袋線の9線区の全線および札沼線新十津川－石狩沼田間、唐津線山本－岸嶽間の2線区の一部区間にすぎず、営業キロを合計しても116.0kmで目標にはほど遠かった。またこの時期、83線区に含まれない胆振線京極－脇方間、吾妻線長野原－太子間が廃止になっている。これを加えても廃止できたのはわずかに13線区、合計129.3kmであった。

一方では、日本鉄道建設公団の新線建設が進み、この時期に9線区、合計128.1kmが開業し、差し引きした営業キロは変わらない結果となった。この中には廃止対象になっていた白糠線上茶路－北進間、越美北線勝原－九頭竜湖間、三江線口羽－浜原間などがさらに延長されている。

(2)「国鉄再建法」における「特定地方交通線」の対策

国鉄は1964(昭和39)年度に赤字経営になって以来収支は悪化し続け、1969(昭和44)年度から1977年度にかけて再建対策が講じられたが、結果的には累積赤字が1979(昭和54)年度末には6兆円を超え、長期債務は約12兆7,000億円となった。

このため1980年には日本国有鉄道経営再建促進特別措置法(以後「国鉄再建法」と略記)が成立した。この「国鉄再建法」案の大きな柱は、国鉄の営業線を線区ごとに1977～1979年度の3年間の旅客輸送密度(1日1キロ当たりの輸送人員)で区分し、8,000人以上を「幹線系線区」、8,000人未満を「地方交通線」に分け、輸送密度が極めて低い「特定地方交通線」は、一定の手続きを経て廃止できることになった。

地方交通線のうち、輸送密度が4,000人未満の路線を「特定地方交通線」とする。ただし、次の4つのうちのどれかに該当するものは除外する。

①1駅間、1方向の1時間あたりの最大輸送人員が1,000人以上
②代替輸送道路が未整備で、バス輸送に適さない場合
③積雪期にバス輸送ができない日が年間10日以上となる路線
④旅客一人当たりの平均乗車距離が30キロ以上で輸送密度が1,000人以上

新線建設は、日本鉄道建設公団の工事線として指示を受けていた50線について、建設が継続されたのは鹿島線と内山線(開業後の予讃線)の2線区のみとなった。

ただし工事休止線でも、国鉄以外の鉄道事業者が免許を得た場合は、建設を行うことができ、第三セクターの地方鉄道新線として野岩線(野岩鉄道)、久慈線・盛線(三陸鉄道)、宮福線(北近畿タンゴ鉄道)、鹿島線(鹿島臨海鉄道)、北越北線(北越急行)、丸森線(阿武隈急行)、鷹角線(秋田内陸縦貫鉄道)、樽見線(樽見鉄道)、智頭線(智頭急行)、宿毛線(土佐くろしお鉄道)、岡多線(愛知循環鉄道)、瀬戸線(東海交通事業)が工事再開された。特定地方交通線については、「国鉄再建法」に基づき1981(昭和56)年9月から1986年4月まで3回に分けて選定される。特定地方交通線の選定は輸送量、他線との接続などを総合的に考慮して、段階的に行われた。特に、以下の基準に該当するものは先んじて選定された。①営業キロが30キロ以下で、輸送密度が2,000人以下(ただし、両端の駅で他の国鉄線と接続するものおよび石炭を相当量輸送している路線は除く)②営業キロが50キロ以下で、輸送密度が500人以下

このようにして、第一次特定地方交通線40線区(729.1km)、第二次特定地方交通線31線区

(2,089.2km)、第三次特定地方交通線12線区(338.9km)の合わせて83線区(3,157.2km)が選定された。これらの線区は地域特性に応じてバス、第三セクター鉄道、民営鉄道などへの転換交渉が行われた。これらの推進状況は別提の表1〜4(172〜173頁参照)に示した通りである。

(3)近年の地方交通線の対策

1)地方交通線は、1987(昭和62)年4月1日の国鉄の分割民営化後も続き、1990(平成2)年4月1日の鍛治屋線および大社線のバス転換で完了した。一方日本鉄道建設公団の工事線も一旦は工事を中止していたが、第三セクターの鉄道として工事を再開し、1984(昭和59)年4月1日の三陸鉄道の開業から多くの新しい鉄道が開業している。これも2002年7月1日の土佐くろしお鉄道ごめん・なはり線(建設線名：阿佐線、後免－奈半利間)の開通により一段落する。

第三セクターに転換した鉄道の現実は厳しい。自家用車が1世帯に1台以上に普及し、道路網の整備など“車社会”に拍車がかかり、沿線の過疎化が要因になっている。

「2004年数字で見る鉄道」(国土交通省鉄道局監修)の中の2002(平成14)年度の地方交通の概況によれば、該当する37社のうち全事業経常損益が黒字なのは、鹿島臨海鉄道、北越急行、伊勢鉄道、智頭急行、平成筑豊鉄道の5社のみで、他の32社は赤字である。この5社のうち北越急行、伊勢鉄道、智頭急行の3社は、JRと直通する特急列車が頻繁に走るため線路の使用料が確実に入る共通点がある。平成筑豊鉄道はこれまで乗客の伸びもあり黒字と赤字の境目を行き来していたが、2004年3月の時刻改正で頼みの貨物列車の運転が終了したため、2004年度以降は厳しいと思われる。

20年前に開業し、かつては第三セクターの優等生と見られていた三陸鉄道も開業してから1992(平成4)年度までは乗客が若干増加または減少率が比較的小さかったが、それ以後は雪崩を打って減少が止まらず、2002年度の全乗客数は1,148千人で、1984年度の2,689千人にくらべ半分以下の42.7%まで落ち込んでいるのだ。

2)1992年11月には国の政策面で地方交通線の問題に大きな分岐点が訪れた。これは運輸省が地方私鉄の欠損補助を打ち切ることになったからである。続いて2000(平成12)年3月には「鉄道事業法」の改正により鉄道の廃止を許可制から事前届け出制としたことである。これまでは鉄道の廃止にあたって地元の同意を得るまでの手続きに時間を要していたが、簡単な手続きで廃止が可能になって鉄道事業者にとっては朗報となる。これより前民営に転換した弘南鉄道の黒石線は民間企業の判断ですでに1998(平成10)年4月に廃止になっている。

「鉄道事業法」の改正により2001年からはJRやこれまでの私鉄でも地方交通線のうち不採算な線区の廃止計画の表明が相次ぐことになる。近年第三セクターでないが、下北交通大畑線やのと鉄道七尾線穴水－輪島間が廃止になっている。

2003年11月にはJR西日本と地元の協議を経て可部線可部－三段峡間が廃止になっている。国鉄時代からの特定地方交通線の論議では、このようなひとつの線区の一部分存続や廃止は認められなかったが、今後も不採算な末端区間は廃止問題が出る可能性が大きいので憂慮される。

さらに旧国鉄線で第三セクターに転換した線が廃止となる初めてのケースとして、のと鉄道能登線穴水－蛸島間で、2005年4月1日に廃止になっている。次は北海道ちほく高原鉄道で2005年の廃止を免れたものの、このまま行けば2006年廃止の予定を回避することは困難な情勢である。

一方では旅客離れが止まらないJR西日本の富山港線富山－岩瀬浜間では2006年4月までに第三セクターの路面電車化事業が進められている。これによれば、現在ラッシュ時1時間に片道2本の電車、データイムは1時間に1本のディーゼルカーでの運行が、終日15分間隔で運転し、停留所も400m間隔で設置する計画になっているので新しい施策に期待したい。

3)もうひとつ別の問題として国鉄分割民営化後の整備新幹線の建設に関連して、フル規格で建設する場合は、JRは新幹線に並行する在来線の経営は切り離すことになった。このため在来線を存続するには第三セクターの鉄道に転換を余儀なくされた。これは在来線の幹線でも経営が楽でなかったが、新幹線が開業すると都市間輸送が転移するためさらに赤字が予想されるための対策であった。新幹線は欲しいが、赤字が分かっている在来線を存続しなくては近隣の通勤通学が不便になるだけに地元自治体にとっては頭の痛い問題である。

平成年間の動き

1989(昭和64・平成元)年

1.10	上野－金沢間特急「白山」に“ラウンジ＆コンビニエンスカー”連結開始
2.18	JR東海、特急「ひだ」1往復にキハ85系使用開始
3.1	JR西日本米子支社が東京－出雲市間特急「出雲3・2号」のうち1両を3段式寝台車に置替え。この車両で往復する“出雲3Bきっぷ”を発売開始
3.11	JRグループ時刻大改正 ①新幹線：東海道・山陽新幹線はダイヤパターンを7－4に変更して「ひかり」を増発、山陽新幹線では100N系が最高速度を230km/hに向上して東京－博多間所要時間5時間47分に短縮。100系にカフェテリア車登場 ②東京以西：特急「はやぶさ」「富士」に“ソロ”連結。「スーパー雷鳥」は最高速度130km/h運転開始。特急「ひだ」5往復、うち1往復にキハ85系登場。大阪－倉吉間特急「エーデル鳥取」にキハ65系から改造のパノラマ車両を使用。特急「くろしお」1往復増発、16往復体制とする。うち4往復に381系のパノラマグリーンを連結。特急「南風51・52号」「しまんと51・52号」にTSE2000系を投入。特急「有明」は31往復に増発、17往復は783系“ハイパーサルーン”投入。「かもめ」18往復に増発、2往復に783系使用。「北越」「スーパー雷鳥」にグレードアップ車両を投入。特急「雷鳥」の“だんらん”連結廃止。片町線木津－長尾間電化完成。大阪－鳥取・中国勝山間急行「みささ」「みまさか」廃止 ③東京以北：上野－札幌間特急「北斗星3・4号」を定期列車化。上野－平(現・いわき)間特急「スーパーひたち」7往復新設、最高速度130km/h運転開始。特急「北陸」「白山」にグレードアップ車両を投入
3.25	第三セクター・樽見鉄道神海－樽見間開業
3.29	足尾線桐生－間藤間廃止、第三セクター・わたらせ渓谷鐵道桐生－間藤間開業。間藤－足尾本山間未開業のまま移管
4.1	第三セクター・秋田内陸縦貫鉄道比立内－松葉間開業。秋田内陸線鷹巣(鷹ノ巣を改称)－角館間全通
4.28	高千穂線延岡－高千穂間廃止、第三セクター・高千穂鉄道延岡－高千穂間開業
4.29	門司港－博多間で「有明11号」「オランダ村特急」の電車・気動車の動力協調運転開始

4.30	標津線標茶－根室標津間、および中標津－厚床間廃止
5. 1	釧路－根室間気動車急行「ノサップ」は快速に格下げ
5. 1	天北線音威子府－南稚内間廃止。これに伴い急行「天北」は宗谷本線経由「宗谷1・4号」に改称。名寄本線名寄－遠軽間、中湧別－湧別間廃止
6. 4	池北線池田－北見間廃止、第三セクター・北海道ちほく高原鉄道ふるさと銀河線池田－北見間開業
7.21	大阪－札幌間に臨時特急「トワイライトエクスプレス」、上野－札幌間に臨時特急「エルム」運転開始
7.22	JR西日本・JR四国時刻改正 ①特急「くろしお」は天王寺から梅田貨物線経由で京都に延長。グレードアップ車両による「スーパーくろしお」5往復運転開始 ②瀬戸大橋線の輸送力増強。宇野線の部分複線化。騒音軽減のため最高速度を65km/hに減速。特急「しおかぜ」は8往復、「南風」は6往復、「しまんと」は5往復に増発。多度津－松山間で一部の「しおかぜ」「いしづち」を併結運転。高松－松山間急行「いよ」2往復廃止
10. 1	伊田線直方－田川伊田間、糸田線金田－田川後藤寺間、田川線行橋－田川伊田間廃止。第三セクター・平成筑豊鉄道伊田線直方－田川伊田間、糸田線金田－田川後藤寺間、田川線行橋－田川伊田間開業。湯前線人吉－湯前間廃止、第三セクター・くま川鉄道湯前線人吉－湯前間開業
12.12	JR西日本は特急「あさかぜ3・2号」「瀬戸」にスハ25形300番台“ラウンジカー”(SIV電源車)連結開始
12.23	宮田線勝野－筑前宮田間廃止

1990(平成2)年

3. 6	JR九州は特急「かもめ」に“レッド・エキスプレス”編成投入
3.10	JRグループ時刻大改正。京葉線東京－新木場間電化開業。これにより京葉線東京－蘇我間全通。山陰本線京都－園部間電化完成 ①新幹線：東海道・山陽新幹線はダイヤパターンが7－4の時間帯を拡大、「ひかり」は184本から198本に増発、東京－新大阪間2時間52分に短縮。上越新幹線最高速度を275km/hに向上、上野－新潟間1時間36分に短縮 ②特急「スーパーひたち」は7往復が15往復に増発。JR九州では鹿児島本線・長崎本線で最高速度を130km/hに向上。783系27両増備。特急「ひだ」は8往復に増発、急行「のりくら」廃止、全列車キハ85系に統一。「あさかぜ3・2号」「瀬戸」「なは」「かもめ」(レッド編成)にグレードアップ車両を投入。大阪－浜坂間「エーデル北近畿」はキハ65形800番台使用
4. 1	JR西日本時刻改正。宮津線西舞鶴－豊岡間廃止、第三セクター・北近畿タンゴ鉄道西舞鶴－豊岡間開業。京都－西舞鶴－久美浜間に特急「タンゴエクスプローラー」

	新設。鍛冶屋線野村－鍛冶屋間廃止、大社線出雲市－大社間廃止
4. 1	博多南線博多－博多南間開業(山陽新幹線博多総合車両所への回送線を利用、在来線の扱い)
4. 1	宇高航路宇野－高松間高速艇運航休止
4.28	JR東日本時刻改正。251系電車を投入、東京・新宿－伊豆急下田間に特急「スーパービュー踊り子」新設
6.23	東北新幹線に2階建てグリーン車249形運転開始
7.27	JR東日本は特急「あさま」に189系グレードアップ車投入
7.30	JR四国は特急「南風」「しまんと」に2000系気動車投入
9. 1	JR北海道時刻改正。札幌高架駅全面開業、1・2番線使用可能となる。札幌－旭川間特急「スーパーホワイトアロー」13往復(「ホワイトアロー」を改称)、「ライラック」下り17本・上り16本に増発(急行「ちとせ」格上げ)。785系(VVVF制御車)投入、最高速度130km/h運転。札幌－帯広間特急「とかち」5往復新設。急行「そらち」「狩勝」廃止
9. 1	JR東日本時刻改正。山形新幹線の工事進捗により、複線区間の単線化に伴い特急「つばさ」は福島－秋田間12往復を8往復に削減。特急「あけぼの3・2号」は陸羽東線経由に変更し「あけぼの」と改称、「あけぼの1・4号」は上越・羽越線経由に変更し「鳥海」と改称
11.21	JR四国時刻改正。伊予北条－伊予市間電化完成。2000系気動車の増備により特急「しおかぜ」「南風」をスピードアップ。松山－宇和島間特急「宇和海」4往復、高知－中村間特急「あしずり」下り2本・上り1本を新設。特急「うずしお」は13往復に増発、海部へ延長、急行「うわじま」「土佐」廃止
12. 1	JR九州は特急「みどり」に485系電車“レッド・エキスプレス”を投入
12.20	上越線越後湯沢－ガーラ湯沢間開業(季節営業、保守基地への回送線を利用)。上越新幹線上野－ガーラ湯沢間に直通列車の運転開始

1991(平成3)年

1.14	JR西日本は特急「かがやき」にクロ481形連結開始
2. 1	JR九州は特急「有明」に485系電車“レッド・エキスプレス”を投入
3. 8	JR東日本は東北新幹線「やまびこ」に2階建てグリーン車組み込み
3.16	JRグループ時刻大改正。相模線茅ヶ崎－橋本間電化完成 ①新幹線：東海道・山陽新幹線はダイヤパターンを改正、東京発博多行き00分を04分に変更。100系で運転の「ひかり」を114本に増発 ②在来線：特急「はつかり」は青函トンネル内で最高速度を140km/hに向上。特急「さざなみ」「わかしお」は京葉線経由に変更。東京－上総一宮間に特急「ホームタウンわかしお」、東京－君津間に特急「ホームタウンさざなみ」を新設。小田急新宿－沼津間に特急「あさぎり」4往復新設。JR東海の371系、小田急の2000形投入。

	特急「あけぼの」「出雲3・2号」にグレードアップ車両を投入。特急「北斗星」は編成を方向転換し、上野発の電源車を前頭にして騒音軽減
3.16	宇高航路宇野－高松間廃止
3.19	JR東日本時刻改正。成田線成田－成田空港間電化開業。JR東日本が第2種鉄道事業者、成田空港高速鉄道が第3種鉄道事業者。横浜・新宿－東京－成田空港間に特急「成田エクスプレス」23往復新設
3.25	JR九州は日韓鉄道高速船ジェットフォイル"ビートル2世"を博多－釜山間に就航
4.27	嵯峨野観光鉄道トロッコ嵯峨－トロッコ亀岡間開業。第1種鉄道事業者は西日本旅客鉄道
6.20	JR東日本時刻改正。東北新幹線東京－上野間開業。東北新幹線東京－盛岡間、上越新幹線東京－新潟間直通運転開始。「やまびこ」2往復、「あさひ」3往復は上野通過
7.27	JR北海道時刻改正。特急「とかち」に2階建てグリーン車キサロハ182形550番台を投入、「スーパーとかち」と改称
8.27	JR東日本時刻改正。奥羽本線福島－米沢間客車列車廃止し電車化、一部バス代行輸送開始。特急「つばさ」は8往復から5往復に、上野－秋田間は仙山線経由。山形－新潟間急行「べにばな」廃止
9. 1	JR西日本時刻改正。七尾線津幡－和倉温泉間電化完成。大阪－和倉温泉間に特急「雷鳥」「スーパー雷鳥」を、富山地方鉄道に特急「スーパー雷鳥」を直通運転。名古屋－和倉温泉間に特急「しらさぎ」を直通運転開始。七尾線和倉温泉－輪島間を第三セクター・のと鉄道へ移管。「ゆぅとぴあ和倉」は廃止
9.14	JR西日本時刻改正。北陸本線米原－長浜間を交流から直流電化に変更し京阪神から直通運転開始
10.22	根室本線野花南－島ノ下間は清里ダム工事で水没するため線路移設。駅間16.9km→13.9kmに変更、この間の清里駅廃止
11. 5	奥羽本線福島－山形間単線のみ標準軌間への改軌完成
11.21	JR四国時刻改正。瀬戸大橋線の最高速度を65km/hから95km/hに復元。特急「しまんと」「南風」「あしずり」増発

1992(平成4)年

3.10	大村線ハウステンボス駅開業、大村線早岐－ハウステンボス間電化完成
3.14	JRグループ時刻大改正
	①新幹線：東海道新幹線東京－新大阪間「のぞみ」2往復運転開始（うち1往復は「ひかり」格上げ、所要時間2時間30分）。300系電車使用、最高速度270km/h。東京－新大阪間「ひかり」4往復増発。東京発博多行き「ひかり」は04分→07分に改正
	②在来線：名古屋－紀伊勝浦間特急「南紀」全列車をキハ85系に置替え。札幌－網走間急行「大雪」を特急「オホーツク9・10号」に格上げ。長岡－金沢間特急「かがやき」を和倉温泉へ延長。東京・新宿－伊豆急下田間特急「スーパービュー踊

	り子」2往復増発、5往復とする。上野－勝田・高萩間特急「ひたち」2往復を651系電車に置替え、「スーパーひたち」を増発
3.25	JR九州時刻改正。博多－ハウステンボス間に特急「ハウステンボス」を新設。門司港－佐世保間「オランダ村特急」廃止
3.26	第三セクター・阿佐海岸鉄道海部－甲浦間開業。JR四国時刻改正、特急「うずしお」を甲浦へ延長
7. 1	JR北海道時刻改正。千歳線南千歳－新千歳空港間電化開業。「ライラック」は札幌－旭川間特急、新千歳空港－札幌間快速「エアポート」として直通運転。室蘭－札幌間に特急「すずらん」7往復新設。札幌－稚内間急行「宗谷3・4号」を「サロベツ」と改称
7. 1	JR東日本時刻改正。山形新幹線開業。東京－山形間特急「つばさ」14往復直通運転(内13往復は福島まで「やまびこ」に併結、1往復は単独運転)。東京－山形間最速2時間27分。上野－秋田間特急「つばさ」廃止、山形－秋田間特急「こまくさ」9往復新設。急行「月山」は廃止
7.15	JR九州時刻改正。787系投入により門司港－博多－西鹿児島間に特急「つばめ」6往復新設。JR四国より購入のキハ185系により博多－別府間特急「ゆふ」、熊本－別府間特急「あそ」各3往復新設。博多－大分－小倉間に「オランダ村特急」に使用のキハ183系を転用して、「ゆふいんの森」1往復増発。特急「なは」に“ソロ”を連結、“レガートシート”“デュエット”を西鹿児島へ延長
7.23	JR四国時刻改正。予讃線観音寺－新居浜間、今治－伊予市間電化完成
8.15	岡山－新居浜間臨時特急「しおかぜ」、高松－新居浜間臨時特急「いしづち」に8000系電車使用開始
12.26	大阪－富山間臨時特急「雷鳥85・90号」に681系電車使用開始

1993(平成5)年

3.18	JRグループ時刻大改正 ①新幹線：東海道新幹線は1－7－3パターンに改正。300系電車の増備により、東京－新大阪間「のぞみ」を博多へ延長、毎時1本運転、37本に増発。「ひかり」は24本減、「こだま」は14本減。東京－博多間「のぞみ」の所要時間は5時間4分、48分短縮 ②在来線：東京－九州間寝台特急の食堂車営業休止。札幌－釧路間急行「まりも」を特急「おおぞら13・14号」に格上げ。上野－金沢間急行「能登」を客車から489系により電車化。急行「妙高」は廃止。米子－博多間特急「いそかぜ」を米子－小倉間に短縮。予讃線高松－伊予市間全面電化完成。岡山－松山間特急「しおかぜ」6往復、高松－松山間特急「いしづち」9往復(うち3往復は「しおかぜ」に併結)に8000系電車を投入。キハ181系気動車はJR四国の定期特急列車から消える。松山－宇和島間特急「宇和海」下り5本・上り4本から13往復に増発。JR九州の急行「かいも

	ん」「日南」を特急「ドリームつばめ」「ドリームにちりん」に格上げ。「にちりんシーガイア」2往復新設
7. 2	JR東日本時刻改正。255系投入により特急「ビューさざなみ」「ビューわかしお」各2往復、「おはようさざなみ」新設
8. 1	JR東海は名古屋－伊勢市－鳥羽間快速「みえ」にキハ75形気動車を投入
9. 1	山陰本線園部－福知山間電化工事に伴うトンネル改修のため東京－浜田間特急「出雲1号」を伯備線経由に変更
10. 1	JR四国時刻改正。高松－多度津間複線化完成、特急「しまんと」は2000系気動車へ置替え、土讃線の全特急列車を2000系気動車に統一
12. 1	JR東日本時刻改正。夜行列車統廃合により特急「ゆうづる」「出羽」、急行「八甲田」「津軽」廃止。上野－会津若松間特急「あいづ」を郡山－会津若松間に短縮、「ビバあいづ」と改称。アコモデーション改良の485系電車を投入。新宿－高崎間「新特急ホームタウン高崎」新設
12.23	新宿－松本－南小谷間特急「あずさ」にE351系電車使用開始

1994(平成6)年

3. 1	JR北海道時刻改正。振子式特急気動車キハ281系を導入し、函館－札幌間に「スーパー北斗」5往復運転開始。函館－札幌間最速2時間59分
3. 1	JR九州時刻改正。特急「かもめ」5往復に787系を導入。特急「ハウステンボス」用485系をリニューアルし4両化。日豊本線延岡－宮崎間スピードアップ、最速60分
5.16	函館本線砂川－上砂川間廃止
6.15	関西空港線日根野－関西空港間開業。りんくうタウン－関西空港間は西日本旅客鉄道が第2種鉄道事業者、関西高速鉄道が第3種鉄道事業者。天王寺－関西空港間に快速電車運転開始
7. 1	JR九州時刻改正。787系を増備し特急「つばめ」14往復中11往復に787系を導入。特急「有明」18往復中17往復にリニューアルした783系を投入。水前寺行き「有明」8往復はすべて熊本打切りとする
7.15	初のオール2階建て新幹線電車E1系、東北・上越新幹線で「Maxやまびこ」「Maxあおば」「Maxあさひ」「Maxとき」として営業運転開始
9. 4	JR西日本時刻改正。京都－天王寺－関西空港間に特急「はるか」29往復、京橋－大阪・JR難波－天王寺－関西空港間に「関空快速」運転開始。関西本線湊町駅はJR難波と改称
10.14	従来の「鉄道記念日」を「鉄道の日」として各地でイベント・シンポジウム開催
11. 1	JR北海道、室蘭本線志文－岩見沢間を貨物線ルートに変更、両駅間の営業キロは5.4km→7.1kmに変更
12. 3	JRグループ時刻大改正 ①新幹線：東海道・山陽新幹線、東京－名古屋間「ひかり」下り1本を「のぞみ」に、

	名古屋－広島間「こだま」下り1本を「ひかり」にして、速達化。東京－山形間「つばさ」1往復増発、15往復になる ②在来線：土曜休日運転の「新特急あかぎ」を「新特急ウイークエンドあかぎ」と改称。「ビューさざなみ」「ビューわかしお」各2往復から各5往復に増発。東京－佐倉間特急「ホームタウン佐倉」下り1本新設。上総一ノ宮－東京間特急「おはようわかしお」上り1本新設。新宿－松本－南小谷間に特急「スーパーあずさ」4往復新設。新宿－松本間最速2時間30分。第三セクター・智頭急行上郡－智頭間開業。新大阪－鳥取－倉吉間(智頭急行線経由)特急「スーパーはくと」3往復、特急「はくと」1往復(季節)新設、大阪－鳥取間所要時間2時間34分(約1時間30分短縮)。岡山－出雲市間特急「やくも」3往復を増発、13往復としこのうち4往復を「スーパーやくも」として運転。岡山－松山間特急「しおかぜ」1往復増発。高松－松山間特急「いしづち」1往復増発 ③寝台特急の統廃合：上野－青森間特急「はくつる」2往復を統合し1往復とし24系25形化。東京－熊本・長崎間特急「みずほ」、上野－青森間臨時特急「ゆうづる」廃止。東京－博多間特急「あさかぜ1・4号」、大阪－新潟間特急「つるぎ」を多客期運転の臨時列車とする。上野－札幌間特急「北斗星3・4号」を季節列車化

1995(平成7)年

1.17	阪神大震災発生。JR西日本・JR東海・民鉄各社の被害甚大
1.22	JR東日本の旅行商品「びゅう/vju：」が「第1回日本ネーミング大賞」の優秀賞を受賞
3.16	JR北海道時刻改正。札沼線太平－篠路間複線化完成により列車増発。旭川から札幌方面への特急最終列車の時刻を1時間繰り下げ
3.18	JR九州の883系は博多－小倉－大分間特急「にちりん」2往復に使用開始(4月9日まで)
3.24	JR東日本時刻改正。仙台地区で白石－一ノ関間、岩切－利府間で701系電車運転開始
4. 5	JR四国時刻改正。松山－宇和島間特急「宇和海」2往復増発。フリーダイヤルによる列車運転状況案内サービスを開始
4.20	JR西日本時刻改正。大阪－富山・和倉温泉間特急「スーパー雷鳥」を7往復から12往復に拡大。うち8往復に681系電車(サンダーバード型車両)を導入。大阪－金沢間の最高速度を130km/hに向上。山陰本線綾部－福知山間電化工事完成。同区間で12本の普通電車運転開始。京橋－関西空港間に「関空特快ウイング」下り7本・上り6本運転開始
4.20	JR九州時刻改正。特急「ソニックにちりん」4往復に883系電車を導入、博多－小倉－大分間の最高速度を130km/hに向上、博多－大分間最速2時間09分。宮崎－西鹿児島間特急「きりしま」6往復新設。特急「にちりん」は南宮崎始終着に変更、宮崎駅では同一ホームで「にちりん」と「きりしま」が接続するダイヤとする。門司港－博多間に通勤特急「にちりん101・つばめ102号」新設、博多－肥前山口間特

	急「かもめ101・102号」増発
4.29	JR東海の383系電車は名古屋－木曽福島間臨時特急「しなの91・92号」で使用開始
5.15	奥羽本線神宮寺－峰吉川間下り線3線軌化工事完成
5.29	奥羽本線改軌工事に伴う時刻改正。大曲－秋田間単線化により特急はスピードダウン
7.7	釜石線遠野駅に周遊型ホテル「フォルクローロ遠野」開業
9.1	JR西日本京阪神地区時刻改正。223系1000番台を投入
9.4	深名線深川－名寄間廃止、JR北海道バスに転換
9.30	JR西日本関西本線(大和路線)時刻改正。大阪－奈良間快速を41分に短縮。王寺－柏原間普通列車の運転間隔をデータイム20分から10分に短縮
10.1	JR東海身延線時刻改正。急行「富士川」の格上げにより静岡－富士－甲府間に特急「ふじかわ」6往復を新設、373系電車を投入、静岡－甲府間2時間02分。東海道新幹線「のぞみ28号」が新横浜停車
12.1	JR東日本時刻改正 ①東北新幹線の運転系統を全面的に改正し東京－那須塩原間に「なすの」を新設。これに伴い現行の特急「新特急なすの」は下り「新特急ホームタウンとちぎ」、上り「新特急おはようとちぎ」に改称。東京－仙台間「やまびこ」を増発、東京－盛岡間「やまびこ」を速達化。オール2階建て新幹線「Max」を増発、山形新幹線「つばさ」を7両化 ②京葉、内・外房線スピードアップ。東京－安房鴨川間特急「わかしお」は10分短縮。東京－佐倉間特急「ホームタウン佐倉」を成田に延長、「ホームタウン成田」と改称。東京－浜田間特急「出雲1号」の京都－米子間を伯備線経由から山陰本線経由に復帰

1996(平成8)年

1.10	JR北海道・四国・九州の運賃改定実施
2.26	東海道本線岐阜駅周辺の全線高架化工事完成
3.16	JRグループ時刻大改正 ①新幹線：東海道・山陽新幹線、東京－博多間速達「ひかり」の福山・小郡における停車を増加、停車駅を統一化。東京－広島間、東京－岡山間「ひかり」を速達化 ②北海道線：函館－札幌間最速達「スーパー北斗19・2号」の停車駅を拡大。東室蘭・苫小牧・南千歳に統一化。札幌の副都心、新札幌に特急「北斗21号」、特急「おおぞら12・13・14号」、急行「はまなす」、快速「ミッドナイト」の停車拡大 ③首都圏：新宿発着の「成田エクスプレス」のうち下り5本・上り4本を池袋へ延長。埼京線を新宿－恵比寿間延長(1日78往復)、八高線八王子－高麗川間電化完成、八王子－川越間などに直通運転

	④東海道線：東京－静岡間急行「東海」は373系投入により特急「東海」に格上げ。東京－大垣間夜行普通列車に373系投入、列車名を「ムーンライトながら」とする。豊橋－飯田間に特急「伊那路」2往復新設
	⑤中央線：新宿－松本間特急「あずさ」18往復のうち「スーパーあずさ」を4往復から8往復とする
	⑥山陰線：山陰本線園部－綾部間電化完成に伴い、京都－城崎間電化完成。同時に北近畿タンゴ鉄道福知山－宮津－天橋立間電化完成。京都－城崎間特急「きのさき」下り5本・上り6本、京都－天橋立間特急「はしだて」4往復、京都－福知山間特急「たんば」下り3本・上り2本、新大阪－天橋立間特急「文珠」下り1本・上り2本新設。特急「あさしお」「エーデル丹後」、急行「みやづ」「丹後」「但馬」廃止。新大阪－鳥取・倉吉間特急「スーパーはくと」「はくと」を増発し5往復とし全列車を新大阪－京都間に延長する。鳥取－米子間に特急「いなば」1往復新設。同時に特急「くにびき」「おき」各1往復を米子－鳥取間延長、この区間の特急列車を3往復とする
	⑦紀勢線：天王寺発着の「スーパーくろしお」「くろしお」のうち一部列車を新大阪・京都へ5本延長。新大阪・京都発着を12往復とする
	⑧四国線：徳島－阿波池田－高知間に特急「剣山」3往復新設。急行「よしの川」は1往復に削減
	⑨九州線：博多－大分間「ソニックにちりん」を4往復から9往復に拡大。博多－長崎間特急「かもめ」22往復中17往復をグレードアップした783系(ハイパーサルーン)で運転。博多－佐世保間特急「みどり」1往復増発、15往復とする。博多－ハウステンボス間特急「ハウステンボス」を毎日8往復(多客期10往復)運転。博多－西鹿児島間特急「つばめ」は全列車を787系(つばめ型車両)で運転
3.22	関西本線今宮－JR難波間連続立体交差化工事完成。JR難波駅地下化
3.30	JR東日本時刻改正。秋田新幹線工事に伴う田沢湖線全列車を運転休止。バス代行実施。北上－秋田間(北上・奥羽本線経由)特急「秋田リレー号」を下り10本・上り11本新設。特急「たざわ」は秋田－青森間2往復に減少。東北本線盛岡－青森間の普通客車列車をすべて701系電車化または気動車化
4.26	JR四国、6000系運転開始
7.1	牟岐線由岐駅新駅舎完成。JR四国初のコミュニティ施設を併設の合築駅舎
7.13	舞鶴線東舞鶴駅付近高架化、新駅舎完成
7.18	JR九州時刻改正。宮崎空港線田吉－宮崎空港間開業。南宮崎－宮崎空港間電化完成。特急「にちりん」「にちりんシーガイア」、「ホームライナー」、シャトル列車「サンシャイン」など合計下り27本・上り28本運転。特急「ドリームつばめ」の博多駅発の時刻を7分繰り下げ、新幹線「のぞみ27号」からの接続を可能にする
7.20	JR西日本、近畿圏の時刻修正。大阪－神戸間普通列車22往復を須磨または西明石へ延長

7.26	JR東海、300Xが米原－京都間で443.0km/hの国内最高記録を樹立
7.30	JR東日本、秋田新幹線の愛称を「こまち」に決定
7.31	JR西日本、283系「スーパーくろしお・オーシャンアロー」が京都－天王寺－新宮間で3往復運転開始
10. 5	JR西日本時刻改正。阪和線、関西空港線、関西本線、大阪環状線、桜島線では土曜日も休日ダイヤで運転する
10. 7	中央本線下諏訪－岡谷間高架化工事完成
11. 1	JR九州、特急列車のグリーン料金改定
11.17	中央本線東京－神田間高架橋移設。外房線東浪見－長者町間複線化完成
11.18	中央本線名古屋－長野間特急「しなの」は381系から383系電車に置替え開始(12月1日完了)
11.24	根室本線帯広駅付近高架化、新駅舎完成
12. 1	JR東日本時刻改正。外房線東浪見－長者町間複線化完成。外房線蘇我－勝浦間および内房線蘇我－君津間の最高速度を95km/hから120km/hに向上し「わかしお」「さざなみ」の所要時分の短縮を図る、東京－勝浦間最速1時間20分。新宿－松本－南小谷間に特急「スーパーあずさ」を高速化、新宿－松本間最速2時間25分。埼京線、武蔵野線、京葉線、中央線などで通勤輸送を改善。京浜東北線に209系を180両、総武快速線・横須賀線にE217系を135両追加投入
12. 1	JR東海時刻改正。特急「しなの」定期列車13往復を新型の383系に置替え、最高速度を130km/hに向上、名古屋－長野間所要時間2時間43分(10分短縮)。列車名を「ワイドビューしなの」に改称。これを機会に「東海」「ふじかわ」「伊那路」「南紀」「ひだ」はすべて接頭辞の“ワイドビュー”を付加するのが正式な列車名とする
12. 1	JR西日本時刻改正。津山線の高速化が完成、キハ120形投入により普通列車津山－岡山間16分短縮、最速1時間18分。福知山線広野－古市間複線化完成
12.24	JR北海道、731系運転開始

1997(平成9)年

2.26	予讃線坂出駅付近高架化工事完成
2.27	福知山線新三田－篠山口間全面複線化完成、使用開始
3. 8	JR西日本時刻改正 ①JR東西線京橋－尼崎間開業(第2種鉄道事業者はJR西日本、第3種鉄道事業者は関西高速鉄道)。福知山線新三田－篠山口間複線化完成に伴う改正実施。片町線からJR東西線経由で東海道本線神戸方面、福知山線へ直通運転開始。アーバンネットワークの増発実施 ②紀勢本線和歌山－新宮間高速化工事完成。京都－新大阪－新宮間特急「オーシャンアロー」(「スーパーくろしお・オーシャンアロー」を改称)3往復を速達化。新大阪－新宮間最速3時間35分。今宮駅に大阪環状線ホーム新設

	③京都－鳥取－倉吉間特急「スーパーはくと」を5往復に増発
3.22	JRグループ時刻大改正 ①新幹線：東海道・山陽新幹線、新大阪－博多間「のぞみ」1往復にJR西日本の500系が登場。所要時間2時間17分に短縮。秋田新幹線開業、東京－秋田間「こまち」13往復運転、最速3時間49分運転(48分短縮)。東北新幹線、E2系・E3系の投入により最高速度を275km/hに向上、東京－盛岡間を2時間21分に短縮 ②北海道線：札幌－釧路間に特急「スーパーおおぞら」3往復新設、新型振子式特急気動車キハ283系投入、最高速度を130km/hに向上、3時間40分運転(45分短縮) ③東京以北：北上－横手－秋田間特急「秋田リレー」運転終了。上野－青森間(奥羽本線経由)特急「あけぼの」を廃止し、上野－青森間(羽越本線経由)特急「鳥海」を「あけぼの」に改称。秋田－青森間特急「たざわ」を「かもしか」に変更。盛岡－函館間特急「はつかり」1往復増発。275km/h運転「やまびこ」→特急「はつかり」の乗継ぎにより東京－函館間は6時間37分、東京－札幌間は9時間43分に短縮 ④北陸線・日本海縦貫線：第三セクター・北越急行ほくほく線開業、金沢－越後湯沢間特急「はくたか」10往復運転、東京－金沢間所要3時間43分(15分短縮)。新潟－高田間特急「みのり」1往復新設、特急「かがやき」廃止、特急「きらめき」を「加越」に統一。特急「スーパー雷鳥(サンダーバード)」を「サンダーバード」に改称 ⑤山陰線：岡山－出雲市間特急「やくも」1往復増発および区間延長。急行「さんべ」は廃止 ⑥四国線：岡山－松山－宇和島間直通の特急「しおかぜ」1往復増発 ⑦九州線：博多－小倉－大分間特急「にちりん」「ソニックにちりん」を「ソニック」に変更(16往復中15往復は883系で運転)。博多－西鹿児島間特急「つばめ」1往復増発
3.22	磐越西線中山宿駅のスイッチバックを廃止、移転(磐梯熱海－中山宿間4.6→5.4km、中山宿－上戸間8.0→6.5km、磐越西線全体として－0.7km)
4.1	美祢線南大嶺－大嶺間廃止
7.5	梅小路蒸気機関車館リニューアルオープン。旧二条駅舎を移築、玄関と展示室とする
7.12	東海道本線京都駅新駅ビルの駅舎部分完成(9月11日、全館完成)
8.10	京都－倉吉間「スーパーはくと」にグリーン車連結開始
9.1	JR西日本、アーバンネットワークの時刻改正。京都－高槻間、奈良線などで増発、区間延長、接続改善を実施
10.1	JRグループ時刻大改正 ①新幹線：長野行新幹線(北陸新幹線)高崎－長野間開業、東京－長野間に24往復、東京－軽井沢間に4往復の「あさま」を運転開始。東京－長野間最速1時間19分運転(1時間37分短縮)。上越新幹線東京－高崎・越後湯沢間「たにがわ」15往復運転開始。東京－新潟間「あさひ」の最速列車を1時間37分に短縮。新幹線列車の

	列車名を変更、東北新幹線は「やまびこ」と「なすの」に統一。上越新幹線は「あさひ」と「たにがわ」に統一
	②上信越線：新幹線と平行する在来線のうち横川－篠ノ井間廃止、軽井沢－篠ノ井間は第三セクター・しなの鉄道に、横川－軽井沢間はJRバス関東に転換。在来線の特急「あさま」「白山」、急行「赤倉」廃止。急行「能登」は長岡経由に変更。長野以北は長野－新潟間特急「みのり」2往復増発、長野－直江津間快速「信越リレー妙高」8往復運転。新幹線の列車名改称に伴い上野－水上間新特急「谷川」は「水上」に改称。東京駅の新幹線ホームを1面2線から2面4線に増設
	③常磐線：特急「ひたち」7往復に新型車両E653系を投入。「フレッシュひたち」と改称
	④四国線：土佐くろしお鉄道宿毛線中村－宿毛間開業。中村発着の特急8往復のうち6往復を宿毛まで延長
10.1	室蘭本線室蘭駅移転、新駅舎完成(母恋－室蘭間2.2→1.1km、室蘭本線東室蘭－室蘭間8.1→7.0km)。旧駅舎は室蘭市の文化財として保存
10.1	第三セクター・しなの鉄道軽井沢－篠ノ井間開業
10.1	第三セクター・土佐くろしお鉄道宿毛線中村－宿毛間開業
10.1	大阪－長野間急行「ちくま」は14系寝台車＋12系座席車の客車から特急用の383系電車に置替え
11.29	JRグループ時刻大改正
	①東海道・山陽新幹線：東京－博多間「のぞみ」3往復に500系新幹線車両を投入し、300km/h運転により4時間49分運転。東京－新大阪間に「のぞみ」12本増発
	②山陰線：京都－倉吉間「はくと」系統6往復をすべて「スーパーはくと」とし、いずれもグリーン車連結。岡山－鳥取間(智頭急行経由)に特急「いなば」3往復新設。既設の鳥取－米子間特急「いなば」は「くにびき」と改称。岡山－鳥取間急行「砂丘」5往復廃止、岡山－津山間急行「つやま」1往復新設。岡山－出雲市間特急「やくも」系統を2時間に1本、7往復を「スーパーやくも」とする
	③四国線：特急「しおかぜ」「いしづち」を多度津で分割併合し、岡山－松山間「しおかぜ」、高松－松山間「いしづち」を各3往復増発。高松－高知－宿毛間特急「しまんと」2往復増発。高知－宿毛間特急「あしずり」下り1本増発。岡山－高知間特急「南風1号」を宿毛へ延長
	④九州線：宮崎－西鹿児島間特急「きりしま」1往復増発、7往復とする。博多－門司港間特急「にちりん102号」増発。特急「かもめ5号」を門司港－博多間延長。東京－西鹿児島間特急「はやぶさ」を東京－熊本間の運転に、東京－南宮崎間特急「富士」を東京－大分間の運転に短縮する。食堂車およびB4人個室“カルテット”の連結中止
12.20	東北新幹線、「やまびこ」3本、「なすの」1本に新型オール2階建て車両E4系投入

1998(平成10)年	
3. 1	上野－札幌間「北斗星1・2号」Bコンパート以外個室寝台化完了
3.14	JRグループ時刻大改正。播但線姫路－寺前間電化工事完成 ①東海道・山陽新幹線：500系で運転の東京－博多間「のぞみ」が3往復から5往復に増発 ②山陰線：岡山－出雲市間電車特急「やくも」1往復増発。山陰本線出雲市駅付近高架化完成 ③四国線：高徳線高速化工事一部完成に伴い高松－徳島間気動車特急「うずしお」1往復増発、3往復に新2000系を投入、最高速度130km/h運転により高松－徳島間所要時間58分。徳島－阿波池田間気動車特急「剣山」1往復増発。高松－松山間電車特急「いしづち」3往復(多度津－松山間特急「しおかぜ」に併結)。岡山－高知間気動車特急「南風」2往復増発(多度津－高知間特急「しまんと」に併結)
3.20	東海道本線名古屋貨物ターミナル－稲沢間電気運転開始
4. 1	JRグループ、「周遊きっぷ」新発売
4.11	JR北海道時刻改正。函館－札幌間気動車特急「スーパー北斗」1往復増発。同区間11往復中6往復を「スーパー北斗」とする
7.10	JR東海時刻改正。静岡－甲府間特急「ワイドビューふじかわ」1往復増発、1日6往復を7往復運転とする
7.10	JR西日本時刻改正。東京－高松・出雲市間寝台電車特急「サンライズ瀬戸」「サンライズ出雲」を新設(伯備線経由)。東京－浜田間特急「出雲1・4号」を東京－出雲市間特急「出雲」とする。東京－高松間特急「瀬戸」、東京－出雲市間特急「出雲3・2号」廃止
7.11	JR四国時刻改正。高徳線・徳島線の高速化改良工事完成により特急「うずしお」、「剣山」をスピードアップ。高松－徳島間は最速58分を55分に短縮
7.23	旧国鉄根北線越川橋梁は国の登録文化財に登録される
10. 1	日本食堂㈱は創立60周年を迎え社名を日本レストランエンタプライズ㈱に改称
10. 3	JRグループ時刻改正。500系で運転の東京－博多間「のぞみ」を5往復から7往復に増発。京都－新宮間電車特急「くろしお」1往復増発(下り土曜、上り日曜日運転)。高松－徳島間気動車特急「うずしお」1往復増発。京都－長崎・佐世保間寝台特急「あかつき」の長崎編成に“シングルデラックス”、“シングル・シングルツイン”を連結、佐世保編成に“ソロ”連結
10.27	山形新幹線新庄延伸に伴い山形－羽前千歳間改軌工事開始
11.30	鉄道総合研究所でフリーゲージトレイン(軌間可変電車)試験走行公開
12. 8	JRグループ時刻改正 ①新幹線：東北新幹線東京－那須塩原間「なすの」2往復を郡山へ延長。秋田新幹線東京－秋田間1往復増発、6両編成化。長野新幹線東京－軽井沢間「あさま」3往

	復を長野へ延長 ②北海道線：札幌－釧路間気動車特急「スーパーおおぞら」1往復増発、最速3時間40分を3時間32分に短縮、函館－札幌間気動車特急「スーパー北斗」1往復増発 ③東北・常磐線：485系で運転の上野－いわき間電車特急「ひたち」「ホームタウンひたち」「さわやかひたち」下り8本・上り7本すべておよび上野－土浦間「ホームライナー土浦」「おはようライナー土浦」を「フレッシュひたち」(E653系)化 ④首都圏：池袋－成田空港間電車特急「成田エクスプレス」3往復を大宮へ延長 ⑤日本海縦貫線：大阪－青森間寝台特急「日本海1・4号」に"シングルデラックス"を連結

1999(平成11)年

1.11	第三セクター・井原鉄道清音－井原－神辺間開業、総社－清音間は井原鉄道が第2種鉄道事業者。福塩線福山－神辺間乗入れ、総社－井原－福山間直通運転
3. 1	「湘南ライナー」および「湘南新宿ライナー」各1往復増発。「ホームライナー料金」新設、500円
3.12	山形新幹線新庄延伸工事に伴う奥羽本線山形－新庄間でバス代行輸送開始
3.13	JRグループ時刻改正 ①東海道・山陽新幹線：山陽新幹線厚狭駅開業。東京－博多間「のぞみ」3往復に700系を投入。500系「のぞみ」は2時間間隔とする。「のぞみ」、東京－新大阪下り1本・上り2本増発、東京－岡山間下り1本増発、名古屋－博多間1往復増発 ②四国線：徳島－阿波池田－高知間特急「剣山」2往復増発。徳島－阿波池田間急行「よしの川」1往復廃止。四国の急行列車全廃。牟岐線の特急列車を「うずしお」から「むろと」に改称(除く牟岐－阿波池田間「剣山3号」)。高松－高知間特急「しまんと」3往復を廃止し、特急「南風」に連絡する「南風リレー号」運転 ③九州線：博多－熊本間特急「有明」下り8本・上り10本増発。博多－熊本間はJRの在来線では初の特急列車20分間隔で運転。博多－大分間特急「ソニック」をスピードアップ、最速1時間59分とする。博多－中津間「ソニック」1往復増発。博多－由布院－別府間臨時特急「ゆふいんの森」3往復に増発。別府－由布院－別府間特急「ゆふ」1往復増発。長崎－佐世保間特急「シーボルト」3往復新設
3.13	手回り品制度を改正、無料手回り品の範囲を拡大
4. 1	桜島線安治川口－桜島間の線路を移設、営業キロが0.1km増加、桜島駅移設
4.18	群馬県松井田町に碓氷鉄道文化むら開設
5.10	JR西日本時刻改正。米原－姫路間新快速電車の最高速度を130km/hに向上、大阪－姫路間の到達時間を9分短縮。和歌山－大阪間に「紀州路快速」運転開始
6. 1	JR東日本が東京近郊区間の範囲を拡大
7. 1	東京－博多間「のぞみ」は700系を3往復から5往復に拡大。山陽新幹線一部ダイヤ改正

7.2	鹿児島本線スペースワールド駅開業。枝光－八幡間ルート変更により営業キロ1.0km短縮。山陽新幹線小倉－博多間も1.0km短縮
7.16	上野－札幌間に寝台特急「カシオペア」運転開始
7.18	敦賀－敦賀港間臨時旅客営業、7月18日に「欧亜国際連絡列車」、8月7・8日に「SLきらめき号」運転
8.7	東青森－白石間に「カートレインさっぽろ」運転開始(下り：8月8～22日、上り：8月7～21日)。隔日運転
9.12	東北本線上野駅の18番線廃止
9.18	東京－名古屋間「ひかり313号」で東海道新幹線0系さよなら運転
10.1	JR九州時刻改正。豊肥本線熊本－肥後大津間電化完成。博多－熊本間特急「有明」を毎時1本豊肥本線へ乗入れ、水前寺まで12往復、肥後大津まで1往復延長
10.1	JR北海道、特急料金・各種きっぷを改定
10.2	JRグループ時刻改正 ①東海道・山陽新幹線：東京－博多間「のぞみ」に700系を追加投入、「のぞみ」は700系・500系に統一する ②山陰線：舞鶴線・小浜線綾部－東舞鶴間電化完成。京都－東舞鶴間特急「まいづる」3往復、「タンゴディスカバリー」2往復運転。新大阪－浜坂間気動車特急「エーデル北近畿」、新大阪－鳥取間気動車特急「エーデル鳥取」を新大阪－城崎間電車特急「北近畿」に変更。新大阪－天橋立間気動車特急「タンゴエクスプローラー」2往復運転。14系15形寝台車＋12系座席車使用の大阪－米子間客車急行「だいせん」はキハ65形使用の気動車急行に置替え。西舞鶴－敦賀間急行「わかさ」廃止
10.17	JR九州初の自動改札機が鹿児島本線南福岡駅に登場
12.4	JRグループ時刻改正 ①新幹線：山形新幹線山形－新庄間開業、特急「つばさ」は東京－新庄間8往復、山形－新庄間1往復運転。秋田新幹線「こまち」は全列車275km/h化 ②在来線：大阪－高山間急行「たかやま」を特急「ワイドビューひだ」に格上げ。名古屋－高山間特急「ワイドビューひだ」を2往復増発。東京－長崎・佐世保間特急「さくら」と東京－熊本間特急「はやぶさ」を東京－鳥栖間で併結。東京－熊本・長崎間特急「はやぶさ・さくら」として運転。名古屋－奈良間急行「かすが」にキハ75形投入。東海道本線豊橋－名古屋間の朝夕の通勤時間帯に特別快速を設定。中央本線名古屋－中津川間のデータイムに全車定員制の「セントラルライナー」を1時間に1本運転、313系電車を投入、乗車整理券310円

2000(平成12)年

1.22	JR九州時刻改正。筑肥線姪浜－筑前前原間複線化、303系を投入、姪浜－筑前前原間増発
3.7	JR東日本時刻改正。盛岡－青森間特急「はつかり」に新型車両E751系を投入、「スー

	パーはつかり」として7往復運転。盛岡－青森間は最速1時間58分に短縮
3.11	JRグループ時刻改正 ①東海道・山陽新幹線：700系8両編成投入により新大阪－博多間に「ひかりレールスター」18往復運転。新大阪－博多間2時間45分 ②北海道線：キハ261系特急気動車を導入、札幌－稚内間に特急「スーパー宗谷」2往復新設。札幌－稚内間最速4時間58分、54分短縮。またキハ183系により特急「サロベツ」1往復運転。夜行急行「利尻」をキハ183系化、特急に格上げ。急行「礼文」廃止。札幌－帯広間特急「とかち」1往復にキハ283系気動車を投入、「スーパーとかち」と改称。新札幌駅に寝台特急を除く全特急列車停車。特急「スーパーホワイトアロー」は美唄・砂川駅に各6本停車拡大。快速「いしかりライナー」を小樽－江別・岩見沢間に直通。快速「エアポート」は小樽－新千歳空港間1時間ヘッドから30分ヘッドとして10往復を20往復に増発。札沼線八軒－あいの里教育大学間複線化完成、朝通勤時10分間隔の列車体系に改善 ③東北線：仙石線仙台－あおば通間開業。あおば通駅新設。仙石線は従来仙台－石巻間50.3kmであったが、線路変更によりあおば通－石巻間50.2kmになる ④東海道・山陽・山陰線：新大阪－南宮崎間特急「彗星」と京都－長崎・佐世保間特急「あかつき」を京都－門司間は統合、京都－南宮崎・長崎間「彗星」「あかつき」として運転。京都－倉吉間特急「スーパーはくと」は2時間29分に短縮。米原－姫路間「新快速」は130km/h運転。大阪－篠山口間「丹波路快速」は221系電車運転で5分短縮 ⑤四国線：岡山－松山間特急「しおかぜ」1往復増発。岡山－高松間快速「マリンライナー」は岡山発11～18時台・高松発10～17時台は30分間隔で運転 ⑥九州線：博多－長崎間に新型車両885系振り子電車を42両投入、博多－長崎間を11分短縮、110分運転とする。特急「かもめ」は22往復から24往復に増強、885系“白いかもめ”16往復、873系で8往復運転する。博多－佐賀間に通勤特急「かもめ」1往復増発。特急「みどり」「ハウステンボス」はすべて783系“ハイパーサルーン”を投入、485系電車は両列車から姿消す。博多－門司港間通勤特急を「きらめき」と改称。博多－熊本間特急「有明」下り2本増発、特急「つばめ」「有明」はすべて787系“つばめ型”での運転となる。博多－宮崎間特急「にちりん」を12往復から8往復とし、博多－大分間に「ソニック」6往復増発。「ソニック」2往復を佐伯へ延長。延岡－宮崎空港間特急「ひゅうが」4往復新設。熊本－宮崎間気動車急行「えびの」3往復廃止。熊本－人吉間気動車急行「くまがわ」は4往復から6往復に増発
4.1	東北本線さいたま新都心駅開業
4.1	旧軽井沢駅舎を復元、旧軽井沢駅舎記念館が開館
4.7	信越本線直江津駅は橋上駅舎に改築、豪華客船「飛鳥」をイメージした外観
4.7	交通科学館・梅小路機関車館がイギリスのヨーク国立博物館と姉妹提携の調印式を挙行

5.17	JR東海が名古屋駅にJRセントラルタワーズを全面オープン
6.25	仙石線野蒜－陸前小野間鳴瀬川新橋梁完成、線路変更
7.31	上野駅の赤帽廃止
8.16	JR貨物高松貨物ターミナル開業。予讃線鬼無駅に"鬼無桃太郎"の愛称を付ける
8.17	JR貨物高松貨物ターミナル開業に伴うJR四国時刻改正。高松－伊予三島間臨時特急「ミッドナイトEXP」および臨時特急「いしづち92号」を毎日運転(日曜日を除く)。土讃線琴平駅の新1番線供用開始
9.23	JR西日本時刻改正。山陰本線二条－花園間複線化・高架化完成。山陰本線京都－園部間に毎時1本の快速を新設。福知山線、舞鶴線、播但線などで改正
10. 1	東海道新幹線時刻改正。「のぞみ」は新横浜駅停車が16本から32本へ倍増。東京－新大阪間「のぞみ」1往復増発。「のぞみ」の全列車を700系と500系に統一(増発の1往復を除く)
10.14	滋賀県長浜市に「長浜鉄道文化館」開館
12. 2	JR東日本時刻改正 ①新幹線：東北新幹線、那須塩原－東京間上り「なすの」2本にE4系を投入、「つばさ」と併結運転の「やまびこ」28本中22本をE4系に置替え、座席数の増加を図る。秋田新幹線、東京－秋田間「こまち」4本の到達時分を1～4分短縮。上越新幹線、東京－越後湯沢間「たにがわ」1往復増発。東京－新潟間「あさひ」にE1系を2往復増の9往復に投入 ②在来線：木更津－東京間特急「おはようさざなみ」1本増発。君津－東京間特急「さざなみ」1本増発、東京－上総一宮間特急「わかしお」1往復増発、「おはようさざなみ」「おはようわかしお」を土曜休日にも運転し、毎日運転とする。「踊り子102・104号」「スーパービュー踊り子54号」の運転時間帯を変更。「踊り子」修善寺発着1往復廃止。「こまち」を除き特急列車のグリーン車の部分禁煙を廃止して全室禁煙とする。「スーパーあずさ」8往復中2往復を車両のリフレッシュ工事のため「あずさ」として運転し、7分程度到達時間延長。首都圏の輸送改善のため東北本線、中央線・総武線各駅停車にE231系電車を投入
12. 2	白新線西新発田駅10月6日移転に伴う駅間キロ変更、新発田－西新発田間3.2→3.0km、西新発田－佐々木間3.1→3.3km

2001(平成13)年

2.27	土讃線高知付近高架化、高知運転所の土佐一宮に移転関連で薊野駅移設、交換可能になる。土佐一宮－薊野間1.8→1.7km、薊野－高知間2.1→2.2kmに変更
3. 1	桜島線ユニバーサルシティ駅開業。駅舎は帆船をイメージ
3. 3	JRグループ時刻改正 ①日本海縦貫線：JR西日本は683系36両を投入、特急「スーパー雷鳥」7往復すべてを特急「サンダーバード」に置替え、「サンダーバード」は8往復から15往復に拡

	大、うち和倉温泉直通1往復増発。大阪－金沢間2時間35分に短縮。金沢－輪島間急行「能登路」下り1本・上り2本廃止。大阪－新潟間特急「雷鳥」2往復、大阪－青森間特急「白鳥」1往復を廃止し、大阪－金沢間「雷鳥」、金沢－新潟間「北越」、新潟－青森間「いなほ」として運転。金沢－新潟間特急「北越」は2往復から5往復となる。新潟－青森間特急「いなほ」1往復の秋田－青森間を特急「かもしか」に変更、3往復となる。上野－福井間急行「能登」の金沢－福井間廃止。富山港線は昼間の6往復を475系電車3両編成からキハ20形単行ワンマン運転とする。1日の運転本数を46→38本に削減 ②東海道・中央線：名古屋－大垣間「ホームライナー大垣」3本を関ヶ原まで延長し、「ホームライナー関ヶ原」と改称。名古屋－中津川間「セントラルライナー」2往復増発 ③紀勢・奈良線：特急「南紀」のグリーン車廃止。新宮－京都間特急「くろしお」1本増発。奈良線京都－JR藤森間、宇治－新田間複線化。宇治駅を橋上化、2面4線として快速と普通を同一ホームで接続可能とする。山城多賀駅交換設備完成。車両は117系から221系に置替え、京都－奈良間「みやこ路快速」は所要時間40分に短縮と列車増発を実施。大阪環状線から桜島線ユニバーサルシティへ毎時3本直通。西九条駅には特急「はるか」の上下60本中49本停車 ④四国線：伊予三島－高松間臨時特急「いしづち92号」を定期列車化、伊予三島－徳島間「うずしお3号」として運転。高松－伊予西条間臨時特急「ミッドナイトEXP」を毎日運転とし、「ミッドナイトEXP高松」と改称。高松－松山間臨時特急「ミッドナイトEXP松山」を毎日運転。岡山－高知間特急「南風」2往復増発(多度津－高知間「しまんと」併結)、岡山－宇多津間で「南風」「うずしお」2往復併結 ⑤九州線：JR九州は885系20両を増備、博多－大分間特急「ソニック」を22往復から28往復に増発(うち佐伯着3本・佐伯発2本)。博多－宮崎間特急「にちりん」1往復廃止、「にちりん」は博多－宮崎間1往復を除き小倉－宮崎間7往復とする。延岡－宮崎間特急「ひゅうが」1往復増発。門司港－博多間特急「きらめき」1往復増発。「さわやかライナー3号」「ホームライナー2・4号」を特急「きらめき」とし、特急「きらめき」は下り2本・上り5本となる。博多－熊本間特急「有明」27往復のうち8往復を小倉へ延長(うち下り1本は「さわやかライナー1号」を特急列車化)。鹿児島本線古賀・筑前新宮駅に快速全列車停車とする
4. 1	JR東日本、仙台地区時刻改正。仙山線に休日ダイヤ導入。JR東日本の主要駅16カ所に設置の“グリーンカウンター”を“お客さま相談室”に名称変更
4. 1	飯田線川路－時又間線路付替え工事完成、1.9→1.8kmに変更。豊橋－辰野間も195.8→195.7kmに変更。新しい川路駅は繭形の待合室。名古屋貨物ターミナル－西名古屋港間(貨物)廃止
4. 1	下北交通下北－大畑間廃止。これにより民営で旧国鉄線から転換の線はすべて廃止
4. 1	第三セクター・のと鉄道穴水－輪島間廃止

4.21	山陽新幹線時刻改正。「ひかりレールスター」を新大阪－広島間3往復、新大阪－博多間下り3本・上り2本(うち3往復は臨時)増発
5.13	予讃線高松駅、新駅舎開業。駅の移転に伴い予讃線高松－香西間3.7→3.4km、高徳線高松－昭和町間1.8→1.5kmに変更。また予讃線高松－宇和島間291.6→291.3km、高徳線高松－徳島間74.8→74.5kmに変更。
7. 1	JR北海道時刻改正。札幌－釧路間昼行の特急「おおぞら」2往復をキハ283系に置替え、「スーパーおおぞら」と改称。昼行6往復はすべて「スーパーおおぞら」となる。夜行の特急「おおぞら13・14号」を「まりも」と改称。札幌－帯広間特急「とかち」1往復をキハ283系に置替え、「スーパーとかち」と改称。札幌都市圏の普通列車増発
7. 1	山陽本線兵庫－和田岬間電化完成。103系電車6両編成により平日は11→17往復に増発
7. 7	JR西日本、山陰本線時刻改正。キハ187系投入により陰陽連絡特急の鳥取－小郡間「おき」3往復を米子－小郡間「スーパーおき」に、地域内特急の鳥取－益田間「くにびき」2往復を「スーパーくにびき」5往復に増発。松江－益田間最速1時間56分(39分短縮)。米子－小倉間特急「いそかぜ」を益田－小倉間に短縮。米子－益田間快速「石見ライナー」に新型のキハ126系を投入、「アクアライナー」と改称。松江－益田間最速2時間33分(31分短縮)
10. 1	JR東海・JR西日本時刻改正 ①新幹線：東海道・山陽新幹線は東京－新大阪間「のぞみ」の増発により、下り東京発7～19時台、上り新大阪発6～19時台は30分間隔運転。新横浜・新神戸に「のぞみ」の停車本数を増大。東京－広島間「ひかり」に700系・300系を投入、所要時間を4時間49分から4時間38分にスピードアップ ②在来線：岡山－出雲市間特急「スーパーやくも」を最速2時間42分にスピードアップ。新名古屋－高山間特急「北アルプス」廃止。東海道本線豊橋－名古屋間特別快速を増発、313系電車に統一、所要時間を平日46分に短縮。名古屋－大垣－関ヶ原間「ホームライナー」を18～23時台にほぼ1時間間隔で運転
10. 1	JR四国時刻改正。伊予西条－徳島間特急「うずしお3号」、高松－伊予西条間特急「ミッドナイトEXP高松」を定期列車化。高松駅の線区別・列車別にのりばを統一および高知駅発上り特急「南風」の発車時刻を統一
10. 6	JR九州時刻改正。篠栗線・筑豊本線(両線を合わせて福北ゆたか線と命名)電化完成。直方－博多間特急「かいおう」1往復を新設。直方－博多間快速を26本から49本の増発、1時間2本運転、817系電車38両を投入
11.18	JR東日本、東京近郊区間424駅でICカード出改札システム“Suica”のサービス開始
12. 1	JR東日本時刻改正 ①新幹線：上越新幹線、東京－新潟間下り「あさひ」、上り「Maxあさひ」各1本増発。東北新幹線、那須塩原－仙台間「やまびこ」下り1本(郡山発を延長)、小山－

	東京間「なすの」上り1本増発。秋田新幹線「こまち」のグリーン車を半室禁煙から全室禁煙とする ②中央・上信越線：新宿－松本間特急「あずさ」3往復にE257系新型車両を投入。特急「かいじ」1往復を竜王へ延長。上野－水上間特急「水上7・10号」1往復、長野－新潟間特急「みのり2・3号」1往復、長野－新宿間急行「アルプス」上り1本廃止 ③成田・房総線：特急「成田エクスプレス」の一部の列車は定期券と指定席特急券で利用可能とする。東京－安房鴨川間特急「わかしお」1往復増発 ④首都圏：東海道・横須賀線から新宿経由、宇都宮・高崎線との相互直通運転をデータイム主体に開始。新宿－横浜間の湘南新宿ライン、平日：快速9往復・各駅停車16往復運転、最速29分。東京－八王子・高尾間「中央ライナー」5本、東京－青梅間「青梅ライナー」1本、八王子・高尾－新宿間「中央ライナー」4本、青梅－新宿間「青梅ライナー」1本運転開始、いずれも全席指定。上野－鴻巣間「ホームライナー鴻巣1号」増発
12. 1	JR東日本は首都圏で運転の特急列車の特急料金を「成田エクスプレス」「スーパービュー踊り子」を除きB特急料金を適用し値下げする
12.16	JR西日本時刻改正。宇野線大元駅付近高架工事完成、行き違い設備を430mから1920mに延長。大元・備前西市駅で走行しながら行き違いを行い特急・快速を3～4分短縮。岡山－大元間2.4→2.5km、大元－備前西市間2.1→2.0kmに変更
12.26	佐世保線佐世保駅、新駅舎完成。波形の大屋根を連ねた港町にふさわしい海とのつながりを表現。同駅付近の高架工事全面完成

2002(平成14)年

2.16	JR東日本、左沢線寒河江駅移転と橋上駅舎完成。南寒河江－寒河江間1.9→1.8km、寒河江－西寒河江間1.0→1.1kmに変更
3.16	JR北海道時刻改正。旭川－札幌－新千歳空港間の直通列車を「ライラック」＋快速「エアポート」10往復から「スーパーホワイトアロー」＋快速「エアポート」11往復に変更、最高速度を120km/h→130km/hにアップして10分短縮。1両を"uシート"とする。「スーパーホワイトアロー」は全列車が美唄・砂川に停車。快速「エアポート」は全列車が恵庭に停車
3.16	JR西日本、片町線JR三山木駅移転と橋上駅舎完成。下狛－JR三山木間2.0→2.2km、JR三山木－同志社前間0.9→1.1kmに変更
3.23	JR東日本・西日本時刻改正 ①日本海縦貫線：越後湯沢－金沢間特急「はくたか」1往復増発、11往復とする。うち10往復を681系新型車両で運転。北越急行ほくほく線内の最高速度を160km/hにして越後湯沢－金沢間最速2時間26分運転とする。富山－金沢間特急「おはようエクスプレス」1本新設。金沢－珠洲間急行「能登路」廃止 ②首都圏：高尾－成田空港間特急「成田エクスプレス」1本運転

	③紀勢線：新大阪－紀伊田辺間特急「くろしお」1本増発 ④山陰線：大阪－城崎間特急「北近畿」、岡山－出雲市間特急「スーパーやくも」の所要時間を短縮。芸備線の急行「みよし」「たいしゃく」「ちどり」の急行運転区間を三次－広島間、列車名を「みよし」に統一、4往復とする ⑤アーバンネットワーク：片町線、JR東西線は京田辺駅折返し設備新設・橋上化、大住駅行き違い設備新設等により区間快速増発、所要時間短縮。東海道・山陽線の新快速運転時間帯の拡大、奈良線区間快速の増発 ⑥四国線：高松－観音寺・琴平間快速「サンポート」42本に増発。高松－観音寺間最速61分、高松－琴平間最速45分に短縮。予讃線鴨川・端岡駅は上下の列車の待避を可能にする設備改良 ⑦九州線：小倉－博多間朝夕の通勤時間帯に快速・普通列車を増発、土曜・休日の17・18時台に特急列車を増発、1時間3本運転の時間帯を拡大。博多－久留米間快速列車を増発。博多－熊本間特急「有明」下り1本増発、博多－中津間特急「ソニック」1往復を大分へ延長。延岡－宮崎空港間特急「ひゅうが」1往復増発
4. 7	JR東海、関西本線八田駅付近高架化と駅移転完成。名古屋－八田間4.3→3.8km、八田－春田間3.2→3.7kmに変更
5.14	JR東日本・JR北海道は、東北新幹線盛岡－八戸間の開業日を12月1日と発表。公募により東京－八戸間の新幹線の特急列車を「はやて」、在来線の八戸－函館間の特急列車名を「白鳥」、八戸－弘前間の特急列車名を「つがる」と決定、発表する
7. 1	JR四国時刻改正。第三セクター・土佐くろしお鉄道ごめん・なはり線後免－奈半利間開業。ごめん・なはり線の列車16往復が高知へ乗入れ開始
7. 7	旧岩日北線の未成線の路盤を岩日北線記念公園として遊覧列車の運転開始
7.27	交通科学館リニューアルオープン。京都駅2代目駅舎の上屋を復元
9. 1	小樽交通記念館で「義経号」と「しづか号」は22年ぶりに対面、同時展示を実現
9.11	深名線の代替バスはJR北海道バスから道北バスに委託
9.20	JR九州時刻改正。303系の増備、筑肥線西唐津から福岡空港への直通列車を増発
10.14	交通科学館のB20形蒸気機関車の動態復元工事が完了
10.21	JR西日本、北陸本線東金沢駅は北陸新幹線工事に関連して移転。東金沢－森本間2.9→2.8kmに変更
12. 1	JR東日本・JR北海道時刻改正 ①新幹線：東北新幹線、盛岡－八戸間開業。並行在来線の東北本線盛岡－八戸間廃止。盛岡－目時間は第三セクター・IGRいわて銀河鉄道、目時－八戸間は第三セクター・青い森鉄道に移管する。東京－八戸間に「はやて」15往復、仙台－八戸間に1往復運転。東京－八戸間の最速「はやて」は2時間56分。「はやて」「こまち」は全車指定席化。上越新幹線の東京－新潟間(一部区間列車を含む)の列車名を「あさひ」から「とき」に改称 ②北海道・津軽海峡線：八戸－青森－函館間特急「スーパー白鳥」4往復(JR北海

	道の789系電車使用)、「白鳥」5往復運転。快速「エアポート」全列車が恵庭に停車。青森−函館間快速「海峡」全列車廃止。寝台特急「北斗星」「カシオペア」は第3セクターの会社線を経由するため運賃値上げ、特急料金は値下げするが合計はアップする ③東北・奥羽線:八戸−青森−弘前間特急「つがる」下り9本・上り8本運転(7往復はE751系電車使用)。上野−青森間寝台特急「はくつる」廃止。郡山−喜多方間特急「ビバあいづ」を「あいづ」に改称。急行「陸中」「よねしろ」廃止 ④中央線:「あずさ」「かいじ」全列車をE257系9・11両編成に統一、新宿−甲府間「かいじ」3往復増発、下り2本を東京発、1往復を竜王へ延長。新宿−信濃大町間急行「アルプス」廃止 ⑤首都圏:「中央ライナー」「青梅ライナー」3本増発。湘南新宿ライン26本増発。ホームライナー「湘南新宿ライナー」は下り「ホームライナー小田原」、上り「おはようライナー新宿」に改称。成田空港−高尾間特急「成田エクスプレス」1本運転 ⑥上信越・羽越線: 新潟−酒田間特急「いなほ」1往復、高田−新潟間特急「みのり」2往復廃止。新井−直江津−新潟間快速「くびき野」運転。長野−直江津間「信越リレー妙高」3往復を「妙高」に改称、4往復に増発
12. 1	JR東日本は、「新特急草津」などの“新特急”の冠廃止、「新特急あかぎ」→「あかぎ」、「新特急ウイークエンドあかぎ」→「ウイークエンドあかぎ」、「新特急おはようとちぎ」→「おはようとちぎ」、「新特急草津」→「草津」、「新特急さわやかあかぎ」→「あかぎ」、「新特急ホームタウン高崎」→「あかぎ」、「新特急ホームタウンとちぎ」→「ホームタウンとちぎ」、「新特急水上」→「水上」。またエル特急の表記廃止。150kmまでのB特急料金を値下げ。インターネットの“えきねっとTravel”で予約した指定席を指定席自動発売機で発券する場合の特急料金を割引する“えきねっと割引”を導入
12. 1	第三セクター・東京臨海高速鉄道りんかい線天王洲−大崎間開業。新木場−大崎間全通。JR埼京線相互乗入れ開始、直通列車は1日46往復運転
12. 1	JR東日本、信越本線春日山駅は北陸新幹線工事に関連して移転。高田−春日山間3.5→3.9km、春日山−直江津間3.2→2.8kmに変更
12. 1	JR九州、鹿児島本線箱崎駅高架化と移転完成。香椎−箱崎間5.6→5.2km、箱崎−吉塚間1.0→1.4kmに変更
12.13	JR西日本は2003年に導入のICカードの名称をICOCA(イコカ)と発表

2003(平成15)年

2. 2	中央本線新宿駅の優等列車の発着するホームを従来の5・6番線から新5・6番に移設
2. 7	JR九州は博多−西鹿児島間特急「つばめ」の787系電車のビュッフェの営業終了
3.15	JR西日本時刻改正

	①東海道・北陸線：名古屋－富山・和倉温泉間特急「しらさぎ」8往復中4往復を683系新型電車に置替え。金沢－福井間特急「おやすみエクスプレス」1本新設
	②阪和線：和泉府中駅に特急「はるか」を一部停車
	③アーバンネットワーク：京都－米原－長浜間に快速・新快速を増発。関西本線、奈良線、片町線、阪和線に快速、区間快速増発。京都－奈良間「みやこ路快速」を東福寺・玉水に停車。大阪－篠山口間「丹波路快速」をスピードアップ、宝塚－大阪間23分に短縮
	④小浜線：敦賀－東舞鶴間電化完成。125系電車を投入、敦賀－東舞鶴間の所要時間は61分、7分短縮
	⑤九州線：小倉－宮崎間特急「にちりん」6→4往復、別府－宮崎間「にちりん」4往復とし、「ソニック」と「にちりん」は別府駅の同一ホームで接続する「ソニック&にちりん」の体系を4往復8本のように改める。博多－肥前山口間臨時特急「みどり101・104号」を佐世保へ延長、定期列車とする。長崎－佐世保間特急「シーボルト」廃止。快速「シーサイドライナー」を毎時1本運転
3.20	JR九州は九州新幹線の列車名を「つばめ」と決定、発表
3.20	交通博物館に保存の1号御料車と鉄道古文書が国の重要文化財に認定
3.30	東海道本線・小田急電鉄の小田原駅は2つの橋上駅舎が誕生。箱根の山並みや相模湾をモチーフにした弓状の外観が特徴
4.10	鉄道創業当時の新橋駅、後の汐留駅跡地に旧新橋停車場の駅舎やホームを復元、公開
4.19	函館市青函連絡船記念館・摩周丸オープン。摩周丸リニューアル
6. 1	JR西日本時刻改正。米原－大阪間特急「びわこエクスプレス」1往復新設、新設に伴い「びわこライナー」1往復廃止。京都－関西空港間特急「はるか」2往復を米原へ延長。名古屋－富山・和倉温泉間特急「しらさぎ」全列車を683系新型電車に置替え
6.20	函館本線函館駅の新駅舎誕生。JR北海道と姉妹提携しているデンマーク鉄道との共同設計。青函連絡船の煙突を模したロトンダと呼ばれる吹抜けの塔が特徴
7. 7	JR九州、鹿児島本線香椎－箱崎間の香椎操車場跡地に千早駅開業。快速停車駅、付近には複合施設“リバーウォーク北九州”が誕生
7.20	JR東日本時刻改正。埼京線と東京臨海高速鉄道の相互乗入れ本数は1日46往復から53往復に増加
8. 9	JR九州、九州鉄道記念館開館
10. 1	JRグループ時刻改正
	①東海道・山陽新幹線：東海道新幹線に品川駅開業。「ひかり」主体のダイヤから「のぞみ」主体のダイヤとして、東海道区間では1時間当たり「のぞみ」を最大7本まで運転できるようにする。東海道新幹線の設定本数は(定期＋季節)、「のぞみ」75→137本、「ひかり」125→65本、「こだま」87→89本、合計287→291本。「のぞ

	み」に自由席1～3号車新設。新幹線と在来線特急列車との接続体系を整備 ②東海道・北陸・中央線：名古屋－富山・和倉温泉間特急「しらさぎ」全列車を683系新型電車に置替え。名古屋－富山間所要時間最速3時間24分。米原－金沢間特急「加越」を「しらさぎ」に改称、さらに米原－金沢間に1往復増発、合計16往復となる、名古屋－松本－白馬間特急「しなの」、大阪－長野間急行「ちくま」を臨時列車化 ③四国線：岡山－高松間快速「マリンライナー」に223系5000番台の新型車両を投入。高松方の先頭車は2階建の5100形。岡山発6～23時、高松発6～21時は毎時2本運転、合計74本。高松－松山間特急「いしづち」1往復増発(宇多津－松山間「しおかぜ」に併結)。岡山－高知間特急「南風」2往復増発
12. 1	JR西日本時刻改正。アーバンネットワーク、芦屋駅に新快速を終日停車、西ノ宮駅に快速を終日停車。東海道線の快速・新快速の増発と車両の増結。福知山線快速の増発。中山寺駅に快速を終日停車
12. 1	可部線可部－三段峡間廃止

2004(平成16)年

2.16	JR東日本は、東京の交通博物館をさいたま市に移転して鉄道博物館を設置することを発表
3.13	JRグループ時刻改正 ①新幹線：九州新幹線、新八代－鹿児島中央(西鹿児島を改称)間開業。並行在来線の八代－川内間廃止。第三セクター・肥薩オレンジ鉄道八代－川内間開業。博多－新八代間の在来線特急「リレーつばめ」、新八代－鹿児島中央間「つばめ」を合わせて最速2時間10分(1時間30分短縮)。新八代－鹿児島中央間「つばめ」32往復運転。上越新幹線熊谷－高崎間に本庄早稲田駅開業。51本の列車が停車。東京－高崎間の朝夕に2階建てE4＋E4系16両編成の列車を下り3本・上り2本増発。東京－新潟間「とき」11往復を240km/h運転、越後湯沢で特急「はくたか」に接続し東京－金沢間平均到達時分を4時間2分(5分短縮)とする。東北新幹線、東京－盛岡間「やまびこ」は33本中29本をE2系(「はやて」タイプ)、275km/hで運転し到達時間2時間18分(9分短縮)とする ②北海道線：札幌駅では新千歳空港行き快速「エアポート」を5・6番線からの発車に統一する。札幌都市圏で朝夕の通勤時間帯および夜間帯に普通列車を増発。石勝線楓駅廃止、信号場となる。これにより石勝線新夕張－占冠間は34.3kmとなり、駅間距離は日本最長となる ③東海道線：東京－伊豆急下田間特急「踊り子」1往復を「スーパービュー踊り子」に変更し4往復とする。大宮－成田空港間特急「成田エクスプレス」1往復増発。横浜方面発着の「成田エクスプレス」をすべて品川停車とする ④常磐線：上野－勝田間特急「ウイークエンドフレッシュひたち」1往復増発。下

	り金曜日・上り土曜日運転 ⑤中央線：新宿－松本間特急「あずさ」1往復を「スーパーあずさ」に変更、9往復とする。新宿－甲府間特急「かいじ」1往復を松本へ延長、「あずさ」に変更、「あずさ」下り1本を「かいじ」に変更する。「スーパーあずさ」「あずさ」を合わせて発車時刻順に1～36号とする ⑥九州線：門司港－博多－新八代間特急「リレーつばめ」32往復運転。鹿児島中央－国分・霧島神宮間特急「きりしま」12本増発。鹿児島中央－吉松間特急「はやとの風」2往復新設。熊本－別府間特急「あそ」3往復、熊本－人吉間急行「くまがわ」6往復を廃止、別府－熊本－人吉間特急「九州横断特急」下り3本・上り4本、別府－熊本間特急「九州横断特急」下り1本、熊本－人吉間特急「くまがわ」下り3本・上り2本運転。鹿児島中央－指宿間特別快速「なのはなDX」平日3往復、土曜・休日4往復運転。人吉－吉松間に「いさぶろう」「しんぺい」を指定席付き展望車両で運転。日豊本線大分－佐伯間高速化工事が完成、最速1時間00分が52分に短縮。別府駅の同一ホームで特急「ソニック」と「にちりん」が接続する「ソニック&にちりん」の体系を4往復8本から19本に増強。博多－別府間(久大本線経由)特急「ゆふ」3往復6本のうち3本はキハ183系気動車(旧「シーボルト」に使用)を投入、「ゆふDX」として運転。諫早－長崎間特急「かもめ201号」を増発。新大阪－鹿児島中央間寝台特急「なは」を新大阪－熊本間に短縮。博多－鹿児島中央間特急「ドリームつばめ」は博多－熊本間特急「有明41-2号」に変更。小倉－博多間の特急列車3本/hの時間帯の拡大
4.16	旧大社線大社駅駅舎が重要文化財に指定される
6. 6	池袋駅の赤羽線と山手貨物線の立体交差化工事が完了
6.28	JR北海道は、道路とレールを自在に走行できるデュアル・モード・ビークルを札沼線石狩月形－晩生内間と、並行する国道275号で走行安定性、乗り心地などの各種試験を開始、8月31日まで試験
7. 1	JR東日本は、東北本線・湘南新宿ラインの10両以上で運転の4・5両目に2階建てグリーン車連結開始。高崎線は7月8日からグリーン車連結
7. 18	JR西日本越美北線福井－越前大野間は集中豪雨により不通。9月11日、福井－一乗谷間、美山－越前大野間復旧、一乗谷－美山間は長期不通
8. 1	JR東日本のSuicaとJR西日本のICOCAはどちらのカードでも自動改札機の入出場や入金が相互に可能となる
8.27	富山ライトレールは富山港線の鉄道事業許可と軌道特許を国土交通省に申請、2006年4月開業予定。JR西日本は富山港線の廃止を2006年3月1日とする届けを提出
9.17	JR九州、鹿児島中央駅に駅ビル“アミュプラザ鹿児島”が開業
10. 4	JR東日本・東武鉄道が新宿－東武日光・鬼怒川温泉間の直通特急列車の計画を発表
10. 6	第三セクター・名古屋臨海高速鉄道あおなみ線名古屋－金城ふ頭間開業。既設の貨物線・西名古屋港線を旅客線化、複線電化

10.16	JR東日本・東海・西日本時刻改正 ①池袋駅構内の立体交差化工事完成により、高崎線〜東海道線の系統が32往復、東北本線〜横須賀線の系統が32往復、合計64往復運転。湘南新宿ラインすべての列車にグリーン車連結。新宿－横浜間最速27分(2分短縮)。埼京線と東京臨海高速鉄道りんかい線の直通が53本から76本に拡大。特急「さざなみ」「わかしお」にE257系電車を投入、5・10両編成で運転。佐倉－東京間特急「しおさい80号」増発 ②東海道本線の熱海以西に直通の53本から20本を除き熱海折返しとする。御殿場線直通6本から2本を除き国府津折返しとする。静岡－浜松間、浜松－沼津間に「ホームライナー」増発。一部の「ホームライナー」の時刻を見直し ③福知山－京都間特急「たんば」、新大阪－福知山間特急「北近畿」各1本増発。新大阪－和歌山間特急「くろしお」1往復増発、これに伴い天王寺－和歌山間「はんわライナー」1往復廃止。大阪－米子間(倉吉－米子間快速)急行「だいせん」廃止。アーバンネットワーク、東海道線京都、大阪から三ノ宮方面への朝夕の通勤時の新快速を増発
10.20	JR東海、高山本線高山－猪谷間は台風23号により不通。11月18日、高山－飛騨古川間復旧、飛騨古川－猪谷間は長期不通
10.23	新潟県中越地震で上越新幹線や在来線が不通になる
12.7	JR東日本は、2007年秋にさいたま市に開業の鉄道博物館の施設および展示車両について発表
12.11	京都市の梅小路機関区の機関車庫、引込線、5トン天井クレーンが重要文化財に指定される
12.19	JR西日本時刻改正。加古川線加古川－谷川間電化工事完成。125系新型電車により加古川－西脇市間最大10分短縮、一部列車を延長、最終列車の時刻を繰り下げ
12.27	中越地震で不通になっていた上越線小出－宮内間、飯山線十日町－越後川口間運転を再開。これにより在来線は全線運転再開
12.28	中越地震で不通になっていた上越新幹線が全線運転再開
12.29	JR北海道、札幌－帯広間特急「スーパーとかち」に接続する帯広－釧路間特急「リレーとかち」2往復、2005年1月4日まで運転。この列車に有効の「リレーとかちきっぷ」を発売

2005(平成17)年

3.1	JRグループ時刻改正 ①新幹線：東海道・山陽新幹線、東京－新大阪間「のぞみ」7往復のうち、新大阪－岡山間6往復、新大阪－広島間1往復延長。東京－岡山間に運転の「のぞみ」は概ね20分ヘッドとなる。広島から東京行きの「のぞみ」は概ね30分ヘッドとする。東京－新大阪間に「のぞみ」6往復増発

	②北陸・常磐線：金沢－越後湯沢間特急「はくたか」1往復増発、12往復すべて681・683系の新型車両での運転となる。常磐線の特急「フレッシュひたち」6本を7→11両編成にする ③東海道・山陽・山陰・九州線：東京－下関間寝台特急「あさかぜ」、東京－長崎間寝台特急「さくら」を廃止。東京－長崎・熊本間寝台特急「さくら」「はやぶさ」を東京－熊本・大分間寝台特急「はやぶさ」「富士」として併結運転する。東京－九州間の荷物輸送(ブルートレイン便)廃止。京都、大阪から播州赤穂へ終日新快速を運転。益田－小倉間特急「いそかぜ」廃止 ④中央線：名古屋－高蔵寺－万博八草間「エキスポシャトル」40往復運転、最速38分 ⑤四国線：特急「しおかぜ」「いしづち」用8000系電車の指定席車を順次リニューアル。松山－宇和島間特急「宇和海」下り1本、高松－徳島間特急「うずしお」1往復、徳島－穴吹間特急「剣山」1往復増発 ⑥九州線：小倉－博多間特急「有明」、中津－博多間特急「ソニック」各1往復延長。博多－長崎間1往復、長崎－諫早間上り1本の特急「かもめ」増発。人吉－吉松間「いさぶろう」「しんぺい」増発
3. 2	第三セクター・土佐くろしお鉄道宿毛線宿毛駅で岡山発宿毛行き特急「南風17号」が車止めを突破して駅舎に突っ込む。4月7日、中村－東宿毛間普通列車運転再開。6月13日、同区間で特急列車運転再開
3.25	中越地震の影響で単線運転していた上越線は153日ぶりに全線複線運転を再開
3.27	第三セクター・北海道ちほく高原鉄道池田－北見間は2006年4月に廃止を決定、バスに転換
3.31	JR東日本は、“イオカード”の発売を終了
4. 1	第三セクター・のと鉄道能登線穴水－蛸島間廃止
4. 1	JR東日本は、東北本線(宇都宮線)・高崎線にグリーン車の連結率を拡大
4. 4	JR東日本は、朝ラッシュ時に埼京線に女性専用車を導入開始
4.18	JR西日本、北陸新幹線関連で福井駅の高架工事完成
4.25	JR西日本、福知山線尼崎－塚口間で上り快速電車が脱線、死者107名の事故が発生。6月19日復旧
6.29	123号機関車が国の重要文化財(歴史資料)に指定される。この機関車は1873年、イギリスのロバート・スチーブンソン社製。大阪－神戸間開業当時輸入された。京都府加悦町の加悦SL広場に保存展示
7. 2	JR東日本、「福島県あいづデスティネーションキャンペーン」の開催に合わせて新宿－会津若松－喜多方間臨時特急「あいづ」を運転、専用の485系リニューアル車を使用
7. 9	JR東日本、常磐線時刻改正 ①特急「フレッシュひたち」、上野－勝田間1往復、上野－土浦間下り1本増発。

	「フレッシュひたち」「スーパーひたち」を柏駅などに増停車 ②普通列車にE531系90両投入。データイムにE531系を使用、上野－土浦間に最高速度130km/hの「特別快速」を下り6本・上り5本運転。到達時間、上野－土浦間最速55分
8. 2	第三セクター・神岡鉄道猪谷－奥飛騨温泉間は2006年12月1日限りで廃止を予定
8.28	JR九州は熊本－宮地間「SLあそBOY」の運転を牽引の58654号機の不調により、この日限りで取り止める
9. 5	JR東日本、中央線(快速)の朝の通勤時間帯に東京駅に直通する上り列車52本の1号車(東京寄り最前部車両)に女性専用車を導入
10.1	JRグループ時刻改正 ①九州新幹線：博多－新八代間の在来線特急「リレーつばめ」、新八代－鹿児島中央間「つばめ」5往復は臨時列車を定期列車化する ②中央線・高山線：名古屋－高蔵寺間運転の普通列車を朝通勤時間帯に上り2本、夕時間帯に下り4本を名古屋－瀬戸口間で運転（土曜休日運休)、昼時間帯は5往復を名古屋－岡崎間で運転。高山本線飛騨古川－角川間復旧 ③東海道・山陽・九州線：京都－南宮崎間寝台特急「彗星」を廃止し、京都－熊本・長崎間寝台特急「なは」「あかつき」とし、京都－鳥栖間で併結して運転する。JR西日本は阪和線、関西本線（大和路線)、福知山線（宝塚線）で一部速達列車の所要時分や停車時分等の見直しを行う ④九州線：小倉－博多間特急「きらめき」、別府－宮崎空港間特急「にちりん」、直方－博多間特急「かいおう」各1往復増発。鹿児島中央－指宿間快速「なのはなDX」1往復増発（平日と休日は時刻が異なる)。特急「リレーつばめ」全列車、「有明」「きらめき」「かいおう」の一部列車にデラックスグリーン車を新設。博多駅は九州新幹線ホーム新設工事に伴い1番のりばを閉鎖、2番のりばを1番のりば、3番のりばが2番のりばと3番のりばに分割する
12.10	JR東日本ダイヤ改正 ①東北新幹線：東京－盛岡間「はやて」2往復増発。金曜・日曜日運転の東京－秋田間「こまち」1往復を毎日運転、定期15往復とする。東京－新庄間「つばさ」1往復増発。「やまびこ」の到達時分を短縮。「はやて」から「やまびこ」へ仙台での乗り継ぎをスムーズにして短縮 ②上越新幹線：東京－新潟間ノンストップ「Maxとき319号」を13:20から9:12発の「Maxとき313号」にシフトして、「いなほ3号」に接続して東京－酒田間を最短の3時間54分とする。東京駅の新幹線ホームを効率的に使用するため方面別の区別をなくす ③中央・房総線：新宿始発「かいじ123号」を東京発に延長。「あずさ」は全列車を立川停車とする。房総特急にE257系45両を増投入。東京－上総一宮間特急「わかしお」1往復増発。朝夕の東京－君津間特急「さざなみ」4本を君津－館山間

	延長。定期「さざなみ」3往復を臨時列車化。「わかしお」「さざなみ」「しおさい」「あやめ」を新型車両E257系と255系に統一。255系で運転の「ビューわかしお」「ビューさざなみ」を「わかしお」「さざなみ」に統一する ④運転時間の短い特急列車は全車禁煙とする。「成田エクスプレス」のグリーン料金値下げ

2006(平成18)年

3. 1	JR西日本、富山港線富山－岩瀬浜間廃止
3.18	JRグループダイヤ改正 ①新幹線：東海道・山陽新幹線　東京−広島間「のぞみ」9往復を博多へ延長。東京−博多間の「のぞみ」は毎時2本運転とする。東京−岡山間「のぞみ」2往復を東京−広島間の運転とする。東京−新大阪間「のぞみ」1往復を姫路へ延長。名古屋発博多行き「のぞみ」の名古屋発時刻繰り上げ。博多発新大阪行き「のぞみ」を名古屋行き最終の「のぞみ」とする。新大阪発東京行き最終の「のぞみ」を博多発とする。東京−新大阪間臨時「のぞみ」を定期列車とする。「レールゴー・サービス」を廃止。九州新幹線：早朝下り・夜間上りの川内−鹿児島中央間「つばめ」を新水俣−鹿児島中央間とする ②東北·津軽海峡線、北海道：JR北海道の789系電車11両増備、基本編成を5→6両に増結。八戸－函館間特急「スーパー白鳥」下り6本·上り5本、函館－青森間上り1本に増発。特急「白鳥」は八戸－函館間4往復、青森－函館間下り2本とする。青森－八戸間「つがる6号」は789系6両編成に置替え(弘前－青森間臨時延長の場合あり)。札幌－旭川間特急「ライラック」1往復、「スーパーホワイトアロー」2往復増発。札幌－稚内間特急「利尻」および札幌－網走間特急「オホーツク9·10号」を季節列車とする 東武鉄道と日光·鬼怒川へ直通運転開始。新宿－東武日光間1往復、新宿－鬼怒川温泉間3往復。JR東日本は485系リニューアル車、東武鉄道は100系スペーシア使用。上野－土浦間特急「フレッシュひたち」下り2本、勝田－上野間上り1本増発。上野－土浦間下り1本を勝田へ延長。「北斗星」2往復は青森信号場経由、電源車は上野寄りに変更。埼京線·りんかい線の相互直通運転を平日76→82往復に拡大 ③東海道・関西・山陰線：東京－出雲市間寝台特急「出雲」廃止。名古屋－奈良間急行「かすが」廃止。大阪－函館間寝台特急「日本海1・4号」の青森－函館間廃止。「出雲」廃止関連で3月19日から岡山－鳥取間特急「いなば91·92号」、鳥取－米子間特急「スーパーまつかぜ81号」運転開始 ④JR四国：松山－伊予西条間特急「ミッドナイトEXP松山」を新居浜へ延長。四国より新幹線「のぞみ」との接続改善 ⑤JR九州：豊肥本線に光の森駅新設。特急「有明」下り6本·上り7本延長。

	特急「九州横断特急」4往復停車。延岡－南宮崎間特急「ひゅうが」1往復増発（上りは宮崎空港始発）
4.21	第三セクター・北海道ちほく高原鉄道池田－北見間廃止
4.29	第三セクター・富山ライトレール富山駅北－岩瀬浜間開業。富山駅北－奥田中学校前間、軌道・新線
5.14	東京・神田の交通博物館が閉館
6.1	JR四国ダイヤ改正 牟岐線徳島－阿南間特急「むろと」2往復増発。徳島－鳴門間臨時快速「鳴門きんときライナー」運転開始（除く土休日など）
7.8	JR東日本時刻改正 東北本線・高崎線の普通列車にグリーンを連結。東北本線の普通列車は宇都宮まで15両編成で運転開始
10.1	JR東海ダイヤ改正 東海道本線名古屋地区に313系5000番台投入により豊橋－大垣間快速列車は通勤時間帯すべて8両編成、昼間時間帯はすべて6両編成とし、朝方は15分間隔を8分間隔、夕方は15分間隔を10分間隔に増発。ホームライナーの一部行先変更と1本削減を実施
10.21	JR西日本ダイヤ改正 湖西線永原－近江塩津間、長浜－敦賀間は送電方式を交流から直流に切り替える工事完成。新快速、朝夕の快速が敦賀まで延長運転
12.1	第三セクター・神岡鉄道猪谷－奥飛騨温泉口間廃止

2007(平成19)年

3.18	JRグループ（除く北海道・四国）ダイヤ改正 ①常磐線：上野－高萩間、E531系の投入により普通列車2階建てグリーン車（2両）連結開始。第三セクター・仙台空港鉄道仙台空港アクセス線名取－仙台空港間7.1km開業、交流電化。JRはE721系、仙台空港鉄道はSAT721系を投入、仙台－仙台空港間相互直通運転。1日40往復、最速17分（快速）。JR各社の新幹線・特急列車は全面禁煙または禁煙の拡大を実施する ②東海道本線：東京－静岡間特急「ワイドビュー東海」2往復廃止。静岡地区に313系電車を投入、三島－浜松間で昼間時間帯の列車を増発。静岡－浜松間「ホームライナー浜松」「ホームライナー静岡」各1本増発 ③伯備線：特急「やくも」の普通車の座席を一新、グリーン車を3列シートにするなどのリニューアル編成を2010（平成22）年までに全編成実施する ④鹿児島・長崎本線：博多－佐賀間特急「かもめ」下り2本・上り3本増発
4.14	JR北海道、DMV（デユアル・モード・ビークル）の釧網本線浜小清水－藻琴間において試験的営業運転開始

6. 15	JR貨物、「貨物鉄道百三十年史」(上·中·下の3巻)を発刊
7. 1	JR東海·JR西日本ダイヤ改正 ①東海道·山陽新幹線:東京－博多間「のぞみ」5本、品川－博多間「のぞみ」1本を新型車両N700系で運転、最高速度は東京－新大阪間270km/h、新大阪－博多間300km/hで運転、東京－新大阪間は2時間30分、東京－博多間は4時間50分、いずれも5分短縮する。品川始発6時の博多行「のぞみ99号」をN700系で運転。速達タイプ「ひかりレールスター」1往復増発。 ②芸備線:広島－三次間の輸送体系整備。急行「みよし」4往復を廃止。快速列車を整理して、快速「みよしライナー」6往復とする。広島駅発のパターンを統一。新下関－仙崎間観光列車「みすず潮騒」を運転
7. 31	JR東日本、小海線でキハE200形“こうみ”の運転開始
10. 1	JR北海道ダイヤ改正 ①札幌－釧路間特急「スーパーおおぞら」1往復増発、札幌－帯広間特急「スーパーとかち」2往復増発、帯広－札幌間最速2時間10分、キハ261系気動車を投入。特急「とかち」2往復減。札幌－釧路間夜行特急「まりも」は臨時列車化。札幌－稚内間特急「利尻」は廃止 ②札幌－旭川間特急「スーパーホワイトアロー」「ライラック」を統合し「スーパーカムイ」28往復とし、789系電車を投入し、所要時間は早朝を除き1時間20分に統一する
10. 1	JR西日本、特急「サンダーバード」「雷鳥」「オーシャンアロー」「スーパーくろしお」「くろしお」に女性専用席を導入
10.14	埼玉県さいたま市に鉄道博物館を開館
11.23	JR東日本、E655系交直流特急形電車“なごみ(和)"を上野－郡山間の団体臨時列車として初めて営業運転
11.26	愛媛県西条市に四国鉄道文化館および十河信二記念館が開館

2008(平成20)年

3. 15	JRグループダイヤ改正 ①東海道·山陽新幹線:東京－博多間に毎時2本運転の「のぞみ」のうち1本をN700系で運転、東京－広島間で「のぞみ」を毎時3本の運転とする。すべての「のぞみ」「ひかり」を品川·新横浜停車とする。新横浜始発6時の広島行「ひかり」を新設、N700系運転 ②東北·秋田·長野新幹線:仙台－東京間「はやて」上り1本、秋田－東京間「こまち」上り2本、東京－長野間「あさま」下り1本増発。東京－盛岡間「やまびこ」の到達時分を短縮 ③在来線:新千歳空港－札幌間快速「エアポート」3本増発。品川－成田空港間特急「成田エクスプレス」2往復増発および一部列車の運転区間延長。

	博多－門司港間特急「きらめき」1本増発。博多－長崎間特急「かもめ」1往復増発。京都－熊本･長崎間寝台特急「なは･あかつき」、大阪－青森間寝台特急「日本海3･2号」、東京－大阪間寝台急行「銀河」廃止。津軽海峡線における北海道新幹線に関わる夜間工事に伴い上野－札幌間寝台特急「北斗星1･4号」を廃止。おおさか東線放出－久宝寺間(9.2km)開業。普通列車1日67往復運転。おおさか東線、JR東西線経由、奈良－尼崎間直通快速1日4往復運転。阪和線と大阪駅を直結する大阪環状線経由和歌山－大阪間「直通快速」を増発 ④JR貨物：東京－札幌間コンテナ列車は速達化を行い、初めて16時間台で結ぶ
7. 21	東海道･山陽新幹線、予約サービス「エクスプレス予約」全線に拡大
11.30	山陽新幹線、0系新幹線電車の定期運用終了
12. 1	山陽新幹線、500系8両編成の新幹線電車による「こだま」の運転開始

2009(平成21)年

2. 26	JR九州、九州新幹線全線開業に伴い、山陽新幹線と九州新幹線を直通する列車名を公募の結果、応募が最多の「さくら」と決定したと発表
3. 14	JRグループダイヤ改正 ①東海道･山陽新幹線：「のぞみ」を1時間あたり9本運転可能なダイヤとする。東京－新大阪間「のぞみ」増発。東京－広島･博多間「のぞみ」のうち毎時2本をN700系で運転 ②東北･上越･長野新幹線：東京－仙台間「はやて」下り1本 増発。上越新幹線大宮－越後湯沢間の信号設備の改良により東京－新潟間「とき」、東京－長野間「あさま」の到達時分を5－6分短縮 ③在来線：門司港－博多間特急「きらめき」1本増発。延岡－宮崎･宮崎空港間特急「ひゅうが」1往復増発。東京－熊本･大分間寝台特急「はやぶさ」「富士」廃止。岡山－津山間急行「つやま」1往復廃止。JRグループの定期の昼行急行れは全廃。東京－大垣間快速「ムーンライトながら」を臨時列車化、新宿－新潟間快速「ムーンライトえちご」を季節列車化
6. 1	JR東日本･西日本ダイヤ改正 大阪－富山･魚津間特急「サンダーバード」2往復に683系電車を投入。金沢－越後湯沢間特急「はくたか」1往復増発。
9. 1	JR四国ダイヤ改正 普通列車のワンマン運転列車の拡大および編成両数を1－2両減車する
10. 1	JRグループダイヤ改正 ①JR北海道：札幌－帯広間特急「とかち」2往復にキハ261系気動車を投入し、5往復すべて「スーパーとかち」に統合する。札幌－帯広間の所要時間を最大18分短縮

	②JR東日本：特急「成田エクスプレス」10往復にE259系電車を投入
12. 4	JR東日本ダイヤ改正 ①東北新幹線線：東北新幹線線八戸－新青森間開業。特急「はやて」は東京－新青森間15往復(最速:3時間20分)、仙台－新青森間1往復、盛岡－新青森間1往復。E2系10両編成運転．東京－仙台間「はやて」下り1本 増発 ②上越新幹線：大宮－越後湯沢間の信号設備の改良により東京－新潟間「とき」、東京－長野間「あさま」の到達時分を5－6分短縮

2010(平成22)年

3. 13	JRグループダイヤ改正 ①東海道･山陽新幹線：東京－博多間「のぞみ」を8本増発、N700系で運転。東海道･山陽区間を直通するすべての定期「のぞみ」101本をN700系で運転 ②上越新幹線：越後湯沢－新潟間の信号設備の改良により東京－新潟間「とき」の到達時分を最大3分短縮 ③首都圏：特急「成田エクスプレス」はE259系を投入、新宿方面4往復･横浜方面9往復増発。東京－成田空港間1往復、高尾－成田空港間1往復増発。武蔵小杉駅は横須賀線と南武線が連絡通路で結ばれ、湘南新宿ライン･「成田エクスプレス」の全列車が停車。武蔵野線、平日データイムに東京直通を増発。特急「スーパーあずさ」は大糸線乗入れ廃止。新宿－館山間特急「新宿さざなみ」1→2往復、東京－君津間特急「さざなみ」1→2往復に増発。東京－館山間特急「さざなみ」11→7往復に削減、両国－安房鴨川間荷物列車(新聞輸送)廃止 ④JR西日本：上野－金沢間寝台特急「北陸」、上野－金沢間急行「能登」廃止。大阪－富山･魚津間特急「サンダーバード」15往復中10往復に683系電車を投入。特急「雷鳥」10往復中7往復に681･683系電車を投入、列車名は681･683系の特急「サンダーバード」が22往復、485系の特急「雷鳥」は1往復とする。七尾線直通は3両から6両に増強。京都－関西空港間特急「はるか」30往復中昼間帯の6往復を臨時列車化。山陰本線(嵯峨野線)京都－園部間全線の複線化工事完成。京都－園部間快速の所要時間は42分から38分に短縮。朝通勤時間帯は快速を12分間隔で運転。岡山－鳥取間特急「スーパーいなば」1往復増発 ⑤JR四国：「いしづち33号･しおかぜ29号」を多度津－松山間を併結。高松－松山間特急「いしづち」は8往復を8000系3両から2両編成に減車 ⑥JR貨物：東京貨物ターミナル－盛岡貨物ターミナル間に海上コンテナ列車を新設。横浜地区、京阪地区間の輸送体系を見直し改善を図る
5. 11	JR東日本、2011年3月から東北新幹線東京?新青森間においてE5系で最高速度300km/hで運転の列車名を公募の結果、「はやぶさ」と決定、またスーパー

	グリーン車の正式名称を「グランクラス」と決定したと発表
8.12	山陰本線鎧－餘部間の新しい余部橋梁使用開始
11.7	中央本線三鷹－立川間の連続立体交差化が完成
11.7	大阪－浜坂－鳥取間(播但線経由)特急「はまかぜ」3往復はキハ181系気動車4両編成からキハ189系気動車3両編成に置替え
12.4	JR東日本·北海道ダイヤ改正 ①東北新幹線：八戸－新青森間開業により、東北新幹線全線開業。東京－新青森間「はやて」15往復(最速3時間20分、上り)、他に仙台－新青森間、盛岡－新青森間に各1往復運転。東京－盛岡間「はやて」7往復運転。並行在来線の八戸－青森間は第三セクターの青い森鉄道に移管。寝台特急「北斗星」「カシオペア」の運転経路は変更はないが、運賃·料金は変更 ②在来線新幹線連絡：新青森－函館間特急「スーパー白鳥」8往復、「白鳥」2往復、青森－秋田間特急「つがる」4往復運転。特急「かもしか」は「つがる」に統合。「いなほ」の秋田－青森間は廃止。札幌－旭川間特急「スーパーカムイ」28往復→24往復、4往復削減 ③首都圏：武蔵野線東エリア(西船橋方面)および西エリア(府中本町方面)を結ぶ直通列車「しもうさ号」および「むさしの号」を新設。東京－館山間特急「さざなみ」1往復、土休日2往復廃止。平日は7→6往復、土休日は6→2往復運転。東京－上総一ノ宮間特急「わかしお」2往復廃止。土休日は15→13往復運転。東京－鹿島神宮間特急「あやめ」2→1往復、上野－水上間特急「水上」3往復、上野－前橋間特急「あかぎ」、新宿－黒磯間特急「おはようとちぎ」「ホームタウンとちぎ」各1本廃止。東京－伊豆急下田間特急「スーパービュー踊り子」1往復臨時列車化

2011(平成23)年

3.5	JR東日本ダイヤ改正 東北新幹線、東京－新青森間2往復、東京－仙台間1往復の「はやぶさ」運転開始。E5系10両編成、10号車に「グラングラス」を導入。宇都宮－盛岡間最高速度300km/h、東京－新青森間は最速3時間10分
3.11	東日本大震災発生
3.12	JRグループダイヤ改正 ①九州新幹線：博多－新八代間開業により、九州新幹線(鹿児島ルート)博多－鹿児島中央間全線開業。新大阪－鹿児島中央間に最速達の「みずほ」4往復(最速3時間48分、速達の「さくら」11往復、博多－熊本－鹿児島中央間各駅停車の「つばめ」下り31本·上り30本を運転。九州新幹線アクセス列車として宮崎－鹿児島中央間「きりしま」10往復運転(「ホームライナー」の特急列車化を含む)。並行在来線の門司港－博多－新八代間特急「リレーつば

	め」は特急「きらめき」として下り14本·上り17本運転。川内－鹿児島中央間特急「川内エクスプレス」1往復、鹿児島中央－指宿間特急「指宿のたまて箱」3往復新設。長崎·佐世保線では特急「かもめ」と「みどり」「ハウステンボス」の併結運転を取り止め、17本増発、博多－佐賀間では特急列車を89本運転とする。九州新幹線新鳥栖駅開業に伴い在来線の特急列車はすべて同駅に停車。日豊本線特急「ドリームにちりん」を廃止。博多－大分間特急「ソニック」、延岡－宮崎空港間「ひゅうが」を6往復に増発(同区間の「さわやかライナー」の特急列車化を含む) ②東海道·山陽新幹線：東京－新大阪間定期「のぞみ」のうち約9割の149本がN700系車両での運転とする。300系·700系16両編成使用の「のぞみ」「ひかり」の3号車および700系8両編成使用の「ひかりレールスター」の2号車の自由席はすべて禁煙とする ③JR西日本：大阪·京都と近畿地方北部を結ぶ特急列車に新型車両287系を25両投入、さらに同年6月末までに46両を投入。また列車名「北近畿」を「こうのとり」に変更し、これまで9種の列車名を5種に整理し、「北近畿」「文珠」「たんば」「タンゴエクスプローラー」「タンゴディスカバリー」を廃止。大阪－金沢－和倉温泉間特急「雷鳥」を681·683系に置替え「サンダーバード」として運転する ④JR貨物：東京貨物ターミナル－福岡貨物ターミナル間など18本の26両編成コンテナ列車が福岡貨物ターミナルへ乗り入れ開始。北九州貨物ターミナル以西の輸送力増強
3.14	JR東海、名古屋市にリニア·鉄道館を開館
11.18	JR東日本、東北新幹線で1982(昭和57)の開業以降使用の200系は定期運用から引退。E2系に置替え
12.1	JR東日本、石巻－仙台間石巻線·東北本線経由、ノンストップ快速上り1本運転開始

2012(平成24)年

3.16	300系が東海道新幹線から、100系·300系が山陽新幹線から引退
3.17	JRグループダイヤ改正 ①東海道·山陽·九州新幹線　N700系車両はJR東海80編成、JR西日本16編成によりすべての定期の「のぞみ」をN700系車両による運転とする。東京－新大阪間「のぞみ」の一部の列車の所要時間を約3分短縮し、定期「のぞみ」は約55％を2時間33分以下で運転する。山陽·九州新幹線新大阪－鹿児島中央間「みずほ」15往復(1往復増)、「さくら」18往復(7往復増)運転。東海道新幹線はN700系·700系車両に統一する ②東北新幹線：E5系の増備により東京－新青森間「はやぶさ」15往復のうち

	7往復をE5系での運転とする
	③JR東日本：常磐線特急「スーパーひたち」「フレッシュひたち」に新型車両E657系を投入。新宿－沼津間(小田急線･御殿場線経由)特急「あさぎり」4往復は運転区間を新宿－御殿場間に短縮、運転本数を3往復に削減。全列車を小田急電鉄60000形により置替え。JR東海の371系、小田急電鉄の20000形は撤退
	④JR西日本：大阪－青森間特急「日本海」、大阪－新潟間急行「きたぐに」を廃止。特急「くろしお」4往復(7月までに7往復)に新型車両287系を投入。紀勢本線に運転の電車特急の列車名「オーシャンアロー」「スーパーくろしお」「くろしお」を「くろしお」に統一
	⑤JR四国：新居浜－松山間特急「いしづち51号」を新設。窪川－高知間特急「あしずり52号」新設
	⑥JR九州：博多－大分間(久大本線経由)特急「ゆふいんの森」1往復、「ゆふ」2往復の大分－別府間を延長
3. 31	JR東日本は首都圏におけるオレンジカードの販売を本日限りで終了
3. 31	JR東日本は在来線の車内電話のサービスを本日限りで終了
4. 9	JR東日本は3月12日予定のダイヤ改正を実施。南武線の日中時間帯の快速が1時間に2本新設
8. 20	JR東日本、気仙沼線柳津－気仙沼間はBRTの暫定運行開始。陸前階上－最知間は専用道として整備
9. 29	JR東日本ダイヤ改正 東北新幹線、E5系10両編成5本を追加投入し東京－新青森間「はやて」は3往復増えて、11往復に使用。山形新幹線はE2系「やまびこ･つばさ」として運転。最高速度を240km/hから275km/hに向上し、東京－山形間の到達時間を3分間短縮、2時間26分とする。上越新幹線はE1系で運転の「Maxとき」4往復および「Maxたにがわ」2往復をE4系(2階建て16両編成)に置替え、E1系は定期運用を終了
10.27	JR北海道ダイヤ改正 733･735系電車18両の増備により札幌－北海道医療大学間をすべて電車列車とする。札沼線は増発10本、区間延長17本。石狩当別－新千歳空港間快速「エアポート」新設。室蘭本線苫小牧－室蘭間普通列車は特急「すずらん」の間合い使用を除き、711系電車からキハ141系気動車に置替え。特急「スーパーカムイ」「すずらん」の一部の列車の時刻変更
12.22	JR東日本　気仙沼線柳津－気仙沼間はBRTの運行開始

2013(平成25)年

1. 26	JR東日本ダイヤ改正 上越新幹線200系使用の「とき」4往復、「たにがわ」3往復をE2系に置替え、200

	系の定期運用は終了
3. 2	JR東日本、大船渡線気仙沼－盛間BRTの運行開始。専用道1.9km整備
3. 16	JRグループダイヤ改正 ①東海道・山陽・九州新幹線：N700系車両は、早朝、広島から首都圏への「のぞみ」を増発。東京－新大阪間の「のぞみ」1往復を新大阪－岡山間延長。広島－鹿児島中央間「さくら」1往復新設 ②東北・秋田新幹線：E5系で単独運転の「はやぶさ」は最高速度320km/h運転を開始。東京－新青森間の最速到達時分は11分短縮し2時間59分となる。秋田新幹線にE6系を投入、東京－盛岡間はE5系＋E6系の併結により最高速度300km/h運転を開始。東京－秋田間は「スーパーこまち」として5分短縮、最速3時間45分とする ③JR東日本：常磐線特急にE657系を増備。「スーパーひたち」「フレッシュひたち」はすべてE657系で運転。「フレッシュひたち」を3本増発。湘南新宿ラインなどが走る東北本線貨物線に新たに浦和駅のホームが新設され、特急列車を含め東北・高崎線の列車が全列車停車する。また高崎線の朝夕通勤時間帯に湘南新宿ライン経由の国府津発着を1往復増発。中央快速線新宿－八王子間の最高速度を130km/hに向上、新宿－八王子間の到達時分を3分短縮し最速33分運転。武蔵野線・京葉線増発、横浜線・根岸線の直通を3往復増発 ④JR東海：東海道線名古屋地区で朝の通勤時間帯に輸送力増強。中央線名古屋－中津川間で設定の「セントラルライナー」廃止、快速列車を20分間隔とする。ホームライナー体系を見直し、17－21時に5本運転 ⑤JR西日本：紀勢線・阪和線海南－新大阪間特急「くろしお」を増発。新型車両287系による運転を拡大。特急「こうのとり」「きのさき」「はしだて」は183系電車を381系電車に置替え、183系の運転を終了。大阪－姫路間で早朝・夕方の通勤時間帯に新快速を増発 ⑥JR四国：土讃線多ノ郷駅に特急列車4本臨時停車。朝・夜間の時間帯に普通列車増発 ⑦JR九州：熊本－三角間「A列車で行こう」1往復増発。豊肥本線朝の通勤時間帯の普通列車増発。日中の快速「豊肥ライナー」を普通列車に変更 ⑧JR貨物：吹田貨物ターミナル駅の百済駅への機能移転が完成。隅田川駅をリニューアルし貨物輸送力増強事業完成
3. 25	JR貨物ダイヤ改正 東京貨物ターミナル－吹田貨物ターミナル間で福山通運専用貨物列車「福山レールエクスプレス」の運行開始
4. 25	JR東日本：気仙沼線柳津－気仙沼間は専用道を7.2kmに延伸によりBRTのダイヤ改正

4. 26	JR東日本　大船渡線BRT気仙沼－盛間は専用道延伸整備
9. 5	JR東日本　気仙沼線柳津－気仙沼間は専用道を21.7kmに延伸しBRTのダイヤ改正
9. 28	JR東日本ダイヤ改正 ①東北·秋田新幹線　E5系4編成追加投入、28編成となる。E6系4編成追加投入、13編成となる。E5系で運転の「はやぶさ」は3往復増発、E6系で運転の東京－秋田間「スーパーこまち」は3往復増発、宇都宮－盛岡間で最高速度300km/h運転を開始。東京－盛岡間はE5系＋E6系の併結により最高速度300km/h運転。E6系は他に「はやて」「なすの」「やまびこ」にも投入してE5系と併結して運転する ② 新潟－秋田間特急「いなほ」7·8号1往復に常磐線から転用のE653系1000番台7両編成を投入 ③大船渡線BRT、竹駒付近および小友－大船渡間専用道完成により所要時間短縮
11. 1	JR北海道ダイヤ改正 札幌－釧路間特急「スーパーおおぞら」1往復運行取り止め。最高速度を110km/hとし、最速列車が3時間35分から3時間59分(24分増)となる。札幌－帯広間特急「スーパーとかち」は「スーパーおおぞら」の見直しに合わせて時刻を変更する。札幌－旭川間特急「スーパーカムイ」1往復運行取り止め。最高速度を120km/hとし、所要時間は5－9分増となる。札幌－室蘭間特急「すずらん」の最高速度を120km/hとし、所要時間は1－4分増となる。札幌－稚内間特急「サロベツ」1往復はキハ183系気動車を使用のため運休

2014(平成26)年

3. 15	JRグループダイヤ改正 ①東海道·山陽新幹線　N700A車両の投入により東京発1時間当たり「のぞみ」10本運転可能な時間帯を7－20時としてダイヤ規格を「10－2－2(3)」を改め、ほとんどの時間帯で「のぞみ」が片道10本運転可能とする ②山陽·九州新幹線　広島－鹿児島中央間「さくら」1往復新設 ③東北·秋田新幹線·北陸新幹線　E5系で単独運転の「はやぶさ」は最高速度320km/h運転を開始。東京－新青森間の最速到達時分は11分短縮し2時間59分となる。秋田新幹線にE6系を投入、東京－盛岡間はE5系＋E6系の併結により最高速度300km/h運転。東京－秋田間は「スーパーこまち」として5分短縮、最速3時間45分とする。新型車両E7系3編成を投入、北陸新幹線「あさま」7往復に使用開始。信号設備改良、デジタルATC化により東京－長野間の到達時分を短縮 ④JR北海道　札幌－稚内間特急「スーパー宗谷」は最高速度を130km/hから

	120km/hに見直し、所要時間が最大13分増大する。北海道新幹線の工事進捗に伴い津軽海峡線竜飛海底・吉岡海底・知内駅廃止 ⑤JR東日本：新潟－酒田・秋田間特急「いなほ」5往復にE653系1000番台7両編成を投入。特急「あかぎ」「草津」の車両を185系7両編成から651系7両編成に置替え。特急「スワローあかぎ」下り13号・上り2号のみ185系とする。3月17日から平日の通勤時間帯の特急「あかぎ」下り9本・上り2本、計11本を特急「スワローあかぎ」とし、普通車の全座席を座席指定とする「スワローサービス」を導入。常磐線綾瀬－我孫子間各駅停車は平日・休日のデータイム(10－16時)の各駅停車の運転本数毎時5本から6本へ増発。南武線のデータイム(10－15時台)に運転している快速電車の運転区間を川崎－登戸間から川崎－稲城長沼間に拡大。登戸－稲城長沼間の各駅停車を増発。烏山線宇都宮－烏山間に蓄電池駆動電車システム採用のEV-E301系、愛称名：ACCUM(アキュム)投入。特急「わかしお」の上総一ノ宮発着の2往復廃止。「ホームライナー古河」2本廃止。上野－青森間寝台特急「あけぼの」を廃止 ⑥JR東海：静岡－沼津間「ホームライナー沼津」1本増発 ⑦JR西日本：大阪－草津間特急「びわこエクスプレス」1本増発 ⑧JR四国：特急「南風」「しまんと」「あしずり」の一部列車の行き先地を変更。「あしずり51・52号」廃止 ⑨JR九州：博多－佐賀間特急「かもめ」下り1本増発。吉塚・博多－長洲・熊本間特急「有明」は博多－長洲間下り3本・上り2本に減少。門司港・小倉－博多間特急「きらめき」は1日25本に減少 ⑩JR貨物：関東－関西間に速達タイプの列車を2往復設定。東京貨物ターミナル－福岡貨物ターミナル間下り1本および東京貨物ターミナル－安治川口間1往復のコンテナ列車の速達化を図る。大阪貨物ターミナル－福岡貨物ターミナル間特別積み合わせ等の貨物列車下り1本新設。東北線(通称北王子線)田端(信)－北王子間廃止。紙輸送列車運転終了
4. 1	JR東日本、岩泉線茂市－岩泉間38.4km廃止
4. 6	JR西日本、交通科学館閉館
4. 12	JR東日本、釜石線花巻－釜石間でC58239号＋キハ141系4両編成の「SL銀河」運転開始。土・日曜・休日を中心に年間80日程度運転
4. 14	JR東日本グループの総合車両製作所(J-TREC)の製造するオールステンレス車両累計生産数が8000両を達成
4. 17	JR東日本、気仙沼線柳津－気仙沼間は気仙沼駅付近1.0kmが専用道として整備して気仙沼駅構内へ乗り入れによりBRTのダイヤ改正
5. 12	JR北海道、江差線木古内－江差間廃止
6. 1	JR東日本、常磐線木戸－竜田間営業再開
6. 23	JR四国、高松－松山間特急「いしづち103・104号」は新型車両8600系による営

	業運転開始
6. 25	JR東海、山梨リニア実験線L0系12両で試験走行開始
6. 25	JR東海、開業前のモデル線区に「新幹線発祥之地」記念碑を公開
7. 12	JR東日本、新潟－酒田·秋田間特急「いなほ」定期全列車7往復にE653系1000番台7両編成を投入
7. 19	JR東日本、新潟市の新津鉄道資料館リニューアルオープン
7. 20	愛媛県西条市に四国鉄道文化館南館オープン
8. 27	JR東日本とJR西日本は北陸新幹線長野－金沢間を2015年3月14日に開業すると発表。東京－金沢間は速達タイプの「かがやき」は最速2時間28分また在来線では新潟－妙高高原－新井間特急「しらゆき」を運転などの概要を発表
8. 30	JR北海道ダイヤ改正 札幌－帯広間キハ261系気動車使用の特急「スーパーとかち」5往復は最高速度130km/hから120km/hに見直し、合わせてキハ261系気動車の曲線通過速度を抑制するため、平均所要時間は9分増加する。これに合わせて 札幌－釧路間特急「おおぞら」の一部見直し。東室蘭－札幌間特急「すずらん」の時刻を一部見直し。また札幌－稚内間特急「スーパー宗谷」のキハ261系気動車の曲線通過速度の抑制により所要時間が平均2分延伸
11.20	JR北海道とJR東日本は2015年度末に開業予定の北海道新幹線の列車名決定を発表。東京·仙台－新函館北斗間を直通する列車を「はやぶさ」、盛岡·新青森－新函館北斗間を運転する列車を「はやて」とする。同時に北海道新幹線用車両H5系のシンボルマーク決定を発表

2015(平成27)年

2. 4	JR東日本、中央快速線東京－大月間および青梅線立川－青梅間にE233系の2階建てグリーン車2両を連結(12両化)するサービス導入の計画を発表
2. 12	JR北海道、2016年開業の北海道新幹線の新函館北斗－函館間のアクセス列車名「はこだてライナー」に決定を発表
2. 18	JR東日本、東京駅開業100周年記念“Suica”の申込みが 最終的に499万1000枚に達したと発表
2. 26	JR東日本、常磐線友部－内原間のメガソーラー(内原太陽電池発電所、定格発電出力合計3250kw)が送電を開始。二酸化炭素排出量を削減し、再生可能エネルギーの普及促進を図る
3. 1	JR東海、武豊線大府－武豊間19.3kmが電化開業
3. 14	JRグループダイヤ改正 ①東海道·山陽新幹線：N700A車両の追加投入およびN700系の改造工事の進捗により東海道新幹線の最高速度が270km/hから285km/hに向上し東京－新大阪間で最速2時間22分に短縮する。また東京－小倉間は最速4時間30分、

東京－博多間も最速4時間47分に短縮する
②北陸新幹線：長野－金沢間が開業する。列車体系は東京－金沢間を直通する速達タイプの「かがやき」10往復運転。東京－金沢間の最速は2時間28分となり、これまでの上越新幹線越後湯沢経由にくらべ1時間23分の短縮になる。また東京－金沢間には「はくたか」(停車タイプ)14往復を運転。既存の東京－長野間「あさま」は16往復運転。北陸新幹線の開業に伴い並行在来線となる長野－妙高高原間はしなの鉄道北しなの線、妙高高原－直江津間および北陸本線直江津－市振間はえちごトキめき鉄道、市振－倶利伽羅間はあいの風富山鉄道、倶利伽羅－金沢間はIRいしかわ鉄道のいずれも第三セクターに転換
③上越新幹線：東京－新潟間「とき」1往復、東京－越後湯沢間「たにがわ」7往復を削減
④JR東日本：北陸新幹線開業に伴い、越後湯沢－金沢·和倉温泉·福井間特急「はくたか」、金沢－新潟間特急「北越」廃止。新潟方面から北陸新幹線へのアクセス特急として新潟－上越妙高－新井間特急「しらゆき」5往復新設、E653系4両編成。金沢－新潟間は上越妙高乗り換えで最速3時間7分。上野東京ライン開業。上野－東京間の新設区間を経由して東北本線、高崎線と東海道本線が相互直通運転。常磐線の特急「スーパーひたち」が「ひたち」、「フレッシュひたち」が「ときわ」と改称。常磐線特急全74本中44本を品川発着とする(他は上野発着)。データイム(10－16時台)の上下28本すべては品川発着とする。常磐線は特別快速·普通列車を品川まで34本直通運転。南武線データイム(10－15時台)の快速列車は川崎－立川間に拡大する。房総方面の特急「わかしお」は日中の2本を削減、運転区間見直し。「さざなみ」は朝および夜間の上下4本を削減。下りは夕方－夜間に下り5本、上りは朝方3本をすべて東京－君津間に運転。館山発着は臨時列車のみとする。「しおさい」は日中の3本を削減。「あやめ」は定期列車4本を廃止。上野－札幌間寝台特急「北斗星」の定期列車としての運転を取りやめ
⑤JR東海：武豊線夕方の通勤時間帯に大府－武豊間普通列車を増発。東海道本線名古屋－大垣間で朝·夜間に増発。静岡－沼津間「ホームライナー」増発。特急「しらさぎ」8往復はすべて名古屋－金沢間の運転とする。大船渡線BRTは気仙沼－鹿折唐桑間専用道に整備され気仙沼駅構内へ乗入れ開始
⑥JR西日本：北陸新幹線の開業に伴い特急「はくたか」「北越」の全列車·全区間廃止。特急「サンダーバード」の金沢－富山·魚津間廃止。特急「しらさぎ」の金沢－富山·和倉温泉間廃止。特急「おはようエクスプレス」の金沢－富山·泊間廃止。北陸新幹線に接続する在来線列車体系の構築のため金沢－和倉温泉間特急「能登かがり火」5往復新設。福井－金沢間特急「ダイナスター」3往復新設。山陰本線、朝時間帯に京都－城崎温泉間特急「きのさき」

	増発、福知山線、夜時間帯に福知山－新大阪間特急「こうのとり」増発 ⑦JR九州：筑豊本線・篠栗線の快速列車は朝方の直方－博多間1本増発、快速列車全列車が柚須駅に停車、また普通列車25本が九郎原駅通過。大分地区では“おおいたシテイ”の開業に便利な普通列車を日豊本線4本、久大本線1本増発。また夜間帯に普通列車を日豊本線4本、久大本線3本増発。この他熊本・鹿児島・宮崎地区でも一部の線区で普通列車を増発
3. 21	JR東日本、石巻線浦宿－女川間運転再開により石巻線全線の運転再開。東日本大震災で被災した女川駅は約200m内陸側に移転。石巻線小牛田－女川間の営業キロは44.7km（従来より－0.2km）
4. 1	第三セクター、北近畿タンゴ鉄道は京都丹後鉄道と改称
4. 16	JR東海、山梨リニア実験線で試験車両L0系7両による高速域走行試験で時速590km/hを記録、さらに4月21日には時速603km/hを記録し世界最速を更新。6月26日、ギネス世界記録認定を発表
5. 20	JR西日本、京都鉄道博物館の収蔵車両を決定
5. 30	JR東日本、仙石線仙台－石巻間全線の運転再開。仙石東北ライン塩釜－高城町間開業。東名・野蒜駅付近線路移設。専用車両のHB-E210系により快速列車を仙台－石巻間13往復運転・最速52分、仙台－女川間1往復運転
6. 27	JR東日本、気仙沼線BRTの運行区間を柳津－気仙沼間から前谷地－気仙沼間に延伸。柳津－気仙沼間は15往復中10往復がBRTで運行。前谷地－柳津間は一般道を走行し、途中駅には停車しない
8. 22	上野－札幌間臨時特急「北斗星」は、この日の札幌発、23日の上野着を最後に運転を終了
9. 16	JR北海道とJR東日本は北海道新幹線新青森－新函館北斗間を2016年3月26日に開業すると発表。東京－新函館北斗間直通の「はやぶさ」10往復などをH5系・E5系10両編成で運転などの概要を発表
9. 30	JR北海道は“ご利用の少ない列車や見直しについて”を発表。同時に2016年3月に見直しを実施すると発表
10.31	JR西日本、381系電車使用の特急「くろしお」「こうのとり」「きのさき」「はしだて」は北陸新幹線開業により余剰となる683系電車を直流化した289系電車に置替え

2016(平成28)年

1. 12	JR東日本、E3系改造の「現美新幹線」を公開
1. 17	JR東海、リニア中央新幹線品川駅北・南工区起工式挙行
2. 23	JR東海、東海道新幹線で防犯カメラを増設したN700Aの運転を開始
3. 21	上野－札幌間特急「カシオペア」はこの日の上野着で営業運転終了
3. 21	新青森－函館間特急「スーパー白鳥」「白鳥」はこの日限りで営業運転終了

3. 22	青森－札幌間急行「はまなす」はこの日の札幌着で営業運転終了。これによりJRグループの定期の客車急行列車はすべて廃止
3. 22	大阪－札幌間特急「トワイライトエクスプレス」はこの日の大阪着で営業運転終了
3. 25	JR北海道、在来線の津軽今別駅は営業終了。翌26日より北海道新幹線奥津軽いまべつ駅として営業開始する
3. 26	JRグループダイヤ改正 ①東北・北海道新幹線：北海道新幹線新青森－新函館北斗間が開業。東京－新函館北斗間直通の「はやぶさ」を10往復運転する。東京－新函館北斗間を最速4時間2分で運転する。このほか仙台－新函館北斗間直通の「はやぶさ」を1往復、盛岡－新函館北斗間直通の「はやて」を1往復、新青森－新函館北斗間「はやて」1往復をそれぞれ運転する。並行在来線の江差線木古内－五稜郭間が第三セクター道南いさりび鉄道に移管する。開業に合わせて函館－新函館北斗間に「はこだてライナー」を設定し、すべての新幹線に接続する。五稜郭－新函館北斗間は交流電化。北海道新幹線開業に伴い新青森－函館間特急「スーパー白鳥」「白鳥」の全列車の運転を取りやめる ②北陸・上越新幹線：上越新幹線東京－新潟間「とき」および北陸新幹線東京－金沢間「かがやき」「はくたか」、東京－長野間「あさま」の所要時間を1－2分短縮 ③東海道新幹線：東京－新大阪間早朝・深夜の「のぞみ」3本の所要時間を3分、「こだま」5本の所要時間を1－4分短縮。日中の一部臨時「のぞみ」も所要時間を3分短縮し日中時間帯の「のぞみ」は最短2時間30分とする。東京着22時台となる臨時「のぞみ」を増発し、1時間に最大10本の「のぞみ」を運転できる時間帯を下り7－20時台、上り9－22時台に拡大 ④JR北海道：函館－札幌間特急「スーパー北斗」「北斗」3往復を増発、12往復とする。全列車が新函館北斗に停車する。室蘭－札幌間特急「すずらん」1往復増発、6往復とする。特急「スーパーカムイ」は新千歳空港直通12往復を取りやめ、札幌－旭川間は23往復の運転とする。快速「エアポート」は旭川直通を取りやめ小樽－札幌－新千歳空港間とし6両編成・3ドアの721系電車とする。キハ40系気動車の老朽・劣化に伴い気動車で運転する普通列車79本の減便を行う。特に札沼線浦臼－新十津川間は1日1往復の運行となる。利用客の少ない8駅を廃止。室蘭本線小幌駅は豊浦町の管理駅として存続 ⑤JR東日本：高崎線特急「スワローあかぎ」「あかぎ」をすべて651系電車で運転する。新宿－前橋間特急「スワローあかぎ13号」(土休日「あかぎ13号」)廃止。秋田－青森間特急「つがる」は2往復廃止、3往復とする ⑥JR東海：名古屋－富山間特急「ひだ」4往復の内18号は富山発を高山発、8号は高山発を富山発に変更。富山を午前中に発車する「ひだ」を増加。夕方

	以降名古屋方面から米原方面への3往復を直通列車化。名古屋から武豊線への直通列車の運転時間帯を増加。紀勢線・参宮線のキハ40形の運転を終了しキハ25形またはキハ75形による運転とする。名松線家城－伊勢奥津間は2008(平成21)年10月の台風18号による被災以来、バスによる代行輸送を行っていたが、列車の運転を再開。大阪－長野間特急「しなの9・16号」1往復は大阪－名古屋間を廃止し、名古屋－長野間の運転とする。名古屋－関ヶ原間「ホームライナー」平日の下り2本は名古屋－大垣間の運転に変更する。大垣－米原間列車の内大阪方面に直通している3往復廃止し米原で乗り換えに変更 ⑦JR西日本：大阪－金沢間特急「サンダーバード」1往復増発。京都－関西空港間特急「はるか」6往復を増発、30往復とする。また特急「はるか」の朝時間帯の下り、夕時間帯の上り列車が新たに高槻に停車。新大阪を17時以降に発車する特急「くろしお」が和泉砂川に停車 ⑧JR四国：特急「しおかぜ」「いしづち」に8600系電車を投入、「しおかぜ」「いしづち」はすべて8000系または8600系電車での運転とする。「しおかぜ21・10号」は岡山－松山間に変更、松山－宇和島間は「宇和海29・4号」として2000系気動車で運転。予讃線高松－松山間の2000系気動車で運転の特急列車は「モーニングEXP高松」「ミッドナイトEXP高松」「モーニングEXP松山」「ミッドナイトEXP松山」のみ。特急「宇和海」は下り17本・上り16本で、3・25・24・30号は5両編成、4号は6両編成で他は3両編成で、いずれも2000系気動車でグリーン車は連結廃止。土讃線の特急「南風」は全列車グリーン車連結 ⑨JR九州：別府－熊本－人吉間「九州横断特急」は4往復・キハ185系気動車2両で運転していたが、別府－熊本間3往復・キハ185系気動車3両で運転に改める。また熊本－人吉間特急「九州横断特急」「くまがわ」5往復は廃止、快速4往復に改める、人吉駅－吉松間「いさぶろう・しんぺい」2往復は熊本－吉松間、人吉－吉松間各1往復に改める。川内－鹿児島中央間特急「川内エクスプレス」1往復廃止。指宿枕崎線谷山－慈眼寺間高架化完成 ⑩JR貨物：東京貨物ターミナル－吹田貨物ターミナル間速達タイプのコンテナ列車1往復新設。首都圏周辺エリアから九州方面への輸送力増強
4. 1	JR西日本、岡山県津山市に津山まなびの鉄道館開館。旧津山扇形機関車庫を整備し、DE50-1号などを保守・展示
4. 29	JR西日本、京都市に京都鉄道博物館をグランドオープン
6. 8	JR東日本、中央本線信濃町・千駄ケ谷、山手線原宿駅の駅改良工事計画を発表
11.18	JR北海道、単独では維持することが困難な13線区1237kmを発表
12. 5	JR北海道、留萌本線留萌－増毛間廃止

12.7	JR西日本フェリー、宮島口桟橋は新大桟橋にて営業開始
12.10	JR東日本、常磐線駒ヶ嶺－浜吉田間は内陸部の新ルートに移設。この区間の営業キロ数22.6km→23.2kmに変更。相馬－浜吉田間の運転再開。HB-E210系使用の仙石東北ライン仙台－女川間直通列車の到達時分を23分短縮
12.13	JR東日本、山手線·京浜東北線·根岸線の駅のホームドアおよび内方線付き点状ブロックの整備状況を発表

2017(平成29)年

3.4	JRグループダイヤ改正 ①東北·北海道新幹線：東京－仙台間「はやぶさ」を1往復増発する ②北陸·上越新幹線：上越新幹線越後湯沢－東京間「Maxたにがわ」上り1本増発。北陸新幹線東京－金沢間「かがやき」の設定時刻を一部見直し ③東海道·山陽新幹線：N700系の新車投入および山陽新幹線の新ATC導入に伴い東京－博多間を運転のすべての「のぞみ」(上下計62本)の所要時間を1－7分短縮。東京－博多間は最速4時間46分で運転。東海道·山陽新幹線を直通する「のぞみ」「ひかり」はすべてN700系で運転。新大阪－鹿児島中央間臨時「みずほ」2往復設定 ④JR北海道：札幌－稚内間直通特急3往復を札幌－稚内間「宗谷」1往復、旭川－稚内間「サロベツ」2往復に再編、キハ261系4両編成で運転。札幌－網走間直通特急4往復を札幌－網走間「オホーツク」2往復、旭川－網走間「大雪」2往復に再編、キハ183系4両編成で運転。札幌－旭川間特急体系を見直し「スーパー白鳥」に使用していた789系0番台6両編成使用を「ライラック」、789系1000番台5両編成使用を「カムイ」と列車名を分け、札幌－旭川間は24往復の運転とする。キハ183系使用の函館－札幌間特急「北斗」1往復にキハ261系を投入「スーパー北斗」と改称、所要時間を10分以上短縮。札幌－室蘭間「すずらん」、札幌－旭川間「スーパーカムイ」のエル特急の表記を特急とする。利用客の少ない10駅を廃止 ⑤JR東日本：新宿·池袋－成田空港間特急「成田エクスプレス」2往復増発。高崎線熊谷－上野間特急「スワローあかぎ」上り1本増発。新前橋－上野間特急「あかぎ」上り1本廃止。烏山線はすべての列車が直流蓄電池電車ACCUM（EV-E301系）に置替え。男鹿線2往復の列車は交流蓄電池電車ACCUM（EV-E801系）に置替え。仙台－仙台空港間仙台空港アクセス線3往復増発 ⑥JR東海：沼津－静岡間「ホームライナー」2本の°休日運転取り止め。東海道新幹線と東海道線との接続を改善 ⑦JR西日本：大阪－金沢間特急「サンダーバード」と北陸新幹線の乗り換え時間を短縮。特急「サンダーバード」2往復が高槻駅に新たに停車。米原

	－姫路間新快速は平日昼間時間帯8両編成34本を12両編成とし終日12両編成で運転。座席数が約9000席増加。山陰本線京都－嵯峨嵐山間昼間時間帯の普通列車を14本増発。可部線可部－あき亀山間1.6km開業 ⑧JR九州：博多－佐賀間特急「かもめ」下り1本を長崎へ延長。佐賀－博多間特急「かもめ」上り1本(平日のみ)、長崎－博多間特急「かもめ」上り1本増発。熊本－八代－人吉間特急「かわせみ やませみ」3往復を運転。2017(平成28)年の熊本地震に伴い、肥後大津－阿蘇間が不通のため、当分の間特急「九州横断特急」2往復は阿蘇－大分･別府間を運転とする。筑豊本線若松－折尾間はすべて蓄電池電車「DENCHA」 BEC819系で運転 ⑨JR貨物：笠寺(名古屋南貨物)－盛岡貨物ターミナル間「TOYOTA LONG PASS EXPRESS」1往復増発。名古屋貨物ターミナル－福岡貨物ターミナル間積み合わせ貨物輸送専用列車を新設。東京貨物ターミナル－吹田貨物ターミナル間のコンテナ列車を神戸貨物ターミナルへ延長。越谷貨物ターミナル－百済貨物ターミナル間1往復、新潟貨物ターミナル－福岡貨物ターミナル間1往復、東京貨物ターミナル－秋田貨物間下り1本、大館－隅田川間上り1本の輸送力を増強。主要都市間を運転するコンテナ列車の速達化を図る
4. 1	JR東日本、常磐線浪江－小高間復旧。運転本数増加。磐越西線郡山富田駅開業。郡山－磐梯熱海間1往復増発
5. 8	JR貨物、名古屋貨物ターミナル－福岡貨物ターミナル間「福山レールエクスプレス」1本設定
5. 9	JR北海道･東日本、東北･北海道新幹線H5系･E5系に荷物置き場設置を発表。7月1日から順次投入、2018年2月頃までにすべての車両の導入が完了予定
5. 22	JR東日本、山手線E235系量産車営業運転開始
6. 7	JR東海･西日本、東海道･山陽新幹線N700Aの車内防犯カメラの増設工事を2017年度中に前倒しと発表
7. 1	JR東日本、「HIGH RAIL1375」小海線小淵沢－小諸間で運転開始
7. 12	JR北海道、2016(平成28)年8月31日発生の台風10号により被災した根室本線東鹿越－上落合間の被災状況と復旧工事を実施する場合の概算費用等を発表
7. 20	JR北海道、「JR北海道わがまちご当地入場券」発売開始
8. 11	JR四国、新型特急用2600系気動車が高徳線臨時列車で営業運転開始
9. 2	JR西日本、「SLやまぐち」は新客車35系5両編成で営業運転開始
9. 15	JR東日本、鉄道博物館に保存展示されているナデ6110形式6141号電車は国の重要文化財に決定と発表
10.14	JR東日本ダイヤ改正。上野東京ライン(常磐線直通列車)朝ピーク時品川直通列車10本増発。夕･夜間帯、1時間あたり6本品川始発を増発。特急「ひたち」「ときわ」は品川発着が平日60本(16本増発)、土休日62本(18本

	増発)に増発。水郡線水戸23:17発の最終列車を新設。常陸大宮－常陸大子間の列車を見直し
11. 2	JR東日本、気仙沼市立病院駅開業に伴い気仙沼線BRT、大船渡線BRTのダイヤ改正。気仙沼－盛間の運行時分を87分から81分に短縮。三陸鉄道南リアス線との乗継ぎの利便性向上
12. 2	JR東日本、「Maxとき」2往復、「Maxたにがわ」1往復の使用車両をE4系からE2系に置替えて列車名を「とき」「たにがわ」に変更
12. 2	JR四国、新型特急用2600系気動車は高徳線高松－徳島間特急「うずしお」3往復で運転開始
12.23	JR東日本、E353系36両(3両3編成, 9両3編成)により中央線の特急「スーパーあずさ」1･11･23･29,4･18･22･36号の4往復が営業運転開始

2018(平成30)年

3. 17	JRグループダイヤ改正 ①東北･北海道新幹線：東京－仙台間「はやぶさ」下り1本、青森－東京間「はやぶさ」を上り1本増発する。東京－盛岡間「はやて」2往復にE5系を投入、「はやぶさ」として運転、最高速度を宇都宮－盛岡間で320km/hに向上し10分短縮 ②北陸新幹線：東京－長野間「あさま」1往復を増発。金沢－上野間臨時「かがやき」上り1本設定 ③東海道･山陽新幹線：N700系の新車投入により東京－広島･博多間を運転の「のぞみ」(下り計5本)の所要時間を現行より3分短縮。東京－博多間は日中の時間帯は最速の4時間57分で運転。また東京－新大阪間「のぞみ」下り5本を3分短縮、2時間30分で運転。新大阪－鹿児島中央間臨時「みずほ」2往復設定 ④JR北海道：キハ183系使用の函館－札幌間特急「北斗」3往復にキハ261系を投入し「スーパー北斗」と改称、最速3時間48分で運転。釧網本線網走－釧路間快速「しれとこ」は国立公園の名称変更に合わせ「しれとこ摩周」号に変更。利用客の少ない根室本線羽帯駅を廃止 ⑤JR東日本：新宿･東京－松本間特急「スーパーあずさ」8往復を新型車両E353系に統一(うち4往復は2017年12月23日に置替え済み)。首都圏と高崎線の主要駅を結ぶ「スワローあかぎ」の停車駅を統一。成田空港行の快速列車「エアポート成田」を廃止、快速「成田空港行」とする。八戸線を新型車両キハE130系に統一する ⑥JR東海：名古屋－高山間特急「ひだ」は下り列車の運転時刻を変更、概ね2時間間隔での運転とする。新宿－御殿場間特急「あさぎり」の列車名を「ふじさん」に変更。土休日運転の「ふじさん11･6号」の運転時間帯を変更

	⑦JR西日本：大阪－和歌山間特急「くろしお」下り2本・上り1本増発。大阪－福知山間特急「こうのとり」の福知山駅の発車時刻を概ね1時間間隔に見直し。山陰本線京都－嵯峨嵐山間昼間時間帯の普通列車を14本増発 ⑧JR四国：8600系で運転の岡山－松山間特急「しおかぜ」を5往復から6往復に拡大、高松－松山間特急「いしづち」を4往復から5往復に拡大。2600系で運転の高松－徳島間特急「うずしお」を3往復から4往復に拡大 ⑨JR九州：特急「ソニック」「にちりん」の早朝・夜間の運転区間を見直し。特急「かもめ」「みどり」は運転本数や運転時刻を見直し。特急「有明」は朝通勤時間帯に平日の大牟田－博多間1本のみ運転。特急「きらめき」はデータイムおよび深夜の運転本数を見直し。これらの施策によりJR九州の在来線の特急列車の本数は1日当たり301本から277本に減少する。鹿児島本線福岡都市圏のデータイムの運行体系を見直し。始発や最終列車のほかデータイムの運転本数や運転区間時刻を見直し ⑩JR貨物：関西－東北(仙台地区)吹田貨物ターミナル－陸前山王間にコンテナ列車を新設。北九州貨物ターミナル－相模貨物間で自動車部品専用の直行輸送を開始。京浜地区－九州間(東京貨物ターミナル－福岡貨物ターミナル)間の輸送力を増強。八戸貨物－百済貨物ターミナル間、大館－隅田川間、東京貨物ターミナル－大阪貨物ターミナル間、隅田川－金沢貨物ターミナル間、名古屋貨物ターミナル－福岡貨物ターミナル間の主要都市間を運転するコンテナ列車の速達化を図る
4. 1	JR西日本、三江線三次－江津間108.1km廃止
4. 15	JR東日本、新潟駅の在来線ホームは一部を高架化し上越新幹線「とき」と在来線特急「いなほ」が同じホームで乗り換え可能になる
7. 14	JR東日本、男鹿線羽立－男鹿間線路変更、男鹿線追分－男鹿間26.6km→26.4km
7. 14	JR九州ダイヤ改正 鹿児島本線、日田彦山線の快速列車を増加する。久大本線、鹿児島本線の相互の接続改善。久大線の日田－光岡間が復旧。特急「ゆふいんの森」「ゆふ」が従来の久留米経由で運転
12. 4	JR東日本、2020年春に田町－品川間に開業する新しい駅の駅名は「高輪ゲートウェイ」に決定と発表

令和年間の動き

2019(平成 31・令和元)年

1. 29	JR東日本、天皇陛下御在位30年記念「皇室と鉄道展」を東京ステーションギャラリーで2月3日まで開催
3. 10	JR九州、鹿児島本線門司港駅グランドオープン。約6年間の保存修理工事を経て、大正時代の姿に甦る
3. 16	JRグループダイヤ改正 ①東北・北海道新幹線：青函トンネル内の最高速度を140km/hから160km/hに向上し、「はやぶさ」「はやて」の所要時間を現行より最大4分短縮する。これにより東京－新函館北斗間を「はやぶさ」の下り2本・上り1本は最速3時間58分で結ぶ。東京－盛岡間「はやて」下り1本にE5系を投入、「はやぶさ」として運転、最高速度を宇都宮－盛岡間275km/hから320km/hに向上し10分短縮 ②上越・北陸新幹線：上越新幹線東京－新潟間「とき」4往復、東京－越後湯沢間「たにがわ」1往復にE7系を投入。グランクラスはアテンダントによる軽食・ドリンクのサービスはない。E7系の投入により、新潟駅では上越新幹線「とき」から「いなほ」へのすべての接続する列車が同じほホームで乗り換えできるようになる。北陸新幹線上野－金沢間臨時「かがやき」下り1本設定 ③東海道・山陽新幹線：N700系の新車増備により東京－岡山・広島・博多間を運転の「のぞみ」(上下計70本)の所要時間を現行より3分短縮。東京－博多間は最速4時間57分で運転。また東京－新大阪間「のぞみ」は3分短縮、2時間27分で運転。新大阪－東京間臨時「のぞみ」を新設。新大阪－鹿児島中央間「みずほ」1往復増発 ④JR北海道：キハ281系使用の函館－札幌間特急「スーパー北斗」2往復にキハ261系を投入、3時間48分で運転。「スーパーおおぞら」3本を追分・新夕張に停車を拡大。追分－新夕張間の普通列車10本のうち5本を減便。夕張市在住者を対象とした「特急券代用証」を発行し特急券なしで新夕張－追分－南千歳間の利用を可能とする。利用客の少ない根室本線直別・尺別・初田牛

	駅を廃止 ⑤JR東日本：新宿·東京－松本間特急「あずさ」「かいじ」8往復を新型車両E353系に統一。「スーパーあずさ」の列車名は取り止め。中央線特急は新たな着席サービスを導入。新宿－河口湖間特急「富士回遊」(新宿－大月間は特急「かいじ」と併結）。東京－八王子間特急「はちおうじ」下り6本·上り2本、東京－青梅間特急「おうめ」1往復を新設、E353系で運転。「中央ライナー」「青梅ライナー」「ホームライナー千葉」「おはようライナー」(塩尻－長野間）は廃止 ⑥JR東海：東海道線岡崎－金山間平日の夕方通勤時間帯に快速列車2本新設 ⑦JR西日本：大阪－金沢間特急「サンダーバード」1往復増発。大阪－姫路間「らくラクはりま」1往復新設。有料座席サービス、新快速「Aシート」を開始。平日は野洲－網干間2往復、土休日は野洲－姫路間2往復。おおさか東線新大阪－放出間開業。おおさか東線新大阪－久宝寺間全線開業。片町線鴫野－神崎川(信)間廃止。新大阪－奈良間に直通快速を運転 ⑧JR四国：牟岐線徳島－阿南間の9－19時台、阿南－海部間の10－15時台に運転する普通列車の発車時刻統一するパターンダイヤを導入。高速バスとの乗り換えにより阿南－海部間、室戸方面の移動が便利になる。特急「しおかぜ」から「のぞみ」への接続改善、松山－東京間12分短縮 ⑨JR九州：筑肥線波多江－筑前前原間に糸島高校前駅が開業。香椎線西戸崎－宇美間のすべての列車が新型蓄電池電車BEC819系「DENCHA」を投入。省エネ、乗降がスムーズ、所要時間5分短縮。折尾駅の一部高架化に伴い。筑豊線の乗り場が約200m移動する ⑩JR貨物：東京貨物ターミナル－神戸貨物ターミナル間のコンテナ列車を福岡貨物ターミナルへ延長。名古屋南貨物－北九州貨物ターミナル間で自動車部品輸送を開始。荷主の要望の強い東京貨物ターミナル－広島貨物ターミナル間、金沢貨物ターミナル－岡山貨物ターミナル間、広島貨物ターミナル－相模貨物間で輸送力を増強
3.23	JR東日本、山田線宮古－釜石間55.4km廃止。第三セクター三陸鉄道へ移管。三陸鉄道盛－釜石－宮古－久慈間163.0kmをリアス線に改称
4.1	JR北海道、石勝線新夕張－夕張間16.1km廃止
4.1	JR東日本、大糸線ヤナバスキー場前駅廃止
4.1	JR貨物、北陸本線敦賀－敦賀港間 2.7km廃止
4.20	JR東日本、常磐線広野－木戸間に臨時駅としてJヴィレッジ駅開業
6.15	JR東日本、気仙沼線BRTダイヤ改正。志津川中央団地駅付近－南三陸町役場·病院前間専用道使用再開、清水浜－歌津間専用道使用開始。柳津－気仙沼間は最速109分で4分短縮
7.1	JR東日本、新幹線·在来線特急列車の車内販売サービスの取扱品目のうち

	ホットコーヒーなどの販売を取りやめ
10. 1	JR各社、消費税率引き上げに伴う運賃・料金改定
11.30	JR東日本ダイヤ改正。相模鉄道西谷－JR羽沢横浜国大間開業。海老名－埼京線新宿間の相互直通運転を開始 埼京線、新宿－池袋間増発。快速列車の停車駅増加。最終列車の運転時刻繰り下げ。りんかい線の相互直通運転を拡大

2020(令和2)年

2. 22	富山地方鉄道が第三セクター・富山ライトレールと合併
3. 14	JRグループダイヤ改正 ①東北・北海道新幹線：東京－新青森間「はやぶさ」3往復増発する。東京－仙台間「はやぶさ」を仙台－新青森間下り1本増発する ②上越新幹線：上野－高崎間「たにがわ」1往復を増発 ③東海道・山陽新幹線：東海道新幹線では全列車をN700Aタイプに統一することによりピーク時に1時間あたり従来の「のぞみ」10本を12本運転にする。東京－新大阪間「のぞみ」すべて2時間30分以内で運転。東京－広島・博多間を運転の 臨時「のぞみ」を増発。東京－博多間は5時間以内で運転。また新大阪－鹿児島中央間「みずほ」1往復増発 ④JR北海道：札幌－新千歳間快速「エアポート」を毎時5本化し32本増発(116→148本)。うち4本を特別快速33分で運転、函館本線区間快速「いしかりライナー」を廃止、すべて各駅停車とする。「スーパー北斗」「スーパーおおぞら」「スーパーとかち」の列車名から「スーパー」を外す。ウポポイ(民族共生象徴空間)開設に向けて 特急「北斗」24本中19本を白老駅に停車。札幌－釧路間特急「おおぞら」キハ283系6往復中3往復をキハ261系に置替え。小樽－長万部間(山線)のワンマン列車に新型電気式気動車H100形を投入(キハ201系気動車使用の列車を除く)。利用客の少ない根室線古瀬、釧網線南弟子屈駅廃止 ⑤JR東日本：東京－伊豆急下田間特急「サフィール踊り子」新設。定期1往復・臨時1往復。土休日のみ新宿－伊豆急下田間臨時特急「サフィール踊り子」下り1本設定。いずれもE261系を使用、プレミアムグリーン車やグリーン個室を導入。また4号車カフェテリアで軽食を提供。中央線千葉－新宿－河口湖間特急「富士回遊」1往復増発。東京－青梅間特急「おうめ」下り1本増発。東京－八王子間特急「はちおうじ」下り1本廃止。東京－成田空港間特急「成田エクスプレス」1往復を6両編成から12両編成に増強。山手線・京浜東北線田町－品川間に高輪ゲートウェイ駅を新設。同線のすべての列車が停車。中央線(快速)と中央・総武線(各駅停車)の早朝・夜間で輸送体系を変更、中央線(快速)東京－高尾間は終日快速運転、中央・総武線(各駅停車)

	は終日直通運転。仙台空港アクセス線仙台空港－仙台間7往復の編成両数をE721系2両から4両編成に増強。磐越西線郡山－会津若松間快速「あいづ」3往復にE721系P-12編成に回転式リクライニングシート装備の座席指定席14席を導入。東北本線黒磯－新白河間はすべてE531系5両でのワンマン運転とする。信越線新津－新潟間、羽越線新津－酒田間、磐越西線会津若松－新津間および米坂線米沢－坂町間はGV-E400系またはキハ110系に置替え完了。南武線小田栄駅は本設化(隣駅川崎新町駅発着の乗車券を発売する運賃計算の特例を廃止、営業キロに基づく運賃を収受) ⑥JR東海：名古屋－高山間特急「ひだ」は下り列車の運転時刻を変更、概ね2時間間隔での運転とする。参宮線臨時駅池の浦シーサイド駅を廃止 ⑦JR西日本：関西空港－京都間特急「はるか」に増結用の271系を追加投入し全列車60本を9両化する。新大阪－白浜間特急「パンダくろしお」毎日運転。特急「くろしお」全列車は日根野駅停車。大阪－奈良間「大和路快速」すべて8両編成に統一。京都－奈良間「みやこ路快速」は全列車6両で運転 ⑧JR四国：高知・徳島駅を8－10時台に発車する「南風」「うずしお」から「のぞみ」の接続が改善され、広島・博多へ方面の所要時間が3分短縮。また岡山駅で東京発「のぞみ」と「しおかぜ」、快速「マリンライナー」の接続が改善される。全ての特急「南風」が宇多津駅に停車。高松駅の10－15時台の快速「マリンライナー」「サンポート南風リレー号」の発車時刻を統一 ⑨JR九州：福岡・北九州地区へ821系電車を追加投入、快適性の向上を図る。香椎線西戸崎から博多へ直通列車を運転する。長崎地区長崎本線諫早－長崎間、佐世保線・大村線にYC1系新型蓄電池車を投入。長崎線浦上－長崎間が高架化し長崎駅2面5線、浦上駅の1面2線のホームが高架に変わる ⑩JR貨物：JR松山駅付近連続立体交差事業に伴い、現在の松山貨物駅を予讃線北伊予－伊予横田間へ移転新しい松山貨物駅とする。移転後の新駅はコンテナ車最大13両まで取扱い可能なコンテナホームを有し、新しい貨物上屋を設置。これにより駅構内でウイングボデイタイプのトラックによる持込み・取卸し作業が可能となり積み替えステーションとして利用できる。また高速道路を利用した南伊予方面からのアクセスが向上する。鍋島－東京貨物ターミナル間など利用ニーズが高い区間の輸送力を増強する。宇都宮貨物ターミナル－高松貨物ターミナル間に大型コンテナ輸送ネットワーク1往復拡充
3. 14	JR東日本、2011(平成23)年3月の東日本大震災の影響で運転を見合わせていた常磐線富岡－浪江間が運転再開。これにより常磐線は全線で運転再開する
3. 21	JR東日本、山手線原宿駅は新しい駅舎の供用を開始。旧駅舎の建物は外観を可能な限り再現して新駅舎の隣に建替える

4. 1	JR東日本、気仙沼線柳津－気仙沼間55.3km、大船渡線気仙沼－盛間43.7kmの鉄道事業を廃止
5. 7	JR北海道、札沼線北海道医療大学－新十津川間47.6km廃止。石狩当別－北海道医療大学間の運転本数削減
7.12	JR東日本、中央本線飯田橋駅は新宿寄りにホームを約200m移設し、曲線半径を300mから900mにして隙間を狭小化する工事が完成し新ホーム及び新西口駅舎の使用開始
7.18	JR四国、牟岐線牟岐－海部間は阿佐海岸鉄道がDMVを導入するに伴い、施設工事等を実施するため代行バスによる輸送を開始
8. 8	JR九州、2016(平成28)年4月の熊本地震により不通になっていた豊肥本線が全線復旧、「九州横断特急」が全線で運転を再開。熊本－宮地間特急「あそ」を設定
10. 1	JR四国、新型コロナウイルスの影響により普通列車6本を運休。予讃線の一部の特急「しおかぜ」「いしづち」の宇多津・多度津での分割・併結を廃止。高松方面－松山方面相互の乗客はホームでの乗り換えとなる
10.28	JR九州、九州新幹線武雄温泉－長崎間の列車名は「かもめ」と決定、新型新幹線車両はN700S6両編成を導入と発表
10.31	JR四国、牟岐線阿波海南－海部間(1.5km)廃止。第三セクター・阿佐海岸鉄道へ移管、DMVを導入
11.26	JR九州、2022年秋頃開業予定の九州新幹線武雄温泉－長崎間及び大村線の駅名を決定、発表。九州新幹線のこれまで仮称としてきた駅名は嬉野温泉、新大村とする。また大村線の仮称としてきた駅名は大村車両基地、新大村(新幹線と併設駅)とする
12. 2	JR東日本、品川開発プロジェクト計画エリアで高輪築提の出土を発表。2021年1月10日から現地見学会を開催
12.12	JR東日本、五能線東能代－弘前間で電気式気動車GV-E400系による営業運転開始
12.31	JR北海道、北海道新幹線は青函トンネル内で同日から2021年1月4日までの始発から15:30までの間に限り貨物列車と時間帯区分し上下各7本の210km/h走行を実施し3分短縮。以降年末年始およびお盆期間の各5日間に限り実施

2021(令和3)年

1. 2	JR九州、鹿児島本線折尾駅新駅舎使用開始。1916(大正5)年竣工の旧駅舎の外観を可能な限り再現
3. 14	JRグループダイヤ改正 ①東北・北海道新幹線：上野－大宮間の埼玉県内で最高速度を130km/hに向

上し、所要時間を1分短縮。東京－新青森間「はやぶさ」1往復(37号・20号)を廃止。東京－仙台間「はやぶさ」を仙台－新青森間下り1本増発
②上越・北陸新幹線：E7系で運転の「とき」4往復・「たにがわ」2往復を増発。富山－金沢間「つるぎ」は1日36本運転を月－木曜日34本、金曜日36本、土休日35本に削減
③東海道・山陽・九州新幹線：東海道新幹線ではN700Aの増備により東京を20－21時台に発着の定期「のぞみ」4往復を速達化。東京－新大阪間を3分短縮、2時間27分で運転。また東京－新大阪間を2時間27分で運転の定期「のぞみ」を」64本から79本に増加する。山陽区間の臨時「のぞみ」を11本増加、「こだま」の一部列車で運転区間や運転日を見直し。1日当たり平日：68→67本、土休日：66→59本に減便する。九州区間では博多－熊本間「つばめ」13本、「さくら」2本の運転を削減
④JR北海道：函館－札幌間特急「北斗23・24号」の1往復を廃止、「北斗5・14号」の1往復を閑散期の火・水・木曜日運休とする。また「北斗」の編成をキハ261・キハ281系7両→5両に減車する。札幌－旭川間特急「カムイ」4本を土休日運転とする。旭川－網走間特急「大雪」4本を閑散期の曜日運休とする。旭川－稚内間「サロベツ3・4号」の1往復を閑散期の曜日運休とする。札幌－釧路間特急「おおぞら」キハ261系・キハ283系7両→6両に減車する。札幌圏の快速「エアポート」7本、通勤通学列車6本、計13本土休日運休、普通列車7本廃止。札沼線札幌－あいの里公園・石狩当別間の一部列車10本を北海道医療大学に10本延長。また札幌－あいの里公園間2本土休日運休。新型電気式気動車H100形を新たに30両投入、室蘭本線苫小牧－室蘭間66中43本をH100形で運転、東室蘭－長万部間10往復すべてをH100形に置替え。宗谷本線旭川－名寄間37本中34本をH100形で運転、最大31分速達化。札幌－名寄間の所要時間を最大30分短縮。石北線旭川－上川間23本中2本をH100形で運転、7分短縮。利用客の少ない函館本線・留萌線・根室本線の普通列車13本の運転を取り止める。利用客の少ない駅、函館本線1駅、宗谷本線12駅、石北線4駅、釧網本線1駅、計18駅廃止
⑤JR東日本：東京－伊豆急下田間特急「踊り子15・4号」をE257系に置替え。「踊り子」はすべてE257系に統一。東京・新宿－小田原間特急「湘南」下り11本・上り19本。E257系9・14両編成使用。185系で運転の「湘南ライナー」「おはようライナー新宿」「ホームライナー小田原」は廃止。東京100km圏の主要路線で終電時刻の繰り上げ。内房線木更津－安房鴨川間、外房線上総一ノ宮－安房鴨川間、成田・鹿島線成田－鹿島神宮間にE131系を投入。佐原－鹿島神宮間はワンマン運転を実施。その他、山手線、東北本線朝通勤時間帯の運転本数を見直すなど輸送体系の見直しを実施
⑥JR西日本：東海道本線米原－大阪間特急「はるか」「びわこエクスプレ

	ス」朝通勤時間帯では概ね40分間隔、夕通勤時間帯では概ね30分間隔の運転とし停車駅を拡大。朝通勤時間帯の特急「はるか」2往復を9両編成で運転。大阪－姫路間特急「らくラクはりま」を新大阪へ延長、新たに大久保駅に停車。福知山線特急「こうのとり」3本は西宮名塩駅に新たに停車 。大阪－金沢間特急「サンダーバード」4往復を金・土休日に運転。京都－関西空港間特急「はるか」の一部を運休。 近畿エリアの12線区で深夜帯のダイヤ見直しを実施
	⑦JR四国：岡山・高松－高知間特急「南風」28本・「しまんと」10本の全列車を2700系で運転する。また高知－中村・宿毛間特急「あしずり」16本中6本を2700系で運転する。土讃線土佐山田－高知間9－15時台、徳島線徳島－穴吹間9－17時台に運転の普通列車の発車時刻にパターンダイヤを導入。高松・松山・高知・徳島駅など主要都市の駅の最終列車の時刻の繰り上げを実施
	⑧JR九州：データイム時間の速達タイプの博多－大分間特急「ソニック」12本を臨時列車とし、利用客が多い日に設定する。博多－長崎間特急「かもめ」は1本を廃止、3本を臨時列車とし、利用客が多い日に設定する。「にちりん」4本を臨時列車､4本を廃止。同時間帯に延岡－宮崎空港間に特急「ひゅうが」を運転。大分－延岡間はデータイムに運転する「にちりん」は2時間に1本とする。特急「きらめき」は5本(休日運転除く)、1本増発。特急「かいおう」2本廃止。宮崎－鹿児島中央間および宮崎－都城・西都城間特急「きりしま」各1往復廃止。大牟田－博多間特急「有明」上り1本廃止。博多・熊本・大分・鹿児島中央など主要駅の快速・普通列車の深夜帯(23時以降)運転本数と運転区間を見直す。筑肥線下山門－筑前前原間にホームドア設置。博多－篠栗－直方間の運転体系を見直す
	⑨JR貨物：安治川口－盛岡貨物ターミナル間、名古屋貨物ターミナル－福岡貨物ターミナル間、東京貨物ターミナル－福山貨物ターミナル間に積合わせ貨物輸送のコンテナ列車を新設。地域間のコンテナ列車の要望の強い姫路貨物－福岡貨物ターミナル間などの輸送力を増強する。大型コンテナ輸送ネットワークを拡充、仙台貨物ターミナルなど6駅の取り扱いを拡大する。EF210形11両、HD300形1両、DD200形6両を新製。フォークリフト99台を新製
3.13	JR東日本、気仙沼線BRT大谷海岸駅を道の駅・大谷海岸駅のグランドオープン後に移設および大船渡線BRT八幡大橋－唐桑大沢駅間のルート変更によりダイヤ改正
3.27	JR東日本、2019(令和元)年3月の台風19号の影響で不通になっていた水郡線袋田－常陸大子間は運転再開。これにより水郡線は全線で運転を再開する
4. 1	JR北海道：2015(平成27)年1月、高波で被災して運転休止になっていた日高

	本線鵡川－様似間(116.0km)の鉄道営業廃止
4.17	JR四国、明治の客車ロ481号(準鉄道記念物)の展示施設「うえまち駅」が高知県佐川町に完成。落成式典を挙行
4.28	JR九州、武雄温泉－長崎間の路線名称を「西九州新幹線」とすることを発表
7.28	JR九州、2022年秋頃開業予定の西九州新幹線武雄温泉－長崎間の車両デザイン決定、新型新幹線車両はN700S6両編成を導入
10. 1	JR東日本、E4系は「Maxとき」5往復、「Maxたにがわ」下り5本・上り7本の運転を最後に定期運行を終了する。その後10月9・10・16・16・17日に「サンキューMaxとき」がE4系で運転される
10. 2	JR西日本ダイヤ改正。近畿エリアおよび西日本各エリアにおいて、各線区の利用にあわせて列車ダイヤを見直す。見直し線区は21線区、見直し本数は127本。近畿エリアでは東海道本線16本、北陸本線(米原－敦賀間)10本、山陽本線(須磨－明石間)10本など60本。西日本エリアでは山陰本線(鳥取－浜田間)16本、紀勢本線・和歌山線16本など67本
10.11	JR貨物、南福井駅の着発線の荷役方式が改良され、取り扱う貨物列の本数が上下各1本増加する
11.30	2011(平成23)年7月新潟・福島県豪雨による橋梁流失等の甚大な被害を受け復旧中のJR東日本只見線只見－会津川口間27.6kmは上下分離方式の導入のため、国土交通省はJR東日本から第一種鉄道事業廃止、第二種鉄道事業(運行)の申請、福島県からの第三種鉄道事業(鉄道施設等の保有)の鉄道事業の申請を受け、許可を行う

2022(令和4)年

1.31	国土交通省は西九州新幹線武雄温泉－長崎間の開業時に長崎本線肥前山口－諫早間の上下分離方式を導入、第二種鉄道事業者を九州旅客鉄道、第三種鉄道事業を佐賀・長崎鉄道管理センターとする鉄道事業の許可を行う
2.22	JR九州、西九州新幹線武雄温泉－長崎間の開業日を2022年9月23日に決定、発表
3.13	JRグループダイヤ改正 ①東北・北海道新幹線：東京－仙台・盛岡・新青森間「はやぶさ」13本、東京－秋田間「こまち」2本、東京－仙台間「やまびこ」16本 、東京－那須塩原間「なすの」1本を臨時列車化。郡山－東京間「なすの284号」1本廃止。山形新幹線を全車指定席とし、山形・秋田新幹線の特急料金を改定する ②上越・北陸新幹線：東京－新潟間「とき」4本、東京・高崎－越後湯沢間「たにがわ」2本 、東京－金沢間「かがやき」4本を臨時列車化。「たにがわ416号」を廃止、「たにがわ474号」の土休日運転を取りやめ ③東海道・山陽・九州新幹線：東海道新幹線では早朝・夜間に運転の「のぞ

み」30本を速達化。東京－新大阪間は最速2時間24分。広島行き最終「のぞみ109号」を20:00発に、博多発「のぞみ2号」を6:00発に繰り上げ、東京へ10時台に到着に変更する。車椅子スペースを6席設置したN700Sで運転の定期列車を18本とする。新大阪－鹿児島中央間「さくら」を4往復臨時列車化。山陽新幹線区間の「こだま」「ひかり」の運転区間や運転本数を見直し
④JR北海道：特急「北斗」の時刻を見直し、下り4本·上り9本の新幹線「はやぶさ」との接続時間を最大22分短縮する。札幌－釧路間特急「おおぞら」はキハ261系22両を新製し、キハ283系で運転の3往復をキハ261系に置替え。6往復すべてキハ261系での運転とする。札沼線あいの里公園－太美間にロイズタウン駅開業。また夕方通勤時間帯の19－20時台の運転本数は毎時4本から3本の20分ヘッドとする。小樽－札幌－江別間の土休日運休列車を増加する。H100形電気式気動車を30両投入。根室本線新得－釧路間普通列車54本をすべてH100形とし速達化する。石北線旭川－上川間24本中19本をH100形とし速達化する。宗谷本線東風連駅を名寄方に1.5km移設、名寄高校前と改称、1日24本(快速を含む)停車する。土休日に編成両数見直し、減車する列車が函館·室蘭·日高本線で計22本、運休列車が1本とする。利用客の少ない池田園駅など函館本線で5駅、根室本線糸魚沢駅、宗谷本線歌内駅の計7駅を廃止する。室蘭本線苫小牧－室蘭間66本中43本をH100形で運転、東室蘭－長万部間10往復すべてをH100形に置替え
⑤JR東日本：常磐線と上野東京ライン直通列車毎時2本から3本に増発。南武線で土休日の快速を下り9～16時台、上り9～15時台に運転時間を拡大。東北本線宇都宮－黒磯間、日光線、相模線にE131系新型車両を投入。E131系新型車両を投入する区間ではワンマン運転を実施。特急「成田エクスプレス」の千葉駅停車を拡大、下り4→16本、上り3→13本とする。成田線成田－佐原間で一部列車のワンマン運転開始。福島駅において奥羽本線在来線と新幹線上りホームを結ぶアプローチ線の新設工事に伴い日中の福島－庭坂間で普通列車3本の運転を取りやめ、バス代行を実施。一部の特急列車を臨時列車として利用状況に合わせて運転する。「踊り子」2本、「湘南」1本、「はちおうじ」1本、「スワローあかぎ」2本、「いなほ」2本の一部の区間を臨時列車化。「はちおうじ」1本、「ときわ」6本、「しらゆき」2本を廃止。「あずさ」2本、「ときわ」3本、「成田エクスプレス」25本の一部の区間の運転を廃止する。朝通勤時間帯の最も運転本数が多い時間帯の1時間の運転本数を東海道線19→17本、中央·総武各駅停車23本→19本のように1～4本削減する。その他日中、夕夜間帯の運転本数を見直す
⑥JR東海：中央本線名古屋－中津川間の朝通勤時間帯の運転を8両編成に統一し名古屋方面の列車を増加する。ホームライナーの運転区間を名古屋－瑞浪間に統一し、停車駅、運転本数を見直す。関西本線の区間快速を八田

	·春田に停車し、乗車機会を増加する。深夜時間帯の列車を見直し、繰り上げる。静岡地区の東海道線ホームライナーの土休日6本を廃止する。その他、在来線特急列車の「ワイドビュー」を取り、「しなの」「ひだ」「南紀」「ふじかわ」「伊那路」とする ⑦JR西日本：在来線一部の特急列車について利用状況に合わせて運転本数を月～木曜日に減らし、金·土·日·祝日に増加させる。週末を中心に運転する列車は「サンダーバード」6本、「しらさぎ」2本、「くろしお」6本、「こうのとり」6本、「きのさき·はしだて」4本、「スーパーはくと」2本、「やくも」6本。なお「はるか」17往復については当面運転を取りやめる ⑧JR四国：高徳線板野－徳島間、鳴門線池谷－鳴門間でパターンダイヤを導入。特急「うずしお」の停車駅を見直し。日曜·休日に運休の「モーニングEXP高松·松山」を毎日運転とする。高松·松山駅など主要駅の再終列車の時刻を繰り上げる。特急「しまんと」1往復、「マリンライナー」1往復を廃止する ⑨JR貨物：越谷貨物ターミナル－姫路貨物間にブロックトレインを設定。東京貨物ターミナル－神戸貨物ターミナル間のコンテナ列車を大阪貨物ターミナル発着に変更し東京貨物ターミナル－大阪貨物ターミナル間の輸送力を増強。南福井の停車列車·輸送力を増強する。広島貨物ターミナルの大型コンテナ輸送ネットワークを拡充する。盛岡貨物ターミナル－安治川口間および陸前山王－吹田貨物ターミナル間の積み合わせ貨物ブロックトレインの速達化を図る。EF210形10両、EF510形1両、HD300形1両、DD200形8両、DB500形3両を新製。コンテナ600個、フォークリフト97台を新製
4. 1	JR北海道·JR東日本·JR西日本(北陸新幹線のみ)は2022年4月1日乗車分より各新幹線および一部の特急列車·快速列車における指定席についてこれまでのシーズン別に3段階切り換えを4段階切り換えに改定する
4. 23	JR東日本、茅野－長野間臨時特急「信州」2往復運転開始。E353系3両編成、6月23日まで運転
6. 5	JR東日本、新潟駅付近連続立体交差事業のうち在来線全線高架化切換え工事が完成。高架ホーム全面使用開始
8. 6	JR東日本、青梅－熱海間(青梅線、南武線、武蔵野線経由)臨時特急「あたみ」運転。E257系5500番台5両編成使用。8月7日も運転
9. 23	JR九州、西九州新幹線武雄温泉－長崎間開業。同日より並行在来線の長崎本線江北－諫早間は上下分離方式が導入され、第二種鉄道事業者は九州旅客鉄道、第三種開鉄道事業者は佐賀·長崎鉄道管理センターとなる。開業に合わせてJR九州在来線各線についても利用状況に合わせてダイヤの見直しを行う ①西九州新幹線：1日当たり武雄温泉－長崎間43本、新大村－長崎間3本、

	合計47本の新幹線「かもめ」を運転する。片道1時間当たり朝·夕通勤時間帯は2本、日中時間帯は1本運転する。武雄温泉駅で新幹線「かもめ」と接続する在来線特急「リレーかもめ」を新たに運転する。使用車両は885系6両編成、787系8両編。武雄温泉駅で新幹線と接続する在来線特急を同一ホームで乗り換える「対面乗換方式」で運行する。速達の停車パターンを設定し新幹線の速達性を最大限発揮させる。所要時間は30分短縮され武雄温泉－長崎間は最速23分、博多－長崎間は最速1時間20分、新大阪－長崎間は最速3時間59分で結ぶ ②在来線：博多－佐賀·肥前鹿島間に特急「かささぎ」下り9本、上り8本運転する。朝通勤·通学時間帯運転の「かささぎ101号」は門司港発肥前鹿島行き。博多－佐世保間特急「みどり」10本振り子型車両885系を導入し速達性を向上する。長崎本線肥前山口駅を江北に改称。長崎本線肥前浜－諫早間は非電化区間となり、一部の列車は肥前浜駅で乗り換え。博多－大分間臨時特急「ソニック29·46号」を定期列車化。小倉－博多間特急「きらめき7号」を廃止。一部の特急列車が鹿児島本線赤間駅11本、福間駅に4本増停車する。熊本－別府間「九州横断特急3·2号」は熊本－大分間に見直し。鹿児島本線門司港－荒尾間朝通勤·通学時間帯の運転本数や運転区間を見直し定員比で90％台に削減する。日中時間帯10～16時台の快速列車を廃止。夕通勤通学·夜間時間帯17～23時台も概ね1時間当たり上下各1本程度を削減。また最終列車を20～30分繰り上げ。北九州エリアでは日豊本線4本、筑豊本線7本削減。長崎エリアでは長崎から諫早·竹松方面の最終列車を30分程度繰り上げ、長崎－諫早間1本廃止。大分エリアでは豊肥本線で2本削減。熊本エリアでは鹿児島本線鳥栖－熊本間では日中時間帯の区間快速を普通列車とし、大牟田で乗り換えの運行体系とする。最終列車を20分程度繰り上げ。豊肥本線普通列車6本削減。鹿児島エリアでは宮崎から各方面の最終列車15～25分繰り上げ。指宿枕崎線1本廃止
10. 1	JR北海道、函館－札幌間特急「北斗」3往復をキハ261系に置替え。1994年3月以来のキハ281系の定期列車としての運行を終了
10. 1	JR東日本、2011(平成23)年7月の豪雨で不通になっていた只見線会津川口－只見間が運転再開。只見線は全線で運転再開する。只見－会津川口間は第二種鉄道事業者がJR東日本、第三種鉄道事業者が福島県となる。ルート変更等によりダイヤ改正
10. 1	JR東日本、1990(平成2)年に運転開始の小山－鎌倉間「ホリデー快速鎌倉」(武蔵野線経由)の臨時列車は10月1日から吉川美南－鎌倉間臨時特急「鎌倉」に変更。E257系5500番台5両編成使用

2023(令和5)年

1. 7	JR東日本、山手線外回り大崎－池袋間で渋谷駅外回り線路切替え工事のため53時間30分運休
3,12	JR東日本、山田線平津戸駅廃止(2020(令和2)年4月5日から通年通過していた)
3,18	JRグループダイヤ改正 ①上越·北陸新幹線：上越新幹線は全列車をE7系に統一し、大宮－新潟間の最高速度を240km/hから275km/hに向上し東京－新潟間「とき」は最速1時間29分で結ぶ。北陸新幹線は大宮－高崎間の最高速度を240km/hから275km/hに向上し東京－金沢間「かがやき」は最速2時間25分で結ぶ ②東海道·山陽·九州新幹線：東海道新幹線では定期「のぞみ」19本を東京－新大阪間は3分短縮。早朝·夜間に運転の上り新大阪－東京間2時間27分を2時間24分へ3分短縮。定期「のぞみ」の東京発7～18時台においては発車間隔を平準化最大発車間隔を18分とする。相鉄新横浜線·東急新横浜線の開通に合わせて、早朝の新横浜発の臨時「のぞみ491号」を土曜日·月曜日を中心に運転。新大阪発上り臨時「のぞみ」を増発し、新大阪発6時台も「のぞみ」最大12本の運転が可能。東海道·山陽新幹線を直通する臨時「のぞみ」を毎時1本を増発し、定期「のぞみ」を含め最大毎時7本設定できるダイヤとする。N700Sで運転する山陽新幹線直通列車を含め定期列車50本充当する。ビジネスブースを設置したN700Sを「のぞみ」3往復に充当する。博多駅を中心に九州新幹線のダイヤをパターン化。博多駅における「のぞみ」と「つばめ」の接続時間を見直し概ね6分とする ③JR北海道：キハ183系で運転の特急「オホーツク」「大雪」8本すべてをキハ283系グリーン車なしの3両編成に置替え、札幌－網走間で最大5分短縮する。千歳線北広島駅が最寄りの北海道ボールパークFビレッジの開業に合わせ普通列車の増結、ナイトゲームの帰宅時に臨時列車が運転できるようにダイヤを見直す。札幌圏の快速「エアポート」と普通列車の土休日運休を一部復活、毎日運転とする。富良野線38本すべての列車をH100形電気式気動車で運転する。利用客の少ない日高本線浜田浦駅を廃止 ④JR東日本：高崎線の特急にE257系リニューアル車両を投入。特急「草津」は列車名を「草津·四万」に変更、全車指定席とする。E257系5500番台5両編成使用。特急「スワローあかぎ」は列車名を「あかぎ」に変更、新たな着席サービスを導入。JR·東武鉄道直通特急は輸送体系を見直し「日光1号」の運転時刻を変更、利便性向上する。東京－平塚間特急「湘南」下り1本増発。17:30～21:00の東京発を30分間隔で運転。快速「アクティー」は廃止。常磐線特急「ひたち」は全列車品川発着とする。特急「ときわ」は全列車が柏停車とする。

篠ノ井線通勤時に臨時特急「信州1·2号」を下り塩尻－長野間、上り長野－松本間に設定。E353系3両編成使用。3月20日から平日のみ運転。盛岡近郊では朝通勤通学時間帯の東北本線とIGRいわて銀河鉄道との直通列車を5本から9本に拡大。一関－盛岡間で水沢－盛岡間快速「アテルイ」を含む普通5本廃止。仙山線の快速列車の3種類の停車駅を統一。前年のダイヤ改正から実施していた奥羽本線福島－板谷間普通列車3本のバス代行輸送を終了。普通列車3本を福島発着に戻す。常磐線水戸－いわき間でE531系5両編成でワンマン運転を開始。新潟駅における上越新幹線と特急「いなほ」の接続を改善して東京－秋田間最大11分短縮。酒田－東京間は最速3時間44分に短縮。羽越本線羽後亀田駅では全列車が1番線を使用し跨線橋の利用解消。中央快速線、中央·総武各駅停車の朝通勤通学時間帯の列車の時刻や運転本数を見直す。青梅線青梅－東京間直通列車の本数を平日18本·土休日21本増加。青梅線青梅－奥多摩間でワンマン運転開始、E233系4両編成。「ホリデー快速おくたま」は新宿(上り東京)－青梅間と青梅－奥多摩間に変更、青梅駅で乗り換え。「ホリデー快速あきがわ」は廃止、拝島駅で後続列車に乗り換えに変更。京葉線朝·夕時間帯に利便性を向上。総武本線、千葉以東各線を利用状況に合わせ輸送体系を見直す。また最終列車を繰り上げ
⑤JR東海：高山本線の特急「ひだ」の全定期列車をHC85系に統一。大阪発着列車とそれらと併結した「ひだ15·16号」は停車駅を減らし名古屋－高山間10分短縮、速達化。高山本線下呂－高山間下り終列車·上り始発列車を廃止。昼間時間帯に下呂－高山間1往復増発、運転間隔を改善。参宮線伊勢市始発列車の伊勢市－多気間廃止、多気始発の次の列車を伊勢市始発に変更
⑥JR西日本：東海道支線新大阪－西九条に大阪駅(うめきたエリア)が開業。それに伴い大阪駅に特急「はるか」「くろしお」が停車。おおさか東線のすべての列車が大阪駅へ乗り入れ。おおさか東線の「直通快速」がJR淡路に停車。「くろしお」は西九条駅通過。奈良線JR藤森－宇治、新田－城陽、山城多賀－玉水間複線化完成。京都－城陽間は完全複線化。朝通勤時間帯に列車増発。京都－奈良間「みやこ路快速」は5分短縮、44分で結ぶ。京都－姫路間新快速の「Aシート」の運転本数を2往復から6往復に増発
⑦JR四国：岡山における快速「マリンライナー」および特急「しおかぜ」と新幹線との接続を改善。高松－東京間で最大18分短縮、高松－新大阪間最大16分短縮。松山－新大阪間最大16分短縮
⑧JR九州：各停タイプの「ソニック」鹿児島本線赤間に毎時1本停車。鹿児島本線福岡都市圏の通勤通学時間帯のダイヤを見直し。九州新幹線の時刻見直しに伴い熊本地区の最終列車の時刻を繰り上げる
⑨JR貨物：積合わせ貨物の輸送サービスを拡充、ブロックトレインの東京貨物ターミナル－岡山貨物ターミナル間の輸送力を増強。フオワーダーズ

	ブロックトレイン越谷貨物ターミナル－姫路貨物ターミナル間の所要時間を46分短縮。吹田貨物ターミナル－越谷貨物ターミナル間の輸送力増強。越谷貨物ターミナル－函館貨物間、名古屋貨物ターミナル－熊谷貨物ターミナル間の輸送力増強。EF210形15両、DD200形3両を新製。コンテナ4000個を新製
3.18	JR東日本、「オフピーク定期券」のサービスを開始および「通常の通勤定期運賃」を改定
4. 1	JR東海・JR西日本(北陸新幹線以外)・JR四国・JR九州の特急列車(新幹線を含む)は2023年4月1日乗車分より指定席特急料金はこれまでのシーズン別の3段階から4段階の料金設定となる。またJRグループでは現在シーズン別の料金の設定のないグリーン車および寝台車利用時の特急料金について、2023年4月からシーズン別料金を設定する(JR北海道内の在来線特急列車、JR東日本の一部の在来線特急列車などは対象外)。またJR九州の西九州新幹線および在来線特急列車は閑散期は適用しない
4. 1	JR北海道、留萌本線石狩沼田－留萌間廃止
5.20	JR北海道、室蘭本線に新型737系電車を投入、キハ143形気動車で運転の列車を置替え
5.31	JR東日本、「高輪築提跡 これからの100年に向けて」の構想を発表
5.31	JR東海、山梨県富士川町の利根川公園交差部で、リニア中央新幹線高架橋区間の工事状況を全線で初めて報道公開
7.14	JR西日本、山陰線下関－小串間において次世代バイオディーゼル燃料で試運転列車(DEC700系・キハ40系)による走行試験を開始
7.15	第三セクター南阿蘇鉄道は2016年4月の熊本地震で被災していたが、高森－立野間の全線が約7年3ヶ月ぶりに運転を再開、1日最大14往復を運転、うち2往復はJR九州豊肥線肥後大津へ乗り入れ
7.21	JR東海、保有する新幹線車両全編成の車内チャイムを2023年2月から実施している「会いにいこう」キャンペーンのテーマソング「会いにいこう」をアレンジしたチャイムに20年ぶりに変更
7.22	7.22 JR西日本、山陽本線岡山－三原間、伯備線倉敷－総社間などで新型車両227系500番台(Urara)の運行を開始
7.24	全国の鉄道事業者や自治体が共同で、エスカレーター「歩かず立ち止まろう」キャンペーンを国土交通省の後援で7月24日～8月31日に実施
8.16	第三セクター宇都宮ライトレール宇都宮芳賀ライトレール線宇都宮駅東口－高根沢工業団地間開業
8.28	JR九州、日田彦山線添田－日田間BRT (愛称:BRTひこぼしライン)転換開業

表1 特定地方交通線対策推進状況

	バス 転換		鉄道 転換		合 計	
第一次特定地方交通線	22線	401.9km	18線	327.2km	40線	729.1km
第二次特定地方交通線	20	1,418.6	11	670.6	31	2,089.2
第三次特定地方交通線	3	26.0	9	312.9	12	338.9
合 計	45	1,846.5	38	1,310.7	83	3,157.2

表2 第一次特定地方交通線

地 方	線 名	区 間	営業キロ	輸送密度	転換年月日	代替輸送事業者
北海道	相 生	美 幌－北見相生	36.8	411	'85. 4. 1	北見バス·津別町営バス
	岩 内	小 沢－岩 内	14.9	853	'85. 7. 1	ニセコバス
	興浜南	興 部－雄 武	19.9	347	'85. 7.15	北紋バス
	興浜北	浜 頓 別－北見枝幸	30.4	190	'85. 7. 1	宗谷バス
	渚 滑	渚 滑－北見滝ノ上	34.3	398	'85. 4. 1	北紋バス
	白 糠	白 糠－北 進	33.1	123	'83.10.23	白糠町営バス
	美 幸	美 深－仁 宇 布	21.2	82	'85. 9.17	名士バス
	万 字	志 文－万字炭山	23.8	346	'85. 4. 1	北海道中央バス
東 北	大 畑	下 北－大 畑	18.0	1,524	'85. 7. 1	下北交通 2001.4.1廃止
	黒 石	川 部－黒 石	6.6	1,904	'84.11. 1	弘南鉄道 1998.4.1廃止
	久 慈	久 慈－普 代	26.0	762	'84. 4. 1	三陸鉄道
	盛	盛 －吉 浜	21.5	971	'84. 4. 1	三陸鉄道
	宮 古	宮 古－田 老	12.8	605	'84. 4. 1	三陸鉄道
	丸 森	槻 木－丸 森	17.4	1,082	'86. 7. 1	阿武隈急行
	日 中	喜 多 方－熱 塩	11.6	260	'84. 4. 1	会津乗合自動車
	角 館	角 館－松 葉	19.2	284	'86.11. 1	秋田内陸縦貫鉄道
	矢 島	羽後本荘－羽後矢島	23.0	1,876	'85.10. 1	由利高原鉄道
関 東	木 原	大 原－上総中野	26.9	1,815	'88. 3.24	いすみ鉄道
中 部	赤 谷	新 発 田－東 赤 谷	18.9	850	'84. 4. 1	新潟交通バス
	魚 沼	来 迎 寺－西小千谷	12.6	382	'84. 4. 1	越後交通バス
	清水港	清 水－三 保	8.3	783	'84. 4. 1	静岡鉄道バス
	神 岡	猪 谷－神 岡	20.3	445	'84.10. 1	神岡鉄道 2006.12.1廃止
	明 知	恵 那－明 知	25.2	1,623	'85.11.16	明知鉄道
	樽 見	大 垣－美濃神海	24.0	951	'84.10. 6	樽見鉄道
近 畿	信 楽	貴 生 川－信 楽	14.8	1,574	'87. 7.13	信楽高原鐵道
	高 砂	加 古 川－高 砂 港	8.0	1,526	'84.12. 1	神姫バス
	北 条	粟 生－北 条 町	13.8	1,609	'85. 4. 1	北条鉄道
	三 木	厄 神－三 木	6.8	1,384	'85. 4. 1	三木鉄道 2008.4.1廃止
中 国	倉 吉	倉 吉－山 守	20.0	1,085	'85. 4. 1	日本交通·日ノ丸自動車
	若 桜	郡 家－若 桜	19.2	1,558	'87.10.14	若桜鉄道
四 国	小松島	中 田－小 松 島	1.9	1,587	'85. 3.14	小松島市営バス
九 州	甘 木	基 山－甘 木	14.0	653	'86. 4. 1	甘木鉄道
	香 月	中 間－香 月	3.5	1,293	'85. 4. 1	西日本鉄道バス
	勝 田	吉 塚－筑前勝田	13.8	840	'85. 4. 1	西日本鉄道バス
	添 田	香 春－添 田	12.1	212	'85. 4. 1	西日本鉄道バス
	室 木	遠 賀 川－室 木	11.2	607	'85. 4. 1	西日本鉄道バス
	矢 部	羽 犬 塚－黒 木	19.7	1,157	'85. 4. 1	堀川バス
	宮 原	恵 良－肥後小国	26.6	164	'84.12. 1	大分交通バス
	高 森	立 野－高 森	17.7	1,093	'86. 4. 1	南阿蘇鉄道
	妻	佐 土 原－杉 安	19.3	1,217	'84.12. 1	宮崎交通バス

表3 第二次特定地方交通線

地 方	線 名	区 間	営業キロ	輸送密度	転換年月日	代 替 輸 送 事 業 者
北海道	士 幌	帯 広－十勝三股	78.3	493	'87. 3.23	十勝バス·北海道拓殖バス 上士幌タクシー
	広 尾	帯 広－広 尾	84.0	1,098	'87. 2. 2	十勝バス
	湧 網	網走-佐呂間-中湧別	89.8	267	'87. 3.20	網走バス
	羽 幌	留萌－羽幌－幌延	141.1	789	'87. 3.30	沿岸バス
	歌志内	砂 川－歌志内	14.5	1,002	'88. 4.25	北海道中央バス
	幌 内	岩見沢－幾春別	18.1	1,090	'87. 7.13	北海道中央バス
		三 笠－幌 内	2.7			
	富 内	鵡 川－日高町	82.5	378	'86.10. 1	道南バス
	胆 振	伊達紋別－倶知安	83.0	508	'87.11. 1	道南バス
	瀬 棚	国 縫－瀬 棚	48.4	813	'87. 3.16	函館バス
	松 前	木古内－松 前	50.8	1,398	'88. 2. 1	函館バス
	標 津	標 茶－根室標津	47.5	590	'89. 4.30	阿寒バス・根室交通
		中標津－厚 床	69.4			
	池 北	池 田－北 見	140.0	943	'89. 6. 4	北海道ちほく高原鉄道 2006.4.21廃止
	名 寄	名 寄－遠 軽	138.1	894	'89. 5. 1	北紋バス·北見バス
		中湧別－湧 別	4.9			名士バス
	天 北	音威子府－南稚内	148.9	600	'89. 5. 1	宗谷バス
東 北	会 津	西若松－会津高原	57.4	1,333	'87. 7.16	会津鉄道
	阿仁合	鷹ノ巣－比立内	46.1	1,524	'86.11. 1	秋田内陸縦貫鉄道
関 東	足 尾	桐 生－間 藤	44.1	1,315	'89. 3.29	わたらせ渓谷鐵道
		(間 藤－足尾本山)	(1.9)			
	真 岡	下 館－茂 木	42.9	1,620	'88. 4.11	真岡鐵道
中 部	二 俣	掛 川－新所原	67.9	1,518	'87. 3.15	天竜浜名湖鉄道
	越美南	美濃太田－北 濃	72.2	1,392	'86.12.11	長良川鉄道
近 畿	伊 勢	河原田－ 津	22.3	1,508	'87. 3.27	伊勢鉄道
中 国	岩 日	川 西－錦 町	32.7	1,420	'87. 7.25	錦川鉄道
九 州	漆 生	下鴨生－下山田	7.9	492	'86. 4. 1	西日本鉄道バス
	上山田	飯 塚－豊前川崎	25.9	1,056	'88. 9. 1	西日本鉄道バス
	佐 賀	佐 賀－瀬 高	24.1	1,796	'87. 3.28	西日本鉄道バス 佐賀市営バス·堀川バス
	松 浦	有田-伊万里-佐世保	93.9	1,741	'88. 4. 1	松浦鉄道
	高千穂	延 岡－高千穂	50.1	1,350	'89. 4.28	高千穂鉄道(転換後50.0km) 2008.12.28廃止
	志布志	西都城－志布志	38.6	1,616	'87. 3.28	鹿児島交通バス
	大 隅	志布志－国 分	98.3	1,108	'87. 3.14	鹿児島交通·JR九州バス
	宮之城	川 内－薩摩大口	66.1	843	'87. 1.10	林田産業交通·南国交通
	山 野	水 俣－栗 野	55.7	994	'88. 2. 1	南国交通·九州産業交通

(注) 1.わたらせ渓谷鐵道間藤－足尾本山間は未開業線(実態は休止)
2.伊勢線は南四日市－津間26.0km、伊勢鉄道転換後河原田－津間22.3km
3.高千穂鉄道延岡－槇峰間廃止2007.9.6

表4 第三次特定地方交通線

地 方	線 名	区 間	営業キロ	輸送密度	転換年月日	代替輸送事業者
東 北	長 井	赤湯－今泉－荒砥	30.6	2,151	'88.10.25	山形鉄道
中 部	岡 多	岡 崎－新豊田	19.5	2,757	'88. 1.31	愛知環状鉄道
	能 登	穴 水－蛸 島	61.1	2,045	'88. 3.25	のと鉄道 2005.4.1廃止
近 畿	鍛冶屋	野 村－鍛冶屋	13.2	1,961	'90. 4. 1	
	宮 津	西舞鶴－豊 岡	84.0	3,120	'90. 4. 1	北近畿タンゴ鉄道
中 国	大 社	出雲市－大 社	7.5	2,661	'90. 4. 1	一畑電鉄バス
四 国	中 村	窪 川－中 村	43.4	2,289	'88. 4. 1	土佐くろしお鉄道
九 州	伊 田	直 方－田川伊田	16.2	2,871	'89.10. 1	平成筑豊鉄道
	糸 田	金 田－田川後藤寺	6.9	1,488	'89.10. 1	平成筑豊鉄道
	田 川	行 橋－田川伊田	26.3	2,132	'89.10. 1	平成筑豊鉄道
	宮 田	勝 野－筑前宮田	5.3	1,559	'89.12.22	西日本鉄道バス
	湯 前	人 吉－湯 前	24.9	3,292	'89.10. 1	くま川鉄道

(注) 七尾線和倉温泉－輪島間48.9kmは1991.9.1JR西日本からのと鉄道へ移管、
穴水－輪島間2001.4.1廃止

【主要参考文献】

「工部省記録・鉄道の部」(1963年～、日本国有鉄道翻刻)
鉄道省:「日本鉄道史」上・中・下(1921年、鉄道省)
原田箮一郎編:「鉄道年表」(1939年、鉄道教育会)
「日本鉄道略年表」(1942年、鉄道省修史委員会)
梅木通徳著:「北海道鉄道年表」(1959年、梅木通徳)
日本国有鉄道:「増補改訂鉄道略年表」(1962年、日本国有鉄道)
名古屋鉄道管理局:「鉄道年表」(1962年、名古屋鉄道管理局)
門司鉄道管理局:「鉄道年表」(1969年、門司鉄道管理局)
日本国有鉄道:「日本国有鉄道百年史」(1970～1974年、日本国有鉄道)
北海道総局:「北海道鉄道百年史」(1976～1981年、国鉄北海道総局)
鉄道百年略史編さん委員会:「鉄道百年略史」(1972年、鉄道図書刊行会)
日本国有鉄道編集:「100年の国鉄車両」(1974年、交友社)
「新幹線十年史」(1975年、国鉄新幹線総局)
「年鑑日本の鉄道」(1984～2005年各年、鉄道ジャーナル社)
「東海道山陽新幹線二十年史」(1985年、国鉄新幹線総局)
「国鉄特急変遷史」(1887年、弘済出版社)
池田光雅編著:「鉄道総合年表1972-93」(1993年、中央書院)
「新幹線の30年－その成長の記録－」(1995年、東海旅客鉄道新幹線鉄道事業本部)
「JR特急10年の歩み」(1997年、弘済出版社)
「停車場変遷大事典」国鉄・JR編(1998年、JTB)
大久保邦彦・三宅俊彦・曽田英夫編:「鉄道運輸年表」〈最新版〉(「旅」1999年1月号別冊付録、JTB)
寺本光照著:「国鉄・JR列車名大事典」(2001年、中央書院)
近藤喜代太郎・池田和政著「国鉄乗車券類大事典」(2003年、JTB)
星良助著:「幌内鉄道の運転時刻」(1989年3月、「小樽市博物館紀要」第5号)
星良助著:「北海道(官設)鉄道」(2004年3月、「小樽市博物館紀要」第17号)
「官報」1883年7月～
「鉄道公報」1907年4月～
「鉄道院年報」1913年～
「鉄道省年報」1920年～
鉄道省運輸局、国鉄およびJR各社のダイヤ改正関係資料
「列車年表」(1972年、国鉄運転局列車課)
「博多開業までの特急列車の推移」(1974年、国鉄運転局列車課)
「停車場関係　公示・通報一覧」その1～その4(1986年、国鉄旅客局営業課)
「鉄道ピクトリアル」「鉄道ファン」「鉄道ジャーナル」「鉄道ダイヤ情報」「レイル・マガジン」各号
【主な時刻表類】
「汽車汽船旅行案内」1894(明治27)年10月号～、庚寅新誌社
「汽車汽船旅行必携」1898(明治31)年5月号～、大谷津逮堂
「鉄道航海旅行案内」(のち「鉄道航路旅行案内」)1898(明治31)年10月号～、駸々堂
「最新時間表・旅行」(のち「鉄道船舶旅行案内」)1901(明治34)年6月号～、交益社
「鉄道汽船旅行案内」1907(明治40)年6月号～、博文館
「TRAIN SERVICE 列車時刻表」1910(明治43)年5月～、鉄道院営業課
「列車時刻表」1912(明治45)年6月、鉄道院運輸局
「JAPAN TRAIN SERVICE」1913(大正2)年10月～、鉄道院運輸局
「公認汽車汽船旅行案内」1915(大正4)年1月号～、旅行案内社
「北海道旅行案内汽車時間表」1923(大正12)年5月号～、北海道旅行案内社
「汽車時間表」1925(大正14)年4月号～、日本旅行文化協会
「時刻表」1942(昭和17)年11月号～、東亜旅行社(のち日本交通公社)
「交通公社の時刻表」(現・「JTB時刻表」)1987(昭和62)年4月号～、日本交通公社(のちJTB、現・JTBパブリッシング)
「全国観光時間表」1963(昭和38)年5月号～、弘済出版社
「大時刻表」(一時「ダイヤエース時刻表」)1964(昭和39)年10月号～、弘済出版社
「JNR時刻表」(現「JR時刻表」)1987(昭和62)年4月号～、弘済出版社(現・交通新聞社)
その他各種時刻表(復刻版を含む)
(注)時刻表類の書名および出版社の社名の変更は大部分省略

鉄道会社名索引

路線名索引

<サ行>

<タ行>

<ナ行>

<ハ行>

<マ行>

<ヤ行>

<ラ行>

<ワ行>

<アルファベット>

列車名（愛称）索引

<サ行>

<タ行>

<ナ行>

<ハ行>

<マ行>

車両形式索引

<蒸気機関車>

<電気機関車>

<ディーゼル機関車>

<客車>

<電車（新幹線）>

<電車（在来線）>

<気動車>

【著者紹介】

三宅　俊彦(みやけ・としひこ)

1940(昭和15)年東京市生まれ。1964(昭和39)年東京理科大学理学部応用物理学科卒業。日本通信工業(後・日通工を経て現NECインフロンティア)に入社。1999年定年退職。学生時代から鉄道会社の創立や運営、列車や運転業務などを歴史的見地から研究し、資料となる書籍、鉄道の公報や通達、業務用の刊行物、時刻表などの収集に励んでいる。

専門は鉄道運転運輸史で、日本の鉄道の150年の歴史を探るため1872(明治5)年開業以降の時刻表(旧外地を含む)の復刻を手掛ける。2011年3月には、JR東海が名古屋市に開館した「リニア・鉄道館」の展示に協力。2020年3月には、JR九州の「門司港駅保存修理工事」において関連資料提供で協力している(JR九州発行『重要文化財　門司港駅(旧門司駅)本屋ほか1棟保存修理報告書』に掲載)。現在、鉄道史学会会員、鉄道友の会会員。

主な著書は、『列車名変遷大事典』(ネコパブリッシング、第32回交通図書賞特別賞を受賞)、『時刻表百年のあゆみ』(交通研究協会、発売：成山堂書店)、『時刻表に見る〈国鉄・JR〉列車編成史』『時刻表でたどる夜行列車の歴史』『寝台急行「銀河」物語』『ブルートレイン』『廃線終着駅を訪ねる～国鉄・JR編～』(以上JTBパブリッシング)、『昭和43年10月改正　時刻表を愉しむ本』(洋泉社)『東北・常磐線120年の歩み』『日本鉄道史年表(国鉄・JR)』(以上グランプリ出版)、など多数。他に『時刻表1000号物語　表紙で見る「時刻表」のあゆみと鉄道史』(JTBパブリッシング、2009年4月発行)に「JTB時刻表創刊号まで」を寄稿するなど資料提供で協力。

日本鉄道150年史 年表 [国鉄・JR]

著　者	三宅俊彦
発行者	山田国光
発行所	株式会社グランプリ出版 〒101-0051　東京都千代田区神田神保町1-32 電話 03-3295-0005㈹　FAX 03-3291-4418 振替 00160-2-14691
印刷・製本	モリモト印刷株式会社　　編集　松田信也／組版　松田香里